Hartmut Kliemt

Grundzüge der Wissenschaftstheorie

Grundzüge der Wissenschaftstheorie

Eine Einführung für Mediziner und Pharmazeuten

Von Hartmut Kliemt

Gustav Fischer Verlag · Stuttgart · New York · 1986

Anschrift des Autors:

Dr. Hartmut Kliemt
Fachbereich Philosophie
J. W. Goethe-Universität
Dantestr. 4–6
6000 Frankfurt/Main

CIP-Kurztitelaufnahme der Deutschen Bibliothek

Kliemt, Hartmut:
Grundzüge der Wissenschaftstheorie : e. Einf.
für Mediziner u. Pharmazeuten / von Hartmut
Kliemt. – Stuttgart ; New York : Fischer, 1986.
ISBN 3-437-11098-5

Satz: JW Filmsatz, Passau
Druck und Einband: Wilhelm Röck GmbH, Weinsberg
Printed in Germany

ISBN 3-437-11098-5

Inhalt

Zur Struktur des Buches

Ziel des vorliegenden Bandes ist es, eine «Dienstleistung» für Leser zu erbringen, die selbst auf dem Gebiet der biomedizinischen Wissenschaften tätig sind oder sich in einem fortgeschrittenen Stadium des Studiums einer dieser Wissenschaften befinden. Das Buch will diesem Leserkreis unter Berücksichtigung seiner spezifischen Interessen einen kompakten, möglichst leicht zugänglichen Überblick über neuere und traditionelle Strebungen der Wissenschaftstheorie geben. Es wurde in der Hoffnung geschrieben, daß der eine oder andere Leser die Zeit zu einer vollständigen Lektüre finden wird. Im Ergebnis sollte er dann über einen Orientierungsrahmen verfügen, der es ihm erlaubt, aktuelle wissenschaftstheoretische Argumente und darauf gestützte wissenschaftspolitische Vorstellungen einzuordnen und in ihrer möglichen Tragweite abzuschätzen. In diesem Rahmen sollte ausgehend vom kommentierten Literaturverzeichnis eine eigenständige wissenschaftstheoretische Vertiefung und Weiterarbeit leicht möglich sein.

Beide der eingangs genannten Zielgruppen dieses Buches verfügen jedoch nur über sehr beschränkte Zeit. Der Idealvorstellung vollständiger Lektüre werden sie kaum nachkommen können, sie vermutlich eher als ein ungebührliches Ansinnen betrachten. Ihnen seien deshalb einige Vorschläge gemacht, wie sie in Verbindung mit dem Glossar unterschiedliche Abkürzungswege zu solchen Themen einschlagen können, die speziell ihre Interessen betreffen. Dazu wird zunächst das mögliche Interesse angegeben und dann werden die Gliederungsziffern aus dem Inhaltsverzeichnis angeführt. Weitere selektive Vorgehensweisen dürften in Verbindung mit dem Glossar ebenfalls keine grundsätzlichen Schwierigkeiten zu überwinden haben.

Liste möglicher Lektürepfade durch das Buch

Interesse: Stellungnahmen zu medizinischen Themen
1.1., 1.1.1., 1.1.2., 1.1.2.1., 1.1.2.2., 1.1.2.3., 3.1.1., 3.1.1.1., 3.1.1.2., 3.1.1.3.

Interesse: Stellungnahmen zu Arzneimittelforschung und Pharmakologie
1.2.2., 1.2.2.1., 1.2.2.2., 2.3., 2.3.1., 2.3.2., 2.3.3., 2.3.3.1., 2.3.3.2., 3.1.2., 3.1.2.1., 3.1.2.2., 3.1.2.2.1., 3.1.2.2.2.

Interesse: Wissenschaftsfortschritt und Wissenschaftssteuerung
knapp: 2.2., 2.2.1., 2.2.2., 2.2.3., 2.3., 2.3.1., 2.3.2., 2.3.3., 2.3.3.1., 3.2.3.
ausführlicher: 1.2., 1.2.1., 1.2.2., 1.2.2.1., 1.2.2.2., 1.2.3., 2.2., 2.2.1., 2.2.2., 2.2.3., 2.3., 2.3.1., 2.3.2., 2.3.3., 2.3.3.1., 3.2., 3.2.1., 3.2.2., 3.2.3.

Interesse: Entwicklung der Wissenschaftstheorie zur heutigen Diskussionslage
1.1.1. und 2. (ganzer Abschnitt)

Interesse: Die Debatte um Thomas Kuhn
1.1.2., 1.1.2.1., 1.1.2.2., 1.1.2.3., 2.1.1., 2.1.2., 2.1.3., 2.2., 2.2.1., 2.2.2., 2.2.3., 2.3., 2.3.1., 2.3.2., 2.3.3., 2.3.3.1.
wissenschaftstheoretisch ergänzend: 1.2.2., 1.2.2.1., 1.2.2.2., 1.2.3., 2.3.3.2.
anwendungsbezogen ergänzend: 3.1.2., 3.1.2.1., 3.1.2.2., 3.1.2.2.1., 3.1.2.2.2.

Interesse: Elementarbegriffe der Wissenschaftstheorie
1.1.1., 1.2.1., 1.2.2., 1.2.2.1., 1.2.2.2., 1.2.3., 2.1., 2.1.1., 2.1.2., 2.1.3., 2.1.4., 2.1.5., 2.1.6., 3.2.1., 3.2.2.

Interesse: Wissenschaftspraxis der biomedizinischen Wissenschaften in wissenschaftsheoretischem Licht
1.1., 1.1.2., 1.1.2.1., 1.1.2.2., 1.1.2.3., 3.1., 3.1.1., 3.1.1.1., 3.1.1.2., 3.1.1.3., 3.1.2., 3.1.2.1., 3.1.2.2., 3.1.2.2.1., 3.1.2.2.2.

Einleitung

Die biomedizinische Forschung hat insbesondere auf dem Gebiet von Arzneimittelforschung und Medizin einen hohen Grad wissenschaftlicher Reife erreicht. Das bedeutet, daß die Erfolgsaussichten wesentlicher Projekte nach wissenschaftsinternen, akzeptierten Standards rational abgeschätzt werden können. Selbstverständlich besteht auch hier wie in allen menschlichen Unternehmungen das Risiko des Irrtums und Scheiterns. Es bedarf im allgemeinen gewisser glücklicher Umstände, damit die erhofften Erfolge eintreten. Aber die biomedizinischen Wissenschaften haben dennoch einen Stand erreicht, in dem gezielte Projektforschung möglich ist. Dadurch rücken theoretische und unmittelbar anwendungsbezogene Aspekte dieser Disziplinen eng zusammen.

Da jedermann – sei er nun an der Forschung beteiligt oder nicht – als potentiell Betroffener ein Interesse an Erfolg und Mißerfolg der biomedizinischen Wissenschaften nimmt, kann es nicht überraschen, daß eine breite Neigung besteht, auf die betreffenden Wissenschaften von außen zielrichtend einzuwirken. Das ist auch keineswegs apriori irrational oder illegitim. Es gibt andere und teils höhere Werte als die Freiheit und Ungestörtheit der Forschung. Diese Werte sind in der Verwendung knapper gesellschaftlicher Mittel zu berücksichtigen. Deshalb nehmen forschende Unternehmen legitimerweise Einfluß auf die Projekte ihrer Forschungsabteilungen, Institutionen der öffentlichen Großforschung auf die dort tätigen Stäbe und staatliche Stellen auf die Universitäten.

Die Wissenschaften besitzen instrumentellen Wert für wissenschaftsexterne Zielsetzungen. Deshalb können keineswegs alle forschungsrelevanten Fragen allein nach wissenschaftsinternen Standards entschieden werden. Dennoch läßt sich nicht ohne Umschweife folgern, daß die Wissenschaften aufgrund des externen Interesses an ihrem Erfolg auch intern auf wissenschaftsexterne Erfolgskriterien festgelegt werden sollten. So wie etwa ein Richter gerade dadurch gerecht handeln kann, daß er sich an «bloß» formale Rechtsregeln hält, so kann der Wissenschaftler möglicherweise dadurch zum externen Erfolg der Praxis «Wissenschaft» beitragen, daß er sich an wissenschaftsinternen Standards orientiert. Dementsprechend könnte es neben unserem theoretischen Interesse an zutreffender Welterkenntnis auch gute praktische Argumente für eine weitgehend zweckfreie Forschung geben.

Beides zusammengenommen würde dafür sprechen, die Wissenschaften im wesentlichen sich selbst zu überlassen. Und tatsächlich scheint die Wissenschaftsgeschichte zu lehren, daß Wissenschaft und Gesellschaft beide hinsichtlich ihrer theoretischen bzw. praktischen Ziele besonders gut fuhren, wenn die Wissenschaft sich selbst nach wissenschaftsinternen Maßstäben steuern konnte.

Angesichts der steigenden Kosten der Grundlagenforschung und einer allgemein erhöhten Sensibilität gegenüber den möglichen Schattenseiten ausgeweiteter Naturbeherrschung sind solche wissenschaftspolitischen Grundsätze jedoch gerade in jüngerer Zeit mehr und mehr in Zweifel gezogen worden. Unter Verweis auf die wissenschaftstheoretische Diskussion vor allem der letzten drei Jahrzehnte argumentiert man, daß durchaus Spielraum bestehe für eine rationale externe Lenkung der Wissenschaften. Es wird behauptet, daß die wissenschaftstheoretische Aufbereitung der Wissenschaftsgeschichte diese als einen Prozeß erweise, der sich nicht als ein nach rationalen internen Kriterien gesteuerter Fortschritt der Erkenntnis rekonstruieren lasse. Zentrale Weichenstellungen der Wissenschaftsentwicklung erfolgen danach in einer nicht-rationalen Form. Gerade mit Bezug auf die so zentrale menschliche Interessen berührenden biomedizinischen Wissenschaften wird daraus die weitere Folgerung gezogen, man könne und solle diesem Mangel an rationalen internen Kriterien durch externe gesellschaftliche Kriterien abhelfen. Diese Argumente sind keineswegs völlig aus der Luft gegriffen. Sie bedürfen vielmehr einer ernsthaften Auseinandersetzung auch und gerade seitens derer, die solchen Strebungen intuitiv skeptisch gegenüberstehen.

Nach dem vorangehenden ist zu vermuten, daß unter kritischen Wissenschaftlern und fortgeschrittenen Studenten aus dem Bereich der biomedizinischen Wissenschaften zunehmend ein Bedürfnis be- oder entstehen wird, sich in möglichst knapper, die eigenen Vorkenntnisse und Fragestellungen berücksichtigender Weise über einschlägige wissenschaftsphilosophische Überlegungen zu informieren. Diesem Bedürfnis will die vorliegende Einführung Rechnung tragen. Ausgehend von den Vorkenntnissen des Adressatenkreises versucht sie dazu, wissenschaftstheoretische Überlegungen so weit wie möglich an Beispielen aus dem biomedizinischen Bereich zu entwickeln. Die Auswahl der behandelten wissenschaftstheoretischen Themen erfolgt in gleicher Ausrichtung. Zum einen wird die in der Medizin einschlägige These von einer spezifisch praktischen Wissenschaft zum anderen das für die Arzneimittelforschung bedeutsame Konzept des Modells besonders betont und schließlich die für beide Disziplinen gleichermaßen zentrale Frage des wissenschaftlichen Fortschrittes und seiner Planbarkeit als Leitfaden der Darstellung benutzt.

Das Ergebnis ist keine Einführung in die Methodenlehre von Arzneimittelforschung oder Medizin. Es handelt sich auch nicht um eine wissenschaftssoziologisch abgesicherte Studie zur Methodologie institutioneller Forschungssteuerung etwa im Bereich der Projektforschung oder der angewandten Wissenschaft im allgemeinen. Die vorliegende einführende Übersicht spricht zwar Arzneimittelforscher und Mediziner an, doch über Wissenschaftsphilosophie und nicht über Arzneimittelforschung und Medizin. Sie wendet sich an Leser, die selbst über Methodenkenntnisse in den genannten Bereichen verfügen und sich darüber hinaus ein Bild von für sie einschlägigen wissenschaftstheoretischen Argumenten machen möchten. Ihnen soll eine «Dienstleistung» geboten werden, die die Urteilsbildung über einen möglichen Nutzen wissenschaftstheoretischer Argumente für das eigene Fach erleichtert und es zugleich ermöglicht, besser einzuschätzen, mit wieviel Berechtigung sich wissenschaftspolitische Forderungen – auf welche Wertprämissen sie sich ansonsten auch immer stützen mögen – auf wissenschaftstheoretische Ergebnisse berufen dürfen.

Meinem Kollegen Priv.-Doz. Dr. Rainer Hegselmann von der Universität Essen danke ich für den wichtigen Freundschaftsdienst einer kritischen Lektüre und Kommentierung. Ihm und Herrn Prof. Dr. K.-D. Opp von der Universität Hamburg verdanke ich überdies wichtige Literaturhinweise. Meiner Frau danke ich für die präzise Enddurchsicht des Manuskriptes und Priv.-Doz. Dr. Rainer Trapp für die erste Initiative zur Durchführung des Projektes.

1 Grundthemen der Wissenschaftstheorie

Die Fundamentalfrage, was denn «Wissenschaft» eigentlich sei, beschäftigt Philosophen spätestens seit die neuzeitliche Wissenschaft ihren Siegeszug begann. Eine Antwort auf diese Frage zu finden, erscheint aus innerphilosophischen Gründen als wichtig. Denn daraus kann sich auch eine Teilantwort darauf ergeben, was für die Philosophie noch als genuiner Aufgabenbereich übrig bleibt, wenn ihr von allen Seiten die Fachwissenschaften gleichsam das theoretische Wasser abgraben. Den geschichtlichen Aspekten dieser Thematik ist im gegenwärtigen Zusammenhang nicht nachzugehen. Es verdient allerdings festgehalten zu werden, daß auch in den philosophiekritischsten Zeiten anerkannt wurde, daß die Wissenschaften sich nicht selbst noch mit ihren eigenen wissenschaftlichen Methoden analysieren können. Damit schien und scheint jedenfalls die Wissenschaftsphilosophie als legitimer Aufgabenbereich der Philosophie gesichert zu sein.

Natürlich müssen auch in einer angemessenen Philosophie der Wissenschaft stets deskriptive Untersuchungen des faktischen Vorgehens der Einzelwissenschaften angestellt werden. Das wiederum bringt nichtphilosophische Einzelwissenschaften wie die Historik oder die Soziologie der Wissenschaft ins Spiel und stellt sie neben die philosophische Theorie der Wissenschaften. Damit gerät philosophische Wissenschaftstheorie in partielle Konkurrenz zu einzelwissenschaftlicher «Wissenschafts-Wissenschaft». Andererseits geht es aber der Wissenschaftstheorie nicht nur um die Beschreibung dessen, was die Wissenschaften de facto tun, sondern auch um normative Vorschläge, wie sie rationalerweise verfahren sollten. Auch hier konkurriert die Philosophie zwar mit solchen eher formalwissenschaftlichen Disziplinen wie Entscheidungstheorie, Statistik und Logik; aber es scheint dennoch klar zu sein, daß sie die betreffenden Fragen aus einer umfassenderen und grundsätzlicheren normativen Perspektive heraus angeht und daß diese Fragen es auch verdienen, in dieser Weise behandelt zu werden.

Die Wissenschaftsphilosophie nimmt somit, wie Philosophie in anderen Bereichen auch, eine ergänzende und integrierende Rolle wahr, die ihr als einer zugleich deskriptiven *und* normativen Disziplin in recht selbstverständlicher Weise zufällt. Zum einen versucht sie, das faktische Tun der Einzelwissenschaften auf seine systematisch wesentlichen Elemente hin zu befragen und rational zu rekonstruieren. Aufgrund dieses so gewonnenen idealisierten Bildes von der Wissenschaft unternimmt sie es dann zum anderen, Vorschläge zu machen, wie die Einzelwissenschaften vernünftigerweise verfahren *sollten.* Diese Normvorschläge können sich etwa aus einem intertheoretischen oder -disziplinären Vergleich ergeben, aus gewissen Zielen, die die Wissenschaftler im allgemeinen selbst verfolgen, aus expliziten Wertvorgaben anderer gesellschaftlicher Kontexte oder auch aus ethischen Theorien.

Für den Einzelwissenschaftler werden die Ergebnisse und Vorschläge der philosophischen Wissenschaftstheorie vor allem dann relevant, wenn er selbst gewisse praktische Entscheidungen hinsichtlich seiner Wissenschaft zu treffen hat. Dann wird es für ihn wichtig, sich ein explizites Bild von seiner Wissenschaft zu machen, das speziell die für die Entscheidung von disziplinären Grundsatzfragen erheblichen Züge heraushebt. Diese erschließen sich gerade nicht aus den einzelwissenschaftlichen Methoden, die immer schon bestimmte Vorentscheidungen der Grundsatzfragen *voraussetzen.* In diesen Situationen gerät der Einzelwissenschaftler typischerweise selbst ins «Philosophieren». Vor allem dann kann er einen für seine Fachwissenschaft möglicherweise nutzreichen Gebrauch von dem Bild machen, welches Philosophen von den Grundlagen der Wissenschaft im allgemeinen entworfen haben.

Das jedenfalls ist die Hoffnung der Philosophen und philosophierenden Einzelwissenschaftler und natürlich auch der vorliegenden Einführung. Als erster Schritt auf dem hoffentlich zielführenden Weg dienen zwei Studien wissenschaftlicher Praxis. Beide befassen sich mit medizinischer Forschung. Die erste geht auf einen Fachphilosophen – C. G. Hempel –, die zweite auf einen philosophierenden Fachmediziner – L. Fleck – zurück. Ausgehend von diesem Anschauungsmaterial werden allgemeine wissenschaftstheoretische Konzepte zusammengestellt, um dann vor diesem Hintergrund auf zwei neuere Studien zu Medizin und Arzneimittelforschung bzw. Pharmakologie kritisch einzugehen und abschließend einen Blick auf das Problem der Wissenschaftssteuerung zu werfen.

1.1 Zwei wissenschaftstheoretische Rekonstruktionen medizinischer Forschungspraxis

1.1.1 Individuelle wissenschaftliche Praxis – Hempel über Semmelweis

Carl Gustav Hempel, einer der führenden Wissenschaftstheoretiker, dieses Jahrhunderts beginnt eine Einführung in die «Philosophie der Naturwissenschaften» (vgl. 1974) mit einem Fallbeispiel aus der Geschichte der medizinischen Forschung: den Untersuchungen zum Puerperal- oder Kindbettfieber, die den Ruhm von Ignaz Semmelweis begründeten. Dieses Beispiel eignet sich in der Tat in hohem Maße, einige allgemeine Aspekte des Forschungsprozesses zu verdeutlichen. Da es mir wesentlich darum geht, zugleich in die überkommene wissenschaftstheoretische Sicht auf Wissenschaft einzuführen, werde ich mich im folgenden bewußt an Hempels eigene Rekonstruktion der Forschungen von Semmelweis halten, ohne weitere medizinhistorische Überlegungen anzustellen.

Die Ausgangslage für die Untersuchungen von Semmelweis bestand in einem *konkreten Problem.* In der Ersten Geburtshilflichen Abteilung des Wiener Allgemeinen Krankenhauses, deren Ärztekollegium Semmelweis von 1844 bis 1848 angehörte, häuften sich die dem Kindbettfieber zugeschriebenen Todesfälle. Das Kindbettfieber war zwar als solches eine vertraute Erscheinung. Insoweit hätte Semmelweis es als ein zu seiner Zeit weitgehend unbeherrschbares Naturphänomen hinnehmen können. Da zur gleichen Zeit jedoch die Todesraten der Zweiten Geburtshilflichen Abteilung deutlich niedriger lagen, konnte ein derartiger Fatalismus nicht überzeugen.

Wenn man sich von dem Prinzip leiten ließ, daß für unterschiedliche Phänomenausprägungen unterschiedliche Ausprägungen der «verursachenden Faktoren» ausschlaggebend sein müssen, dann mußte man sich zwangsläufig nach solchen Unterschieden fragen. Semmelweis zeichnet es aus, dies systematisch getan zu haben, nachdem ihm die abteilungsspezifisch unterschiedlichen Werte des Merkmales «Anzahl der Sterbefälle an Kindbettfieber pro Jahr bezogen auf die Anzahl aller Geburten eines Jahres für die beiden Abteilungen des Wiener Allgemeinen Krankenhauses aufgefallen waren. Die folgende Tabelle 1 der Sterberaten im Zeitablauf gibt Aufschluß über die Werte, die nach Hempels Darstellung zu Semmelweis' Fragestellung Anlaß gaben:

	Abteilung 1	Abteilung 2
Jahr 1844	8,2 %	2,3 %
Jahr 1845	6,8 %	2,0 %
Jahr 1846	11,4 %	2,7 %

Die Veränderungen zwischen den Jahreswerten, sind zwar für beide Abteilungen jeweils gleichgerichtet, doch es bleibt die Tatsache der in Relation zu den Werten der zweiten extrem erhöhten Werte in der ersten Abteilung. Das ergibt eine für die Hypothesenbildung besonders günstige Ausgangslage. Es ist ja nicht nur so, daß ein unerwünschtes Phänomen – auch die geringere Mortalität in der zweiten Abteilung ist ein unerwünschtes Phänomen – die Anstrengungen des Forschers herausfordert, es gibt darüber hinaus eine starke Variation in der Ausprägung des Phänomens. Diese Unterschiedlichkeit fordert unmittelbar zu der genannten Vermutung heraus, daß es eine «vorgelagerte» Unterschiedlichkeit der in den beiden Abteilungen herrschenden Bedingungen geben muß. Das wiederum gibt Anlaß zu der Hoffnung, daß sich diese Bedingungen, *nachdem* man sie erkannt hat, kontrollieren und damit in einer Weise beeinflussen lassen, die praktischen Zielen wie dem, die Sterblichkeit aufgrund des Kindbettfiebers zu senken, entsprechen. Daraus ergab sich für Semmelweis ein *zweistufiger* Weg zu seinem Ziel:

1. Suche nach einer Erklärung des Phänomens unterschiedlicher Merkmalsausprägungen. (Repräsentation)
2. Beeinflussung des Merkmals in der gewünschten Richtung. (Intervention)

Wenn alles darauf ankommt, Bedingungsunterschiede aufzufinden, dann könnte das zu der Vermutung verleiten, daß der angemessene Erkenntnisweg über eine möglichst unvoreingenommene und vollständige Beschreibung der beiden Abteilungen führen müsse. Wie man sich leicht überlegt, ist ein derartiger Weg, angesichts der ungeheuren Anzahl möglicher Beschreibungsweisen und der dabei auftretenden Vielzahl von Unterschieden, völlig ungangbar. Man könnte im Prinzip bei der Wandfarbe, Deckenhöhe, geographischen Ausrichtung zum Nordpol etc. der Krankenräume anfangen und niemals bis zu relevanten Bedingungen vorstoßen. Was benötigt wird, sind *Theorien*, die zu einer Abstraktion von der Überzahl der Situationsbedingungen führen. Man muß die beobachtungsmäßig zugängliche Detailfülle durch etwas gewaltsame *Vermutungen* über «wesentliches» reduzieren. Man hat dann die Hoffnung, jedoch keineswegs die Garantie oder Gewißheit, daß sich eine von ihnen als glücklich erweisen wird, indem sie harter Prüfung standhält. Welche Vermutungen herangezogen werden, ergibt sich aus einem Auswahlprozeß unter den Situationsunterschieden, der seinerseits von grundsätzlichen, möglicherweise metaphysischen Weltorientierungen und orientierenden Feststellungen (vgl. zu diesem Begriff, Homans 1972, 26ff.) über *mögliche* Zusammenhänge gesteuert wird.

Zur Zeit von Semmelweis war die Weltorientierung noch keineswegs perspektivisch so stark wie gegenwärtig eingeengt durch theoretische

Querbezüge und Vernetzungen. Semmelweis war deshalb gezwungen, auch heute abwegig scheinende Möglichkeiten in Betracht zu ziehen. So prüfte er zunächst gewisse allgemeine Erklärungshypothesen, wie die, daß das Wüten des Kindbettfiebers gewissen «atmosphärisch-kosmisch-tellurischen Änderungen» (vgl. Hempel 1974, 11) zuzuschreiben war. Hier kam ihm jedoch sogleich der glückliche Umstand zu Hilfe, daß Unterschiede zwischen den beiden Abteilungen bestanden. Diese konnte man nicht mit Einflüssen erklären, für die nach dem *sonstigen Wissen*, das man als gesichert ansehen durfte, nicht ersichtlich war, wie sie selektiv auf zwei eng beieinanderliegende Krankenhausabteilungen wirken sollten. Auch echte Epidemien konnten bei Einbeziehung des übrigen von Semmelweis als gesichert akzeptierten Erfahrungsschatzes nicht differentiell auf die Höhe der Todesrate in zwei räumlich benachbarten Abteilungen des gleichen Krankenhauses wirken.

Man kann dies als die Annahme beschreiben, daß die für die Erklärung des Phänomens «Sterberate in der Abteilung» heranzuziehenden *Gesetzmäßigkeiten* in beiden Abteilungen gleich wirken müssen. Mit solchen *Invarianzannahmen* wird generell erreicht, daß sich die Aufmerksamkeit auf die «Randbedingungen» von Erklärungen richtet und damit auf jene Phänomene, an die die erklärenden Gesetze als Gegebenheit anknüpfen. Das ist selbst dann nützlich, wenn man die wirklichen Gesetzeszusammenhänge gar nicht kennt. Denn für eine mögliche praktische Beherrschung von Phänomenen kann es ausreichen, zu wissen, daß auf bestimmte Bedingungsvariationen aufgrund invarianter, wenn auch letztlich unbekannter Verknüpfungsmuster bestimmte Phänomenvariationen erfolgen. Reine «Beobachtungsgesetze» oder «Korrelationen» sind insoweit hinreichend.

Es ist unter anderem gerade dieser Sachverhalt, der sich in der sehr lockeren umgangssprachlichen Verwendung des Ursachebegriffes ohne genaue Spezifikation der gesetzmäßigen Zusammenhänge ausdrückt. Typischerweise verfährt man aber auch und gerade in der Arzneimittelforschung in dieser Weise. Das ist ein vollkommen rationales Vorgehen. Selbst dann, wenn sich die «eigentliche» Wirkungsweise bestimmter Substanzen der Einsicht in einer Art «black box» entzieht, kann es bei Invarianz der Reaktionsweise des «schwarzen Kastens» sinnvoll sein, durch Variation gewisser «Inputs» die «Outputs» zu beeinflussen, um hernach aus diesen Varianten möglicherweise erwünschte aussondern und durch gezielte Intervention herbeiführen zu können. Allerdings muß man sich bei solchen Verfahrensweisen darüber klar sein, daß sie einen praktischen Behelf an der Grenze des wissenschaftlichen Weltbildes darstellen. Das eigentliche wissenschaftliche Streben zeichnet es aus, daß wie bei den russischen Puppen in der Puppe immer feiner verschachtelte, tieferliegende «black boxes» aufgesucht und so die Grenze unserer Kenntnisse immer weiter hinausgeschoben wird.

Diese Grenze einer letztlich nicht selbst noch erklärbaren «Invarianz», die sich nur beobachten läßt, besteht in *allen*, auch den erfolgreichsten Disziplinen. Arzneimittelforschung und Medizin haben insoweit keinen Grund, sich prinzipiell unterlegen zu fühlen. Allerdings dürfen Arzneimittelforscher und Mediziner darüber nicht vergessen, daß Gesetze allein geeignet sind, Licht in's Dunkel auch erfolgreicher Praxis zu werfen. Nur in dem von Gesetzen erzeugten Scheinwerferlicht unserer Theorien können wir sehen, warum unser ansonsten blindes «Herumirren» in der Welt der Beobachtungen manchmal Erfolg hat und manchmal nicht. Gesetzeskenntnisse allein bilden ein verläßliches Fundament rationaler Praxis.

Über die «wirklichen» Gesetzeszusammenhänge hatte auch Semmelweis überhaupt keine näheren Vorstellungen. Dementsprechend prüfte er zunächst verschiedene Hypothesen über «Ursachen», die – ohne daß dafür weitere Gründe angeführt werden konnten – verantwortliche Randbedingungen für die Todesrate sein sollten. Dieses «Prüfen» vollzog er im wesentlichen dadurch, daß er sich fragte, was alles der Fall sein mußte, falls die angegebene Ursache tatsächlich ausschlaggebenden Einfluß besitzen sollte. Die folgende Liste gibt einen knappen Eindruck von den Argumenten und Gegenargumenten, die Hempel in der Diskussion von Semmelweis herausarbeitet:

1a. Überbelegung der Abteilung ist Ursache der Sterblichkeit.
1b. Die zweite Abteilung war sogar noch stärker belegt; denn die Frauen versuchten mit allen Mitteln, die Einlieferung in die Erste Abteilung zu vermeiden.
2a. Die Ernährung ist Ursache der Sterblichkeit.
2b. Es gibt keine Unterschiede in der Ernährung zwischen den beiden Abteilungen.
3a. Die *allgemeine* Behandlung ist Ursache der Sterblichkeit.
3b. Es gibt keine Unterschiede in der *allgemeinen* Behandlung.

Die Argumentationsstruktur in den drei genannten Fällen ist immer die gleiche. Es wird ein Faktor angegeben, der für die Sterblichkeit verantwortlich sein soll. Da nun eine unterschiedlich hohe Todesrate existiert *und* angenommen wird, daß solche «Unterschiede in den Wirkungen» *nur* auftreten können, wenn «Unterschiede in den Ursachen» existieren, verweist Semmelweis entweder darauf, daß keine Unterschiede in der Ausprägung der Ursache bestehen oder daß diese, wie in 1 gerade in die Gegenrichtung weisen.

Insbesondere an dem «Argument der Gegenrichtung» zeigt sich, daß Semmelweis nach dem Schema der sogenannten «deduktiv-nomologischen Erklärung» vorgeht. Auf dieses Konzept wird noch näher einzugehen sein (vgl. 2.1.4.). Der zugrundeliegende Gedanke ist jedoch relativ einfach und vertraut. Er beinhaltet im wesentlichen, daß eine Erklärung eine logische Ableitung aus mindestens einer allgemeinen Hypothese und mindestens einer spezifischen Prämisse ist.

Das Argument der Richtungsumkehr nimmt implizit Bezug auf eine allgemeine Hypothese der Form.

Je mehr Belegung in einer Krankenhausabteilung herrscht, *desto mehr* Sterblichkeit relativ zur Gesamtzahl der Kranken tritt auf.
Zu dieser fügt man die Prämisse hinzu:
Die Belegung in der Abteilung 2 ist höher als in der Abteilung 1.
Man folgert, daß gilt:
Die Sterblichkeit in Abteilung 2 muß höher sein als die in Abteilung 1.

Das trifft nicht zu. Die Überbelegung ist also nicht Ursache der Sterblichkeitserhöhung.

Um dem Ursachenverweis auf die «Überbelegung» eine feste Deutung zu geben, wurde ein Gesetz herangezogen. Dadurch wurde der Verweis prüfbar gemacht und schließlich widerlegt. In den beiden Fällen 2 und 3 kann Semmelweis einfach darauf verweisen, daß es gar keine Unterschiede gibt, doch ist klar, daß auch hier die Deutung der Ursachenhypothese letztlich auf eine Angabe einer Gesetzmäßigkeit hinauslaufen würde, wie etwa:

Je weniger Aufwand für die Ernährung getrieben wird, desto höher die Sterblichkeit, bzw. je intensiver die allgemeine Pflege, desto geringer die Sterblichkeit.

Für das Verständnis der nächsten These sei vorweggeschickt, daß die Medizinstudenten ihre Ausbildung ausnahmslos in der ersten Abteilung erhielten. Sie führten dazu Untersuchungen durch, die in der Zweiten Geburtshilflichen Abteilung von Hebammen vorgenommen wurden. Eine Untersuchungskomission, die aufgrund der alarmierend erhöhten Sterblichkeit in der ersten Abteilung eingesetzt wurde, führte diesen augenfälligen Unterschied als Ursache an. Semmelweis konfrontierte diese Ursachenannahme mit anderen Beobachtungen in folgender Weise:

4a. Die Verletzung der Frauen bei Untersuchung durch Medizinstudenten ist die Ursache der höheren Sterblichkeit.
4b.1. Die Verletzungen durch die Geburt selbst sind weit massiver.
4b.2. Hebammen untersuchen die Frauen in gleicher Weise wie die Studenten.
4b.3. Halbierung der Anzahl der Untersuchungen durch die Medizinstudenten in der ersten Abteilung ergab nach kurzem Absinken der Sterblichkeit keine dauerhafte Veränderung.

Auch hier kann man wiederum sehen, wie in der Wissenschaftspraxis nur implizit auf Gesetzmäßigkeiten und Hintergrundannahmen Bezug genommen wird, weil es klar scheint, auf welche eher triviale Weise diese zu ergänzen sind. Obschon nicht explizit genannt, spielen sie aber dennoch eine zentrale Rolle. Sie in der einen oder anderen Weise explizit anzugeben, ist wiederum aufschlußreich.

Sei dies zunächst mit einer «je mehr, desto mehr»-Hypothese versucht:
4'a.1. Je stärker die Frauen bei der vorgeburtlichen gynäkologischen Untersuchung verletzt werden, desto höher ist die Sterblichkeit unter den Frauen.
– Vermutlich trifft diese Hypothese selbst nach heutigem Stand des Wissens zu. Sie würde jedoch nach heutigem Stand des Wissens nicht ausreichen, den gesamten Anstieg der Sterblichkeit in der einen Abteilung gegenüber der anderen zu erklären. Man erkennt somit, daß hier sogar implizit auf eine semi-quantitative Formulierung der «je-desto-Relation» zurückgegriffen wird:
4'b.1. Wenn die These 4'a.1. zutrifft und Verletzungen als solche ausschlaggebend für die Zunahme der Sterblichkeit sind, dann können die Untersuchungsverletzungen nach allgemeinem Ermessen, weil sie den ohnehin geburtlich eintretenden Verletzungsgrad nur marginal erhöhen, die Sterblichkeit ebenfalls nur marginal steigern.
4'b.2. Wenn es eine Beziehung zwischen Untersuchungsform und Sterblichkeit gäbe, dann müßten in beiden Abteilungen die gleichen Sterblichkeitsraten auftreten. Denn die Behandlung durch die Hebammen ist die gleiche und es gelten zwei Hintergrundannahmen der Forschung: a) Gleiche Ursachen müssen gleiche Wirkungen haben. b) Daß die Naturgesetze einmal in der Ersten und zum anderen in der Zweiten Geburtshilflichen Abteilung wirken, kann als solches keinen Unterschied machen.
4'b.3. Wenn eine «je mehr, desto mehr»-Beziehung zwischen der Anzahl der Verletzungen durch Untersuchung und der Sterblichkeitsrate besteht, dann müßte die Herabsetzung der Untersuchungszahlen zu einer Herabsetzung der Rate führen. –

Letzteres wäre eine statistische Deutung der von Semmelweis betrachteten Hypothese, denn es geht ja nicht um eine «Halbierung» jeder Einzeluntersuchung – etwa in dem Sinne, daß nur die Hälfte aller Untersuchungsakte, aus denen sich eine Untersuchung zusammensetzt, noch durchgeführt werden –, sondern um eine Reduktion der Anzahl aller Untersuchungen.

Weitere Unterschiede zwischen den Abteilungen wurden untersucht. Semmelweis zog auch so abwegige Differenzen heran, wie die, daß in der ersten Abteilung im Gegensatz zur Situation in der zweiten der Priester mit der Kommunion durch die Abteilungsräume zum Raum der Sterbenden gelangte. Auch die unterschiedliche Lage bei der Entbindung entweder auf der Seite oder auf dem Rücken prüfte Semmelweis auf ihre mögliche Erklärungsrelevanz. Sein Vorgehen war dabei stets das gleiche. Er nahm an, daß der jeweils zu prüfende Faktor erklärungskräftig sei und leitete aus dieser Annahme Implikationen ab, die er hernach widerlegte. In dieser Weise hätte er vermutlich ohne Erfolg mit einer Betrachtung am Ende irrelevanter Unterschiede fast beliebig lange fortfahren können. Denn hinsichtlich des Auffindens von Unterschieden waren der Phantasie kaum Grenzen gesetzt. Erst recht wäre ein mechanisches Absuchen aller Unterschiede und ein entsprechender «induktiver» Übergang zu einer allgemeinen Erklärungshypothese aus diesen Gründen unmöglich gewesen.

Ohne *Vorgabe* einer jeweils relevanzbestimmenden Hypothese hätte Semmelweis nach seinem Schema überhaupt nichts prüfen können. Doch zusätzlich dazu mußte er noch «Glück» haben und auf eine fruchtbare Hypothese verfallen. Denn ohne ein glückliches theoretisches Vorurteil wäre seine Forschung niemals vorangekommen. Es war jedoch nicht «reines» Glück oder «purer» Zufall, daß er auf eine solche Hypothese verfiel, sondern von «Erfahrungsschlüssen» geleitetes kluges Vermuten.

Semmelweis kam (es gibt hier von der Hempels abweichende medizinhistorische Darstellungen, die an der Substanz des Argumentes jedoch nichts ändern) ein Unglücksfall zu Hilfe, der ihn zur gezielten Formulierung einer neuen Hypothese in Stand setzte. Einer seiner Kollegen verletzte sich bei einer Autopsie am Skalpell eines Studenten. Es traten darauf hin die gleichen Symptome auf, die auch das Kindbettfieber kennzeichnen und der Kollege verstarb unter ganz ähnlichen Begleitumständen wie die Wöchnerinnen. Semmelweis formulierte angesichts dieser Ähnlichkeit oder Analogie die Hypothese, daß das Eindringen von «Leichensubstanz» in den Blutkreislauf den Tod seines Kollegen herbeigeführt hatte. Sich auf diese Hypothese zu stützen, war deshalb naheliegend, weil das einzige vom üblichen Lebensverlauf abweichende auffällige Ereignis vor dem Tod des Kollegen in dem Skalpell-Stich bestand. Er wußte auch, daß die Kollegen und Studenten nach der Durchführung von Autopsien und nach nur oberflächlicher Reinigung ihrer Hände die Frauen der ersten Abteilung zu untersuchen pflegten. Erst diese zusätzlichen Informationen ließen die Beobachtung des Unglücksfalls tatsächlich hilfreich werden.

Semmelweis schloß, daß die Hypothese, falls wahr, die Implikation haben mußte, daß nach reinigender Entfernung der Leichensubstanz von den Händen Todesfälle in der ersten Abteilung des Krankenhauses seltener auftreten würden. Wenn die eine Hypothese zutrifft, dann muß auch die andere durch Beobachtung zu testende zutreffen. Semmelweis gab darauf hin die Anweisung, daß sich alle Medizinstudenten vor Beginn der Untersuchungen die Hände in einer Chlorkalklösung waschen sollten. Nachdem diese Praxis eingeführt worden war, sank die Sterblichkeit in der Ersten Geburtshilflichen Abteilung auf den Wert, der in der Zweiten Geburtshilflichen Abteilung des Wiener Allgemeinen Krankenhauses im Vergleichszeitraum zu beobachten war.

Das Eintreten dieser Situation war in praktischer Hinsicht zunächst ein durchschlagender Erfolg. Das Ausgangsziel, die gegenüber der Vergleichsabteilung erhöhten Sterberaten auf den Vergleichs- oder Normalwert zu senken, wurde erreicht, das unmittelbar praktische Problem gelöst. Daß dieser praktische Erfolg eintrat, bedeutet jedoch keineswegs, daß die handlungsleitende Hypothese tatsächlich zutrifft. Strenggenommen ist sie sogar, wie auch Semmelweis bald herausfand, falsch und das wiederum ist nicht ohne Bedeutung für ihren potentiellen praktischen Nutzen.

Es zeigte sich nämlich, daß nach Untersuchung einer Frau mit einem eitrigen Geschwür eine Welle von Fällen von Puerperalfieber auftrat. Die untersuchenden Ärzte reinigten sich nicht zwischen den einzelnen Untersuchungen. Es ergab sich die Hypothese, daß allgemein «faulende» biologische Substanz für das Auftreten des Fiebers verantwortlich war. Diese Hypothese konnte erklären, was die vorherige erklärte und darüber hinaus noch ein zusätzliches Phänomen. Sie war auch nicht bloß tauglich, allein den widerlegenden Fall zusätzlich zu behandeln. Deshalb lag nicht nur eine, wie man sagt, «Ad-hoc-Hypothese» vor. Die Hypothese sagte vielmehr weitere, neue Phänomene voraus wie das, daß generelle Säuberungen vor allen Untersuchungsgängen und nicht nur nach Autopsien Fieberfälle verhindern würden. Darin bestand natürlich ein zusätzlicher praktischer Nutzen. Für den gegenwärtigen methodologischen Zusammenhang ist allerdings eine andere Lehre bedeutsamer:

Die in einer Erklärung benutzte Gesetzeshypothese kann falsch sein, mögen auch die aus ihr hervorgehenden erklärungsmäßigen oder praktischen Konsequenzen zutreffen. Aus falschen Prämissen kann man wahre Konsequenzen ableiten. Deshalb zeigt die Wahrheit der Konsequenz eines Schlusses noch nicht die Wahrheit seiner Prämissen an. Die Falschheit der abgeleiteten Konsequenzen demonstriert jedoch zuverlässig die Falschheit einer der Prämissen. (Wenn man aus der generellen Annahme, alle Schwäne seien weiß und der Randbedingung «Objekt x ist ein Schwan» folgert, daß «x weiß sei», und x wirklich weiß ist, dann zeigt das noch lange nicht an, daß wirklich jeder andere aus der Menge der Schwäne weiß und damit die allgemeine Annahme richtig ist. Umgekehrt reicht natürlich die Beobachtung eines nicht-weißen Schwanes aus, um die allgemeine Hypothese zu widerlegen. Das gilt jedenfalls, sofern man nicht durch zusätzliche Vorkehrungen diese Evidenz neutralisiert.)

Hempels Schilderung der Wissenschaftspraxis des Ignaz Semmelweis kann man vor dem Hintergrund des zuletzt Festgestellten als die Darstellung eines Versuchs- und Irrtumsprozesses charakterisieren, der sich den Sachverhalt der «endgültigen» Widerlegung zunutze macht. Es werden vom Forscher (Semmelweis) sukzessive Gesetze vorgeschlagen, auf ihre Implikationen hin untersucht und widerlegend «aussortiert». Nachdem eine Hypothese zu befriedigenden Erklärungen der bekannten Phänomene Anlaß gibt, hält er vorläufig und insoweit weiterhin versuchsweise an ihr fest, bis sich neue Gegenevidenz einstellt und er zu einer neuen, verbesserten Hypothese übergeht, die die alten *und* neuen Probleme löst usw. Daraus ergibt sich ein Bild steten wissenschaftlichen Fortschrittes, der aus dem Entwerfen und Testen immer erklärungskräftigerer Hypothesen erwächst.

Hempels Rekonstruktion der praktischen Forschung am Beispiel von Semmelweis' Überlegungen erweckt nach alledem insgesamt den Eindruck, Forschung werde von großen «Einzelkämpfern» in einem rational bestimmten Theoriebildungsverfahren vollzogen. Forscher sind vorurteilsfrei und lassen sich allein von der inneren «Problem- und Fortschrittslogik» eines Forschungsgegenstandes leiten, wenn sie sich mit der Erscheinungswelt auseinandersetzen.

Von diesem Bild der Forschung sind Philosophen und philosophierende Einzelwissenschaftler über lange Zeiträume gefangen gewesen. Heutzutage hat sich allerdings allgemein eine Betrachtungsweise etabliert, die sowohl das Bild vom individuellen, wie das vom undogmatischen Charakter der Forschungspraxis in Zweifel zieht und bestreitet, daß eine eigene interne Logik des Forschungsfortschritts für die Wissenschaftsentwicklung ausschlaggebend sei. Alle drei dieser Einwände kommen in rudimentärer Form bereits in der nun zu skizzierenden Studie medizinischer Forschungspraxis zum Ausdruck. Sie wurde von Ludwig Fleck bereits 1935 veröffentlicht, findet aber erst in jüngerer Zeit die Beachtung, die sie zweifelsfrei von Beginn an verdient gehabt hätte. Dies und ihre in vielerlei Hinsicht überraschende Aktualität lassen eine etwas ausführlichere Darstellung als angebracht erscheinen.

1.1.2 Kollektive wissenschaftliche Praxis – Fleck über medizinische Forschung

Jedermann kennt Bilder, die zu einem Umschlag in der Gestaltwahrnehmung führen. Zunächst «sieht man» etwas vom Typ x und hernach etwas vom Typ y, wobei x und y voneinander genau unterschieden sind. Zur Illustration betrachte man die Abbildung 1:

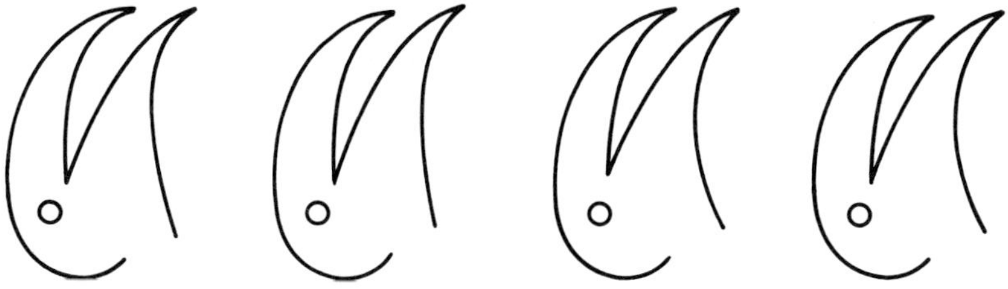

Was sehen Sie? Kraniche oder Kaninchen?

Methodologisch interessierte Wissenschaftler sind häufig von derartigen Gestaltumschlägen fasziniert. Das gilt für Sozial- wie für Naturwissenschaftler. So benutzt etwa der Nobelpreisträger für Wirtschaftswissenschaften, Paul A. Samuelson, die voranstehende Graphik. Er will damit in seinem Standardeinführungswerk in die Ökonomik auf die von

Vorverständnissen theoretischer Art bestimmte Sichtweise der Realität hinweisen, die alle Forschung kennzeichnet. Er geht diesem modellhaften Gedanken jedoch nicht im einzelnen nach, sondern begnügt sich im wesentlichen mit der Anschaulichkeit des Analogiebildes: So wie die einen Kraniche und andere Kaninchen «sehen», so «sieht» der Theoretiker A aufgrund seines Vorverständnisses Phänomene vom Typ x, während der Theoretiker B Phänomene vom Typ y wahrnimmt. Ausschlaggebend für ihre Wahrnehmung ist, welcher «Theorie» sie anhängen. In diesem Sinne sind alle «Tatsachenbeobachtungen» theoriebeladen.

Ludwik Fleck ist in seiner Studie zum Entstehen einer wissenschaftlichen Tatsache von ganz ähnlichen Erwägungen ausgegangen. Unsere Theorien und unsere Einübung in bestimmte «Denkstile» legen fest, was wir sehen oder beobachten. Fleck betrachtete zunächst historische anatomische Abbildungen wie die seinem Buche entnommene Abbildung 2:

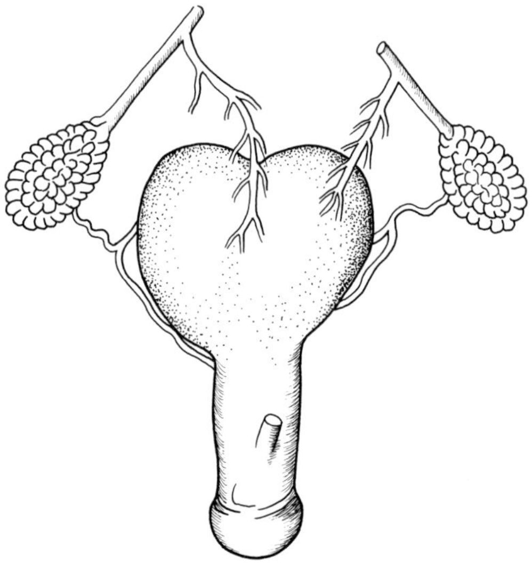

(aus Fleck 1980, 49)

Fleck kommentiert diese Abbildung wie folgt: «Die dem Altertume entstammende Idee grundsätzlicher Analogie maskuliner und femininer Geschlechtsorgane ist hier wunderbar in einer Abbildung realisiert, als wirklich existierend abgebildet. Wer die Anatomie kennt, bemerkt sofort die jener Theorie gemäße Umstilisierung der Proportionen und eine entsprechende Lagerung der Organe. ... Charakteristisch ist der mit S bezeichnete ‹ductus quo mulieres gravidae tempore coitus semen ejaculantur›. Diesen ductus, der Analogietheorie unumgänglich notwendig, kennt die heutige Anatomie nicht, die damalige bildet ihn theoriegemäß ab – neben und mit anderen vortrefflichen Beobachtungsdaten.» (Fleck 1980, 47f.)

Unsere erste Reaktion wird darauf hinauslaufen, die mangelnde «Naturtreue» der alten Darstellung auf den damaligen Erkenntnisstand zurückzuführen. Man ließ sich damals offenkundig noch von vorgefaßten Vorstellungen leiten, die von den wahren Sachverhalten ablenkten, während wir heutigen vorurteilsfrei den Tatsachen und nur diesen «ins Auge sehen». Das war ganz offenkundig auch die ursprüngliche Reaktion Flecks. «Als ich diese Abbildung ... hervorholte, geriet ich in Versuchung, ihr auch eine ‹richtige›, ‹naturgemäße› Abbildung vergleichsweise gegenüberzustellen. Ich durchblätterte moderne anatomische Atlanten und gynäkologische Lehrbücher – fand viele gute Bilder – aber kein einziges naturgetreues: alle sind anschaulich herauspräpariert, alle schematisch, fast symbolisch, alle lehrgetreu und nicht naturgetreu. In einem Lehrbuche der Sektionstechnik fand ich eine Photographie. Auch diese war zurechtgeschnitten, durch eingezeichnete Orientierungslinien und eingetragene Merkpfeile lehrgemäß anschaulich gemacht. So überzeugte ich mich noch einmal, daß keine naturgetreue Abbildung der überholten gegenübergestellt werden kann: nur Lehre steht gegen Lehre.» (Fleck 1980, 48)

Nun würden wir dennoch vermutlich darauf beharren, daß die heutige Lehre der Wahrheit näherkommt. Es mag ja sein, daß auch heutige Darstellungen Ausdruck bestimmter Lehren und der aus diesen hervorgehenden Abstraktionen sind. Aber es scheint uns ebenso klar zu sein, daß die heutigen Abstraktionen den Tatsachen besser entsprechen. Doch darf man sich in diesem Zusammenhang nicht von der größeren Nähe einer Photographie zu unseren einfachen, nicht von einer spezifischen anatomischen Lehre vorbelasteten Sehweisen irreführen lassen. Eine derartige größere Nähe ist für das Problem des Vergleiches verschiedener Theorien bis zu einem gewissen Maße unerheblich. Zum einen gehen bestimmte Alltagstheorien in die alltägliche Wahrnehmung ein. Etwas wahrzunehmen, heißt auch im Alltag nicht nur, bestimmte rein sinnliche Eindrücke zu haben, sondern sich von bestimmten trainierten Fähigkeiten geleitet zurechtfinden zu können. Das notorische

Beispiel des Eskimos, der in seinem Alltag mehrere verschiedene Arten der Farbe Weiß «sieht», die wir nicht wahrzunehmen vermögen, mag hier genügen. Die reinen Affizierungen durch Wellenlängen des Lichtes sind für den Eskimo sicherlich die gleichen wie für uns, dennoch nimmt er anderes wahr. Ein wissenschaftliches Training führt zu ganz analogen Abweichungen von der Alltagswahrnehmung des Mitteleuropäers wie die Lebenspraxis des Eskimos. Der erfahrene Röntgenologe etwa «sieht» einen Gallenstein, wo der Laie nur «bedeutungslose» Schatten sieht. Generell beruht die wissenschaftliche Wahrnehmung auf einer Einübung in wissenschaftliche Sichtweisen. Diese gehen ihrerseits auf Theorien zurück. Und wissenschaftliche Theorien beruhen gerade auf Abstraktionen von den «normalen, nur alltagstheoretisch» vorbestimmten Phänomenen. Das heißt, daß eine abstrahierende «Verzerrung der Alltagsrealität» und gerade nicht deren getreue Wiederholung wissenschaftlich den Ausschlag gibt. Es ist dabei nicht so, daß der Wissenschaftler «gegebene» Phänomene apriori besser oder genauer sieht. Seine Sichtweise wird vielmehr von seinen Theorien «anders» strukturiert. Deshalb nimmt er anderes wahr und nicht das gleiche auf andere Weise. Die Tatsachen sind nach dieser Lehre von der Wahrnehmung nicht einfach da, sondern werden partiell geschaffen.

Argumente wie die voranstehenden haben eine gewisse Suggestivkraft. Zweifelsohne besitzen sie einen wahren Kern. Sie erfüllen die wesentliche Funktion, vor einem zu naiven Bild von der Wissenschaft als einer Erforschung vorwissenschaftlich gegebener Tatsachen zu warnen. Sie verweisen nachdrücklich darauf, daß das Bild vom vorurteilsfreien Forscher, der «die Realität mit der Kamera seiner Theorien nur abphotografiert», nicht zutreffen kann, mag es auch noch so stark in manchen landläufigen Theorien über die Wissenschaft selbst verankert sein.

Doch selbst wenn man diese Warnung für außerordentlich wichtig hält, muß man genau darauf achten, in ihrer Befolgung nicht über das Ziel hinauszuschießen. Wenn man die Theoriebeladenheit der Erfahrung konzediert, dann heißt das noch lange nicht, daß Erfahrung nur aus gänzlich theoretisch vorbestimmten Elementen besteht. Das scheint zu dem Versuch zu führen, «subjektive» und «objektive» Elemente in der sinnlichen Erfahrung «auseinanderzudividieren». Die «philosophische Hochgeschwindigkeitszentrifuge», die dies in allseits überzeugender Form zu leisten vermöchte, ist jedoch ungeachtet unzähliger Versuche noch nicht gefunden – und wird wohl auch nicht gefunden werden. Alle Bemühungen dieser Art, von Kants Transzendentalphilosophie, die zwischen Ding an sich und Erscheinung trennte, bis zum neo-positivistischen Konstrukt einer neutralen Beobachtungssprache, an der alle Theorien nach Übersetzung ihrer Erklärungen und Voraussagen zu messen sind, dürfen jedenfalls als gescheitert gelten. Das Problem auf dieser prinzipiellen Ebene zu behandeln, erscheint deshalb zumindest in einer auf die Wissenschaftspraxis gerichteten methodologischen Abhandlung als wenig aussichtsreich. Doch auch dann, wenn man nicht mehr darauf abzielt, eine prinzipielle, scharfe Grenze zwischen «subjektiver» und «objektiver» Wahrnehmung zu ziehen, bleiben für eine Reflexion auf die Wissenschaftspraxis vor allem zwei Fragen von höchstem Interesse: 1. Wie kommt es zu jener Art von «Objektivität», die man weit treffender als «Intersubjektivität» der Wahrnehmung bezeichnet? 2. Gibt es ungeachtet der Theoriebeladenheit und Theorierelativität der Wahrnehmung Kriterien dafür, ob eine Theorie der «Realität» näher kommt als eine andere und in diesem ausschlaggebenden Sinne einen «Fortschritt» darstellt?

Die zweite Frage läßt sich selbst dann behandeln, wenn man «die Realität» nicht namhaft machen kann – so wie man sagen kann, daß Herr A kahlköpfiger ist als Herr B, ohne jemals einen vollständigen Kahlkopf gesehen zu haben (und auch ohne sagen zu können, wann genau jemand beginnt, als Kahlkopf zu gelten). Die Frage nach dem Fortschritt zwischen Theorien wird jedoch zunächst zurückzustellen sein. Sie wird als eigenständiges Zentralthema der heutigen methodologischen Diskussion noch ausführlicher behandelt werden (vgl. Kap. 2.2., 2.3.). Zunächst ist die Frage zu behandeln, wie sich intersubjektiv zugängliche Tatsachen einer Theorie aus der Diskussion der Theorieanwender entwickeln. Hierzu hat Fleck im Anschluß an seine eingangs skizzierten Beobachtungen bereits sehr früh aufschlußreiche weiterführende Überlegungen angestellt.

1.1.2.1 Die kollektive Konstituierung und interkollektive Unvergleichbarkeit der wissenschaftlichen Erfahrung

Die intersubjektive Übereinstimmung der wissenschaftlichen Wahrnehmung, die wir allenthalben feststellen können, ist für die Theorien der unvoreingenommenen Beobachtung eine selbstverständliche Folge wahrhaft wissenschaftlicher Haltung. Wo sie nicht vorliegt, reicht es nach dieser Lehre aus, Unvoreingenommenheit und Genauigkeit in der Beobachtung herbeizuführen. Dissens ist letztlich Folge von Voreingenommenheit oder Ungenauigkeit. Wenn jedoch im Gegensatz zur Konzeption unvoreingenommener Beobachtung ein theorieabhängiges Gestaltsehen charakteristisch für die Wissenschaft ist, dann wird die Konvergenz der Meinungen individueller Wissenschaftler zu einem bemerkenswerten und erklärungswürdigen Phänomen. Es scheint keineswegs mehr selbstverständlich, daß innerhalb von Wissenschaftlergemeinschaften Übereinstimmung über theorierelevante Tatsachen besteht. Wie kommt es, daß nicht die einen Kaninchen sehen, während die anderen Kraniche wahrnehmen, sondern entweder alle Kaninchen oder alle Kraniche?

Fleck entwickelt hierzu seine Lehre vom «Denkkollektiv» und «Denkstil». Ein Denkkollektiv liegt immer dann vor, wenn mindestens zwei Individuen miteinander in einen Gedankenaustausch eintreten. Sie können sich dann wechselseitig in ihren Auffassungen beeinflussen. Ein solches Denkkollektiv hat möglicherweise nur einen vorübergehenden, instabilen Charakter. Dann spricht Fleck von einem «momentanen Denkkollektiv». Wissenschaftliche Denkkollektive werden demgegenüber von «stabilen» Beziehungen geprägt. Sie weisen als «stabile Denkkollektive» eine dauerhafte organisatorische Struktur auf. Innerhalb dieser stabilen Denkkollektive der Wissenschaftler wird der «Denkverkehr» – «intrakollektiver Denkverkehr» – durch einen «Denkstil» geprägt. Man kann einen «Denkstil als gerichtetes Wahrnehmen mit entsprechendem gedanklichem und sachlichem Verarbeiten des Wahrgenommenen definieren. Ihn charakterisieren gemeinsame Merkmale der Probleme, die ein Denkkollektiv interessieren; der Urteile, die es als evident betrachtet; der Methoden, die es als Erkenntnismittel anwendet. Ihn begleitet eventuell ein technischer und literarischer Stil des Wissenssystems. Zugehörig einer Gemeinschaft, erfährt der kollektive Denkstil die soziale Verstärkung ..., die allen gesellschaftlichen Gebilden zuteil wird, und unterliegt selbständiger Entwicklung durch Generationen. Er wird zum Zwange für Individuen, er bestimmt, ‹was nicht anders gedacht werden kann›». (Fleck 1980, 130).

Eine Stabilität des Denkstiles wird in der Definition der Stabilität von Denkkollektiven keineswegs vorausgesetzt. Ein Denkstil verändert sich vielmehr fortlaufend. Es treten «Denkstilergänzungen» und «-erweiterungen» auf. Im Extremfall kommt es zu «Denkstilumwandlungen», die ziemlich genau dem Umspringen der Wahrnehmung zwischen Kaninchen und Kranichen gleichen. Dann wandelt sich der Begriffssinn der dem Denkstil eigentümlichen Begriffe fundamental. Sie erhalten mit der Umwandlung eine andere Bedeutung, indem nunmehr andere Formen des «stilgemäßen Wahrnehmens» etabliert sind. Selbstverständlich bleibt dabei ein Rest der alten Bedeutung erhalten. Deshalb tragen auch alle wissenschaftlichen Begriffe weiterhin einen Rest der Bedeutung vorwissenschaftlicher «Ur- bzw. Präideen».

Dennoch darf man sich die Entwicklung von wissenschaftlichen Konzepten aus ihren Ur- oder Präideen heraus nicht als einzelfallbezogene Präzisierung vorstellen. Forschung ist kein additiver Prozeß, sondern steter, ganzheitlicher Wandel. Jede Denkstilergänzung und -erweiterung führt zu Bedeutungsmodifikationen der verwendeten Begriffe. «Nie ist eine Tatsache von anderen vollkommen unabhängig.» (Fleck 1980, 134) Tatsachen treten typischerweise auf «als Wissenssystem, das eigenen Gesetzen gehorcht. Deshalb wirkt jede Tatsache auf viele andere zurück, und jede Veränderung, jede Entdeckung übt eine Wirkung auf ein eigentlich grenzenloses Gebiet: ein entwickeltes zu harmonischem System ausgebautes Wissen besitzt die Eigenschaft, daß jede neue Tatsache harmonisch alle früheren Tatsachen – wenn auch noch so geringfügig – ändert. Jede Entdeckung ist in diesem Falle eigentlich eine Neuschöpfung der ganzen Welt eines Denkkollektivs.» (Fleck 1980, 134f., der damit spätere Formulierungen von Quine 1972 vorwegnimmt) Zwar «bleibt etwas von jedem Denkstil. Erstens kleine Gemeinden, die den alten Stil unverändert beibehalten. So gibt es heute noch Astrologen und Magier: Sonderlinge, die in den unteren Schichten der Gesellschaft sich den Ungebildeten gesellen oder aus Mangel an Stimmungsgemeinschaft zu Schwindlern werden. Zweitens finden sich in jedem Denkstil immer Spuren entwicklungsgeschichtlicher Abstammung vieler Elemente aus einem anderen vor.» (Fleck 1980, 130)

Wenn man in dieser Weise von einer steten Umwandlung und Interdependenz aller Begriffsbedeutungen ausgeht, dann stellt sich die Frage, inwieweit sich überhaupt noch verschiedene Denkstile vergleichen lassen. Das wirft aber seinerseits das Problem des wissenschaftlichen Fortschritts insgesamt auf. Kann man überhaupt sagen, daß die moderne Astronomie der Astrologie in einem präzisierbaren Sinne überlegen ist, wenn alle Begriffe wesentlich einen denkstilrelativen Bedeutungsanteil besitzen? Begriffe scheinen insofern nicht von einem Denkstil in einen anderen übersetzt werden zu können. Es gibt auch keine dritte Sprache, in die sie zumindest nach ihrem Gehalt direkt beobachtbarer Tatsachenbehauptungen übersetzt werden und in der dann beobachtungsmäßige Vergleiche stattfinden könnten. Denn es existieren nach Voraussetzung überhaupt keine denkstilunabhängigen Tatsachen. Deshalb kann der Erkenntnisfortschritt nicht als eine immer zutreffendere Erfassung einer *fixen* Tatsachenbasis definiert werden. (Mit Bezug auf eine sogenannte

Beobachtungssprache und den ihr zugrundeliegenden Denkstil würde sich das Problem der Übersetzung überdies erneut stellen.)

«Einzeltatsachen und Einzelbegriffe werden – je nach der Verwandtschaft der Kollektive – entweder als freie Erfindungen angesehen, die einfach unbeachtet bleiben (wie z.B. ‹spiritistische Tatsachen› von den Naturwissenschaften) oder aber – bei weniger divergenten Kollektiven – anders gedeutet, d.h. in eine andere Denksprache übersetzt und übernommen (wie z.B. dieselben spiritistischen Tatsachen von den Theologen).» (Fleck 1980, 143)

Das scheinen insgesamt sehr radikale und keineswegs selbstevidente Folgerungen zu sein. Selbstverständlich haben wir heute das Gefühl, daß es die spiritistischen Tatsachen einfach nicht gibt. Es fällt auf, daß Fleck selbst in der ersten Erwähnung von «‹spiritistischen Tatsachen›» in Anführungszeichen spricht. Das kann man im Gesamtrahmen seiner Überlegungen allerdings nur so deuten, daß er sich damit selbst mit dem naturwissenschaftlichen Denkstil identifiziert, während er folgerichtig bei Erwähnung spiritistischer Tatsachen aus der Sicht der Theologie die Anführungen fortläßt. Deshalb sei nochmals festgehalten: Zwischen zwei gänzlich getrennten Denkstilen gibt es keine gemeinsame Tatsachenbasis, die zum Vergleich der Denkstile insgesamt herangezogen werden könnte. «Ist der Denkstil von unserem so entfernt, dann ist keine Verständigung mehr möglich. Worte können nicht übersetzt werden, Begriffe haben nichts gemeinsames mit den unseren ...» (Fleck 1980, 185)

1.1.2.2 Die kollektive Fortentwicklung von Denkstilen

Man könnte nun meinen, daß Fleck angesichts seiner Auffassung von der Verwobenheit aller Begriffe, von deren wechselseitiger Interpretation und steten Neu-Deutung durch Denkstilveränderungen überhaupt keine wissenschaftsimmanenten Fortschrittskriterien mehr nennen kann. Auch die Weiterentwicklung einer bestimmten, festen Theorie, deren Ergänzung und Erweiterung um Einzeltatsachen, könnte dann nicht als Fortschritt begriffen werden. Das wäre eine absurde Folgerung. Es gibt offenkundig eine Denkstilentwicklung, die einen Vergleich zwischen früheren und späteren Denk-Zuständen zuläßt, indem sie den Denkstil um strikt «zusätzliche» Tatsachen ergänzt – unter minimaler Uminterpretation anderer Begriffe. Der Fortschritt besitzt auch eine objektive Grundlage in der Intersubjektivität der Tatsachenwahrnehmung. Nach Flecks Auffassung stellt sich diese in Fortentwicklung eines Denkstiles dadurch ein, daß erste «paradigmatische» Überlegungen, welche heute regelmäßig im Rahmen der sogenannten «Zeitschriftenwissenschaft» veröffentlicht werden, nach und nach in die «Handbuch-» und von dort in die »Lehrbuchwissenschaft» Eingang finden. Erst die Lehrbuchwissenschaft bildet den Ausdruck wissenschaftlicher Reife. Ihre Existenz ist charakteristisch für die modernen Naturwissenschaften. Sie und nicht die unvoreingenommene Beobachtung stellt das Fundament dar, auf dem die Intersubjektivität dieser Denkstile ruht.

Fleck zieht den Vergleich zu einem religiösen Ritus. Die Initialisierung in den jeweiligen wissenschaftlichen Ritus wird von Lehrbüchern bestimmt, die dem Lernenden nicht zur Prüfung, sondern zum Erwerb von Fertigkeiten vorgelegt werden. Sie erfolgt insoweit keineswegs unter dem Ideal wissenschaftlicher Unvoreingenommenheit, sondern weitgehend dogmatisch. Es gibt allein «eine traditionale (und nicht ‹rationale›) Einweihung.» (Fleck 1980, 136)

Solcher Dogmatismus war der traditionellen und ist auch der gegenwärtigen Wissenschaftsphilosophie weitgehend suspekt. Doch für die Reife einer Wissenschaft ist gerade das Ausmaß des Dogmatismus und nicht eine Offenheit für unvoreingenommenes Fragen ausschlaggebend. Erst eine ausgeführte Dogmatik sichert Objektivität im Sinne der intersubjektiven Übereinkunft darüber, was als Tatsache zu gelten hat. «Für jedes Gewerbe, für jedes Kunstgebiet, für jede Religionsgemeinde und jedes Wissensgebiet besteht eine Lehrlingszeit, während welcher rein autoritäre Gedankensuggestion stattfindet, die nicht etwa durch ‹allgemein rationellen› Gedankenaufbau ersetzt werden kann.» (Fleck 1980, 136)

Diese Feststellungen über das spätere Erlernen eines entwickelten Denkstiles zu treffen, läßt allerdings nach wie vor offen, wie es zur Entwicklung des Denkstiles selbst kommen konnte. Diesbezüglich entwirft Fleck das Bild einer Entwicklung von Ideen aus Ur- oder Präideen, die von tastenden ersten Entwürfen einzelner Wissenschaftler zwar zunächst vorangetrieben wird, in ihrer intersubjektiv verbindlichen Gestalt jedoch wesentlich aus einem kollektiven Prozeß resultiert. Das ist in der von Fleck verfochtenen Form keineswegs eine triviale These, sondern widerspricht unter Wissenschaftlern selbst vorherrschenden Auffassungen. «Es besteht ein sehr verbreiteter Mythos über Beobachtung und Experiment. Das erkennende Subjekt figuriert als eine Art Eroberer vom Typus Julius Cäsars, der nach der Formel veni-vidi-vici seine Schlachten gewinnt. Man will etwas wissen, man macht die Beobachtung oder das Experiment – und schon weiß man alles.» (Fleck 1980, 111). Dem stellt Fleck seine eigene These von einer sich erst allmählich und kollektiv verfestigenden Interpretation von Erfahrungen gegenüber. Wir müssen erst lernen, «richtig» zu fragen und «richtig» zu sehen. Dabei entwickelt sich das, was richtig ist, in einem kollektiven Prozeß der *Konventionsbildung*. An dessen Ende steht dann ein entwickelter Denkstil, der durchaus so etwas wie klare Fragen und Antworten auf Standardprobleme jedenfalls im Einzelfall ermöglichen kann. Doch bevor es dazu kommen kann, mußte jeweils zuvor eine lange, genuin kollektive Entwicklung durchlaufen werden. «Fertigkeiten, Erfahrungstatsachen, Ideen – ‹falsche› und ‹richtige› – gingen von Hand zu Hand, von Kopf zu Kopf und änderten sicherlich ihren Inhalt, sowohl während ihres Aufenthaltes in jedem Individuum, als auch während des Weges von Person zu Person, da vollkommenes Verstehen des tradierten Wissens so schwer ist. Schließlich entstand ein Wissensgebäude, das eigentlich von Niemandem geahnt und beabsichtigt wurde ja eigentlich gegen das Ahnen und die Absicht der Einzelnen». (Fleck 1980, 91)

In diesem Prozeß überwiegen zunächst aktive Elemente. Es werden vom Denkkollektiv sukzessive in einem Prozeß wechselseitiger Beeinflussung immer neue Begriffe und Begriffsrelationen vorgeschlagen und «aktive Kopplungen» hergestellt. Das geschieht durchaus in einem Prozeß von Versuch und Irrtum, wenn auch in einem kollektiven. «Wenn wir z.B. die Geschichte der chemischen Elemente darstellen sollten, müßten wir zwei große Stadien unterscheiden: das der sogenannten vorwissenschaftlichen Lehre von den Elementen und das Stadium der wissenschaftlichen Chemie. In beiden gibt es aktive und passive Wissensanteile. So sind die Begriffe des Elementes und des Atoms aus geschichtlichen und denkkollektiven Momenten sehr gut konstruierbar: sie entstammen sozusagen der kollektiven Phantasie. Die Brauchbarkeit dieser Begriffe in der Chemie ist aber ein vom Erkennenden *zunächst* unabhängiger Umstand. Die Zahl 16 für das Atomgewicht des Sauerstoffes ist fast bewußt konventioneller, willkürlicher Herkunft. Wird aber für O das Atomgewicht 16 angenommen, so ergibt sich für H das Atomgewicht 1,008 mit zwangsmäßiger Notwendigkeit. Die Verhältniszahl beider Gewichte ist also ein passives Wissenselement. ... Je tiefer man in ein Gebiet eindringt, desto größer wird die Zahl *beider* Anteile, nicht etwa nur der passiven, wie man naiverweise erwarten könnte.» (Fleck 1980, 109f.)

Das sind – zumal zum Zeitpunkt ihrer Erstveröffentlichung im Jahre

1935 – bemerkenswerte Feststellungen. Sie ergeben grob das folgende Bild vom Wissenschaftsfortschritt innerhalb eines gewissen Denkstiles: In ein anfängliches Chaos von Erfahrungen und Empfindungen wird durch Einbringen aktiver Kopplungen ein Netz von Begriffen ausgeworfen, um passive Kopplungen einzufangen. Man versucht, innerhalb eines Denkstiles dieses Netz immer enger zu knüpfen, um immer mehr passive Kopplungen aufzuspüren. Diese Kopplungen bestehen zwar immer nur relativ zu einem System aktiver Kopplungen oder denkkollektiver Konventionen, sind aber gleichwohl in dieser Relativität in intersubjektiv zugänglicher Form existent.

«Die allgemeine Richtung der Erkenntnisarbeit ist also: *größter Denkzwang bei kleinster Denkwillkürlichkeit.* So entsteht *die Tatsache: zuerst ein Widerstandsaviso im chaotischen anfänglichen Denken, dann ein bestimmter Denkzwang, schließlich eine unmittelbar wahrzunehmende Gestalt.*» (Fleck 1980, 124) «So bildet sich ein allseitig zusammenhängendes Getriebe der Tatsachen, durch beständige Wechselwirkung sich im Gleichgewicht erhaltend. Dieses zusammenhängende Geflecht verleiht der ‹Tatsachenwelt› massive Beharrlichkeit und erweckt das Gefühl fixer Wirklichkeit, selbständiger Existenz einer Welt. Je weniger zusammenhängend das System des Wissens, desto magischer ist es, desto weniger stabil und wunderfähiger die Wirklichkeit: immer gemäß dem kollektiven Denkstil.» (Fleck 1980, 135)

Damit ist insgesamt auch klar, worin für Fleck der Wissenschaftsfortschritt besteht. Er ergibt sich aus der Fortentwicklung eines Denkstiles so, daß mehr und mehr passive Kopplungen durch Hinzufügung solcher aktiver Natur entstehen. Durch zunehmende Vernetzung von Theorien erhöht sich die Zahl der passiven Kopplungen durch das Entstehen von Querverbindungen weiter. Das Ergebnis ist im günstigen Fall ein stabiles Gebäude miteinander verbundener Denkstile. In jedem dieser Stile werden Probleme überhaupt erst klar formulierbar und gewinnt die Frage nach der Wahrheit von Problemantworten erst einen klaren Sinn. Dennoch ist die Wahrheit «nicht ‹subjektiv› oder gar ‹relativ› im populären Sinne des Wortes ... Man kann nie sagen, derselbe Gedanke sei für A wahr und für B falsch. Gehören A und B demselben Denkkollektive an, dann ist der Gedanke entweder wahr oder falsch. Gehören sie aber verschiedenen Denkkollektiven an, so ist es eben *nicht derselbe* Gedanke ...» (Fleck 1980, 131)

Nach alledem und im Vorgriff auf die weiteren Überlegungen der vorliegenden Einführung läßt sich feststellen, daß Ludwig Fleck ein bemerkenswert realistisches Bild von der Wissenschaft entworfen hat.

Seine Analysen antizipieren zu einer Zeit, als die Ideen des Wiener Kreises die Spitze der philosophischen Wissenschaftstheorie bildeten, einen guten Teil jener Diskussion, die seit Mitte der 60er Jahre in Kritik am Wiener Kreis aber auch in Kritik an dessen Kritiker Popper geführt wurde (wobei Otto Neurath, worauf mich Rainer Hegselmann als kompetenter Kenner der Geschichte des logischen Empirismus hinwies, in seiner Rezension von Poppers Logik der Forschung ähnliche Weitsicht wie Fleck besessen zu haben scheint, vgl. 1979 insbes. 43ff. und 132ff.) Weiter als der wissenschaftsphilosophische Außenseiter Fleck kann man mit umgangssprachlichen Mitteln kaum kommen. Zutreffend arbeitet er bereits in den 30er Jahren die kollektiven und dogmatischen Aspekte von Wissenschaft heraus. Er verweist auf die Theorieabhängigkeit der Beobachtung, die Theoriebestimmtheit der Tatsachen, auf die Vernetzung und wechselseitige Interpretation unserer wissenschaftlichen Begriffe. Er entwickelt mit dem Konzept des kollektiven Denkstiles eine auf das Problem der Übersetzbarkeit und Vergleichbarkeit der theoriegebundenen Erfahrung zugeschnittene Sichtweise, die in manchem der Paul K. Feyerabends ähnelt, die aber auch – nach dessen eigener ausdrücklicher Feststellung – Überlegungen von Thomas S. Kuhn zum heute so beliebten Begriff eines wissenschaftlichen Paradigmas vorwegnimmt. Fleck war alles in allem ein überragend weitsichtiger wissenschaftstheoretischer Einzelkämpfer, dem allein die Einbindung in ein entsprechendes Denkkollektiv gefehlt zu haben scheint, um gemeinsam mit gleichgesinnten Mitstreitern zum Begründer eines eigenen wissenschaftstheoretischen Denkstils werden zu können. Allerdings waren – um das mindeste zu sagen – die Zeitläufe der schnellen Rezeption einer deutschsprachigen Veröffentlichung eines polnischen Juden in den 30er Jahren nicht gerade günstig.

Wenn Fleck im vorangehenden besonders ausführlich behandelt wurde, dann geschieht dies keineswegs aus Gründen historischer Gerechtigkeit, sondern leitet sich allein aus dessen besonderer methodologischer Weitsicht und aus der Tatsache ab, daß Fleck von Hause aus Mediziner war. Der erste Faktor führt dazu, daß sich bei Fleck in besonders eingängiger Form nahezu alle wesentlichen Elemente der jüngsten methodologischen Diskussion überblicksartig finden. Deshalb kann sie den weiteren Überlegungen der vorliegenden Einführung als Leitfaden und Hintergrund dienen. Der zweite Faktor bewirkt, daß Fleck seine Auffassungen an historischen Beispielen der Medizin zu belegen sucht und damit für den an Arzneimittelforschung und Medizin Interessierten besonders anschaulich vorgeht. Es empfiehlt sich deshalb, abschließend einen knappen Blick auf Flecks Beispiel für die Entwicklung eines Denkstiles in der Medizin, die Entwicklung der Wassermannreaktion, zu werfen, um dort die von ihm entworfenen Züge der Wissenschaft womöglich «gestaltmäßig» wiederzuerkennen. Gemeinsam mit Hempels historischer Fallstudie über die Forschungen von Semmelweis dürfte dann genügend Anschauungsmaterial vorliegen, um daran etwas abstraktere methodologische Überlegungen anzuknüpfen.

1.1.2.3 Fleck über die Entwicklung von Syphilisbegriff und Wassermannreaktion

Die Erkenntnistheorie sollte sich nach Flecks Auffassung nicht damit begnügen, irgendwelche «uralten Tatsachen des Alltages oder der klassischen Physik als einzig sichere und der Untersuchung würdige» (Fleck 1980, 1) zu betrachten. Das gilt verstärkt für die Wissenschaftstheorie im engeren Sinne. Deshalb illustriert Fleck seine Ideen anhand einer zu seiner Zeit noch recht neuen medizinischen Entwicklung: Der ätiologischen Präzisierung des Syphilisbegriffes und der Wassermannreaktion. Beide verfolgt er ausführlich zurück zu ihren historischen Wurzeln, um die Fruchtbarkeit des von ihm vorgeschlagenen methodologischen Instrumentariums zu belegen. Dies kann an dieser Stelle nicht im einzelnen, sondern nur in einigen auch für spätere Überlegungen wichtigen Grundelementen nachvollzogen werden. Deshalb sei der interessierte Leser nachdrücklich für weiteres Anschauungsmaterial auf Flecks faszinierendes Buch selbst verwiesen (vgl. vor allem Fleck 1980, Kap. 1–3).

Sein zentrales Anliegen, die Fruchtbarkeit des von ihm vorgeschlagenen wissenschaftstheoretischen Instrumentariums am historischen Material zu belegen, führt Fleck dazu, die historisch soziale Bedingtheit aller Erkenntnis in den Vordergrund zu stellen. Das ist eine Art «aktiver Kopplung», die er für die Wissenschaftstheorie vornimmt. Seine Arbeitshypothese formuliert er so: «Vergleichende Erkenntnistheorie darf Erkennen nicht als zweigliedrige Beziehung des Subjektes und des Objektes, des Erkennenden und des Zu-Erkennenden betrachten. Der jeweilige Wissensbestand muß als grundsätzlicher Faktor jeder neuen Erkenntnis das dritte Beziehungsglied sein.» (Fleck 1980, 53 f.) Was wir erkennen können, ist von der vorangehenden kollektiven Entwicklung der Begriffe unseres Denkstiles, der bereits entwickelten aktiven und passiven Kopplungen abhängig. Die Vorgeschichte bestimmt weitgehend die weitere Geschichte der Wissensentwicklung. (Wenn man einmal gesehen hat, daß die Kraniche Kaninchen sind, beeinflußt dies weitere Sichtweisen.) Einmal erreichte Zustände sind, wiewohl partiell historisch kontingent (vor allem durch die Wahl der aktiven Kopplungen), insgesamt Randbedingungen der weiteren Evolution. Dies entspricht genau den Sachverhalten der natürlichen Evolution, in der die Ergebnisse bisheriger Entwicklungsgeschichte ja auch stets einen gewachsenen Umweltfaktor der künftigen Evolutionsprozesse bilden. Gerade dadurch eröffnen sich neue ökologische Nischen, neue Möglichkeiten weiterer Entwicklung etc.

In analoger Weise entwickelte sich der Syphilisbegriff allmählich aus vagen Prä- oder Urideen. Diese definierten Syphilis in einem Bezugsmuster mythischer und religiöser Art als Lustseuche schlechthin. Erste kausale Erklärungen gingen davon aus, daß diese Seuche ‹durch Konjunktion des Saturnus und Jupiter im Zeichen des Skorpions und Hause des Mars› entstand. Diese Konstellation trat ein am 25.11.1484 (vgl. Fleck 1980, 4). Angesichts der Bedeutung der Astrologie zu damaligen Zeiten war dies eine recht einleuchtende Erklärung. Denn Jupiter als guter unterlag dem Saturn als bösem Planeten, während Mars und Skorpion, dem die Geschlechtsteile zugeordnet werden, erklärten, warum die neue Krankheit gerade bei den Genitalien ansetzte. Insgesamt erschien sie als Strafe für die Sünde des Coitus, was eine weitere Erklärung durch den Ratschluß Gottes anbot.

Mit solchen ersten Erklärungsangeboten war allerdings keineswegs der Begriff der Syphilis als solcher selbst für damalige Zwecke hinreichend präzisiert. Es fielen darunter ziemlich unterschiedslos Phänomene, die man heute eher der Symptomatik der Lepra oder der Tuberkulose zurechnen würde. Erste genauere Abgrenzungen ergaben sich durch Heilerfolge bei Quecksilberanwendungen, die ihrerseits auf eine viel ältere Tradition der Metallotherapie zurückgingen. Dennoch waren derartige therapeutische Erfolge nicht geeignet, eine wirkliche Präzisierung des Syphilisbegriffs herbeizuführen und natürlich diagnostisch wenig befriedigend. Quecksilber wurde angewandt auf Hautleiden verschiedenster Art und wenn auch sein Effekt auf andere Geschlechtskrankheiten fehlte, so stellte sich dies immer nur ex post heraus.

Aber auch ungeachtet solcher differentieller Wirksamkeit von Therapien blieb bis in das 19te Jahrhundert hinein die Idee der «Lustseuche schlechthin» so vorherrschend, daß eine wirkliche Trennung von anderen venerischen Krankheiten wie Gonorrhoe oder Ulcus molle nicht stattfand. Es gab viele Anhänger einer Identitätslehre. Hier überwog die «aktive Kopplung», die durch den Begriff einer umfassenden Lustseuche ideengeschichtlich vorgegeben war, die «passiven Kopplungen», die der Feststellung entsprachen, daß Hg manchmal einen Heileffekt hat und manchmal nicht.

Ein für die spätere Entwicklung besonders bedeutender Nebeneinfluß ergab sich durch Ablösung astrologischer und auch der auf den ontologischen Krankheitsbegriff (Krankheit als eigenständige Wesenheit, die den Körper «anfällt») zurückgehenden Erklärungen durch andere Vorstellungen. Vor allem das Aufkommen der sogenannten Humoralpathologie, die Krankheiten auf eine ungünstige Mischung der Körpersäfte (humores) zurückführte, wirkte sich hier aus (vgl. dazu auch historisch knapp Fischer-Homberger 1977). Dieser Wechsel im Denkstil (Kaninchen zu Kranichen) führte dazu, daß die Aufmerksamkeit auf das «verseuchte Blut» gerichtet wurde und daß aus dieser «Präidee» angesichts der Pleomorphie (Vielgestaltigkeit) der Syphilissymptome schließlich über die Humoralpathologie hinaus der «Schrei nach einer Blutprobe» entstand (vgl. Fleck 1980, 11).

Dieser «Schrei» wäre ungehört verhallt, wenn nicht den ihm entsprechenden aktiven Kopplungen solche passiver Art entsprochen hätten. Diese passiven Kopplungen ergaben sich in den Forschungsarbeiten von Wassermann, Neisser und Bruck. Ausgehend von der Idee eines Bluttestes zur Abgrenzung der Krankheitseinheit Syphilis, suchten sie nach entsprechenden Kopplungen der Serumdiagnose. Diese Sachverhalte belegen nach Auffassung Flecks hinreichend den von ihm reklamierten Einfluß von Präideen und vorgegebenen Sichtweisen auf die Forschungsrichtung der von Wassermann angeführten Forschergruppe.

Darüber hinaus ist es für das Verständnis von Flecks Wissenschaftsphilosophie jedoch von noch größerer Bedeutung, den sozialen Aspekt des Erkenntnisprozesses herauszuarbeiten. Er geht ja gerade davon aus, daß die Fortschritte der Erkenntnis nicht den Forscherindividuen zuzuschreiben sind. Seine These betrachtet das Denkkollektiv als eigentliches Subjekt der Wissenschaftsentwicklung. In einer Wechselwirkung der Forscher und ihrer Ideen aufeinander bildet sich allmählich ein Satz von Konventionen heraus, der das Erfassen neuer passiver Kopplungen erlaubt.

Der der Forschungsentwicklung zugrundeliegende Prozeß ist, wie bereits erwähnt, nach Flecks Auffassung nicht bloß «additiv» ergänzend (vgl. Fleck 1980, 129). Dies sucht er an der Entwicklung der Wassermannreaktion zu belegen. Zunächst führt er dazu die erste Veröffentlichung eines Aufsatzes zu diesem Thema durch Wassermann, Neisser und Bruck (verfaßt von Bruck) unter dem Titel «Eine serodiagnostische

Reaktion bei Syphilis» im Frühjahr 1906 an (in: Deutsche Medizinische Wochenschrift). Diese Veröffentlichung enthielt eine erste Skizze einer auf die Antigen-Antikörper-Reaktion ausgerichteten Komplementbindungsmethode. Insofern schien bereits der erste Entwurf in die richtige Richtung zu gehen. Dies entspricht durchaus dem wissenschaftstheoretischen Bild von einer ersten großangelegten Hypothese, die im Grundsatz bereits richtig und nur in Einzelheiten zu präzisieren ist. So stellte sich der Sachverhalt den beteiligten Forschern auch selbst im nachhinein dar. Dies erwähnt Fleck nur, um dem zugleich entgegenzuhalten, daß die ursprüngliche Suche primär auf einen Nachweis von Antigen als syphilitischem Primärmaterial ausgerichtet war und nur sekundär auch die Antikörper und deren möglichen Nachweis berücksichtigte. In den ersten Arbeiten ergab auch der Antigen-Nachweis die eigentlich erfolgsversprechenden Resultate, während der Antikörper-Nachweis als weit unterlegen erschien. Allerdings wurden die positiven Ergebnisse des Antigen-Nachweises sehr bald erschüttert durch die Erkenntnis, daß die gleiche Reaktion auch am Blut gesunder Individuen – obschon seltener – zu beobachten war. Dieser Nachweis wurde daher abgelehnt. Die Forschung erhielt eine neue Richtung. «Die erkenntnistheoretisch wichtigste Wendung vollzog sich in dem Luesantikörpernachweis (Amboceptorennachweis). Er gab in den ersten Arbeiten kaum 15–20% positive Ergebnisse bei Syphilis. Wie wurden daraus die 70–90% der späteren Statistiken? *Diese Wendung bedeutet die eigentliche Erfindung der Wassermann-Reaktion als brauchbarer Reaktion* ... Der Zeitpunkt dieser Wendung läßt sich nicht genau bestimmen. Man kann keine Autoren nennen, die sie bewußt ausführten, man kann nicht genau feststellen, wann sie geschah und nicht einmal logisch einfach erklären, wie sie geschah.» (Fleck 1980, 95)

Hierfür hat auch Fleck selbst keine zufriedenstellenden Erklärungsmuster anzubieten. Mit ihm kann man jedoch festhalten, daß Forschung in einem kollektiven Zick-Zack-Kurs von falschen Voraussetzungen ausgehend schlußendlich bei Ergebnissen landen kann, die den ursprünglichen Sichtweisen diametral entgegengesetzt sind. Der einzelne Forscher ist sich dieses Widerspruchs häufig überhaupt nicht bewußt, rationalisiert ihn sogar hinweg. Der Prozeß ist ein solcher des allmählichen Bedeutungswandels der Begriffe, der aufgrund seiner Langsamkeit und seines kollektiven, die «Forscherumwelt» und deren Denkstil miterfassenden Charakters nicht spürbar wird. Die am Ende gewonnene Sicht ist so, daß aus ihr die frühere und deren anscheinend sichere Ergebnisse nicht mehr zugänglich sind. Selbst Wassermann wäre es «nicht mehr möglich auf ‹69 Extrakte syphilitischen Gewebes

64mal das spezifische Antigen nachzuweisen› und dabei 14 Kontrolluntersuchungen ohne Ausnahme negativ zu bekommen.» (Fleck 1980, 101). Hierin zeigt sich jedoch in den Augen Flecks nicht ein Mangel an Experimentiertechnik in der ursprünglichen Untersuchung, die jene hohen Quoten des Antigen-Nachweises ergab, sondern einfach die Verdrängung einer Sichtweise durch die andere. Zumindest passagenweise scheint er sogar zu behaupten, daß die Ergebnisse der einen Sicht *innerhalb* dieser Perspektive ebenso zutreffen wie die anderen *innerhalb* der anderen und daß darüber hinaus die Ergebnisse inkommensurabel sind (vgl. wiederum seine in 1.1.2.2. zitierte Bemerkung über «relative Wahrheit», Fleck 1980, 131). Ob diese auch in der modernen Wissenschaftstheorie populäre Auffassung zutrifft oder nicht, bildet eines der Hauptprobleme der heutigen Wissenschaftsphilosophie und die Sicht auf den sozialen Kontext der Forschung eine heute prominente Perspektive. Fleck hat sich nicht nur in diesen beiden Hinsichten als äußerst weitsichtig erwiesen. Wie weit man ihm und seinen «radikalen» Nachfahren auch tatsächlich Recht zu geben hat, wird uns im weiteren noch ausführlicher beschäftigen. Die Meinungsbildung hierüber läßt sich durch einige etwas technischere Vorbereitungen unterstützen. Diese sind allerdings nicht unbedingt zur Wahrheit der argumentativen Kontinuität erforderlich. Der Leser mag deshalb selbst entscheiden, ob er sogleich mit 2. fortfahren möchte.

1.2 Grundstrukturen und Grundaspekte wissenschaftlicher Theorien

1.2.1 Der Sprachaspekt von Wissenschaft

Jede Wissenschaft ist dadurch gekennzeichnet, daß sie eine mit Sprache und sprachlichen Mitteilungen verbundene menschliche Aktivität bildet. Eine Spezies, die nicht zur Sprache befähigt ist, kann zwar äußerst hohe Formen der Sozialorganisation wie etwa die eines sogenannten Insektenstaates hervorbringen, doch Wissenschaft vermag sie nicht zu entwickeln. Daß wir sprechen, symbolische Mitteilungen machen und auch auf uns allein gestellt in symbolisch vermittelter Weise nachdenken können, ist eine notwendige Bedingung dafür, daß sich Wissenschaft herausbilden kann.

Man kann sich darüber streiten, ob Tiere beispielsweise Hypothesen bilden können oder nicht. Der Pawlowsche Hund hat sehr starke Zukunftserwartungen. Gewisse Experimente mit Hunden und erst recht mit höheren Primaten legen den Schluß nahe, daß sie über rein dispositionelle Erwartungen hinaus sogar so etwas wie Hypothesen nichtsprachlicher Art bilden können. Das zeigt jedoch nur, daß Hypothesenbildung keine hinreichende Bedingung für Wissenschaft ist. Und selbst das Verfügen über Sprache ist, wie das Beispiel der Naturvölker verdeutlicht, nicht hinreichend für das Entstehen von Wissenschaft in unserem heutigen Sinne. Hier werden die Übergänge allerdings erkennbar fließend. Deshalb müssen wir uns neben der Bedingung der Sprachgebundenheit der Frage nach weiteren, stärkeren Kennzeichen von Wissenschaft zuwenden. Hierbei ist zunächst von Sprache als notwendigem Bestandteil wissenschaftlicher Praxis auszugehen und auf die *Art* der verwendeten Sprache abzustellen.

Eine wissenschaftliche Sprache zeichnet sich gegenüber der Alltagssprache offenkundig durch ihren stärker systematisierten Charakter aus. Das ist für formalwissenschaftliche Disziplinen wie die Mathematik oder Logik ganz offenkundig, doch auch im Falle von Physik, Chemie und Volkswirtschaftslehre unübersehbar. Dazu trägt insbesondere der Einsatz von formalen Kalkülen in diesen Wissenschaften bei. Doch selbst die Mathematik beschränkt sich nicht auf formale Kalküle. Es gibt zwar eine Meta-Mathematik, die in ihrem strengsten Verstande die Mathematik selbst noch zu einem Gegenstand *mathematischer* Methoden macht. Schlußendlich enthält jedoch auch diese Wissenschaft nichtkalkülmäßig formulierte Bestandteile. Das gilt natürlich in noch stärkerem Maße für andere Disziplinen. So betrachtet enthalten selbst die am stärksten formalisierten Wissenschaften stets umgangssprachliche Elemente. Andererseits hängt die Wissenschaftlichkeit einer Disziplin nicht davon ab, daß ihre Praktiker über eine *formale* Sprache verfügen können. Denn selbst solche Wortwissenschaften wie die Jurisprudenz zeichnen sich immer noch durch einen höheren Grad rein verbaler Systematisierung aus als unsere alltäglichen Sprachspiele.

Die Wissenschaftssprachen charakterisiert offenkundig die Tatsache, daß sie über die umgangssprachlichen Regeln hinaus noch *zusätzliche* Regeln aufweisen. Dabei ist vollkommen klar, daß das Verständnis dieser Regeln letztlich von der Umgangssprache her gewonnen werden muß. Denn die Regeln der Wissenschaftssprache müssen auf irgendeiner Ebene umgangssprachlich eingeführt werden. Das muß selbst wiederum durch sprachliche Äußerungen in einer Sprache geschehen, die es erlaubt, über die einzuführenden Regeln zu reden. Da dieses Verfahren an irgendeinem Punkt von der Umgangssprache aus gestartet werden muß, sagt man auch gern, daß die Umgangssprache die «Meta-Sprache» zu jeder Wissenschaft sei.

Für die Umgangssprache ergibt die Anwendung analoger Erwägungen, daß sie selbst ihre eigene Meta-Sprache ist oder doch enthält. Sie kann deshalb nicht gänzlich durch bewußte Erklärung und Erläuterung *aller* ihrer Begriffe und Regeln eingeführt werden. Weder lernen wir Sprache so, noch ist die Sprache selbst in dieser Weise entstanden. Jeder Prozeß des Spracherwerbs enthält ein Moment der Teilnahme und teilnehmenden Einübung. Für den primären Spracherwerb des Kleinkindes ist das ebenso der Fall wie für den Erwerb der Fähigkeit, eine Fremdsprache zu verstehen und zu sprechen. Ebenso bedarf es an sich kaum der Erwähnung, daß die Sprachen nicht durch bewußt vereinbarte Regeln und explizite Einführung von Begriffen, sondern in einem Prozeß allmählicher Evolution entstanden. Die Sprachkonventionen entwickelten sich als Bestandteile menschlicher Praxis gemeinsam mit anderen Elementen aus lebensweltlichen Gegebenheiten und Notwendigkeiten heraus (vgl. zur Sprachphilosophie allgemein, Savigny 1983).

Wenn man diese recht selbstverständlichen Feststellungen auf die Wissenschaften selbst analog anwendet, decken sie sich weitgehend mit Grundelementen des von Ludwik Fleck entworfenen Bildes von der Wissenschaft, das im vorangehenden Abschnitt vorgestellt wurde. Sie erinnern uns dann daran, daß der Erwerb der wissenschaftlichen Sprachkompetenz – der Fähigkeit also, die Regeln einer Wissenschaftssprache korrekt zu befolgen und als Kriterien zu verwenden – nicht nur aus der Entgegennahme von erläuternden Informationen erwachsen kann, sondern offenkundig eine praktische Einübung erfordert. Erst Erfahrungen im Umgang mit den Sprachregeln, das Erlebnis von Fehlschlägen und erfolgreichen Sprachverwendungen führt zum Erwerb der Sprachkompetenz im Vollsinne. Diese enthält stets einen Anteil impliziter, auf das jeweilige kompetente Subjekt bezogener Fertigkeiten und Kenntnisse, die sich gerade nicht durch eine einfache explizite Mitteilung «öffentlich» machen lassen.

Ob jemand über die betreffende Kompetenz verfügt, zeigt sich in seinem äußeren Verhalten, aber es erschöpft sich nicht in diesen «öffentlichen» Aspekten. Ähnlich verdient es, festgehalten zu werden, daß keine Wissenschaft durch bewußte Vereinbarung eingeführt wird. Die Regeln eines wissenschaftlichen Sprachspieles sind gewachsene Ergebnisse eines Anpassungsprozesses. Sie ähneln hierin eher dem allmählichen Wachstum eines gewohnheitsrechtlichen Systems als dem Erlaß eines kodifizierten Rechtssystems durch bewußte und explizite Satzung. Die Wissenschaftssprachen enthalten stets beide Elemente: Sie bestehen sowohl aus allmählich gewachsenen Sprachregeln als auch aus bewußt gesetzten. Die Möglichkeit der bewußten Sprachvereinbarung und -änderung aufgrund bestimmter Sprachvereinbarungs- und -änderungsregeln zeichnet sie gegenüber der normalen Umgangssprache aus (vielleicht mit Ausnahme der Möglichkeit, gesetzlich eine Sprachform mit Mitteln der staatlichen Rechtsordnung durchzusetzen), doch darf man darüber das Moment spontanen Sprachwachstums auch in der Wissenschaft nicht vergessen. Daraus resultieren wesentliche wissenschaftliche Leistungen aber auch Probleme wie das der «Unschärfe» der Wissenschaftsregeln, die den Umgang mit Theorien zumindest partiell zur «Kunst» werden lassen. Der bedeutende Wissenschaftler zeichnet sich vor allem dadurch aus, daß er die Kunst des virtuosen Umgangs mit Theorien auch dort beherrscht, wo diese nicht eindeutig oder gar «mechanisch» verwendet werden können. Dessenungeachtet ist Wissenschaftlichkeit als solche jedoch gerade dadurch gekennzeichnet, daß sie die Grenze, von der an die Praxis zur Kunst wird, soweit wie möglich hinausschiebt.

Nach den voranstehenden Vorüberlegungen und Vorwarnungen dürfte es ungefährlich sein, die für den höheren Systematisierungsgrad der Wissenschaftssprache verantwortliche explizite Regelvereinbarung zunächst in den Vordergrund zu stellen. Wie so häufig ist es auch hier nützlich, wenn man sich der Thematik von einem idealen oder extremen Fall her nähert. Das bereits erwähnte Beispiel eines Kalküls scheint ein angemessener Fall zu sein. Dieser weist die interessierenden Aspekte der expliziten Regelvereinbarung in reiner Form auf. Allerdings bedarf der Begriff eines Kalküls über das Alltagsverständnis hinaus selbst der Erläuterung.

Zur Einführung eines Kalküls hat man zunächst einen *Zeichenvorrat* anzugeben. Dieser bildet das Alphabet der betreffenden «formalen Sprache». Über dieses Alphabet hinaus muß natürlich angegeben werden, welche Ausdrücke man aus dem Alphabet formen darf. Eine solche *Formationsregel* wäre etwa, daß keine Zeichen benutzt werden dürfen, die nicht im Alphabet genannt wurden. Eine weitere Veranschaulichung aus der deutschen Sprache besteht beispielsweise darin, daß kein mehrbuchstabiges Wort auf einem Großbuchstaben enden darf oder daß Worte durch «Leerzeichen» getrennt werden.

Letztlich kommt es allerdings auf das, was wir umgangssprachlich als Wort betrachten, nicht an. Entscheidend sind vielmehr jene Einheiten der Sprache, die man als «Sätze» bezeichnen kann. Es muß in den Formationsregeln formal festgelegt werden, welche Konfigurationen von Zeichen des Alphabetes als «Satz» gelten sollen. Das ist geradezu *die*

Aufgabe der Formationsregeln. Man kann sie deshalb als jene Regeln beschreiben, die festlegen, welche Zeichenfolgen als Sätze der durch sie charakterisierten Sprache gelten sollen. Natürlich gibt es auch Regeln für die korrekte Formation von Abschnitten oder Teilen jener Zeichenfolgen, die als Sätze gelten. Wenn etwa in einem «Wort» ein Zeichen auftaucht, das nicht im Alphabet enthalten ist, dann entsteht auch aus jeder Zeichenfolge, die das «Wort» (wesentlich) enthält, kein wohlgeformter Satz. Die Verletzung von Formationsregeln verhindert dies durch alle Zusammenfügungen hindurch.

Den Sprachbenutzer interessieren bei einer späteren *Interpretation* des formalen Kalküls gerade die Sätze als jene Einheiten, denen er Wahrheit bzw. Falschheit zuschreiben wird. Diese Intention hat er gleichsam im Hinterkopf, wenn er seine Formationsregeln formuliert. Ein besonderes Augenmerk wird er dabei auf die genaue Charakterisierung jener Zeichenfolgen richten, die ihrerseits außer sich selbst keine Teilfolge (also keine echte Teilfolge) enthalten, die das Kriterium oder die Regel für einen Satz erfüllt. Solche Sätze bilden eine Menge von Sätzen, die man als «Elementarsätze» bezeichnen kann. An diese von einem Teil der Formationsregeln gekennzeichnete Menge knüpfen weitere Regeln an, die die Formierung (zusammengesetzter) Sätze aus den Elementarsätzen festlegen. Man denke hier einfach zur Illustration an solche umgangssprachlich bekannten logischen Konnektive wie «und» bzw. «oder». Aus den beiden umgangssprachlichen Sätzen «Es schneit.» und «Der Mond ist aus grünem Käse.» ergibt sich dann etwa ein Satz von der Form «Es schneit. und Der Mond ist aus grünem Käse.», den unsere Umgangssprache durch zusätzliche Regeln zu «Es schneit und der Mond ist aus grünem Käse.» werden läßt.

Nun gelten die entsprechenden Formationsregeln gewöhnlich nicht nur für jene Zeichenfolgen, die hier als Elementarsätze charakterisiert wurden, sondern ganz allgemein für Sätze. Das heißt, man kann auch nichtelementare Sätze in der entsprechenden Weise zusammenfügen. Eine solche Regel könnte etwa lauten: Sind x und y Sätze der Sprache S, so sind auch «x und y» bzw. «x oder y» Element der Menge aller Sätze von S. Es ist klar, daß sich so, sofern man Wiederholungen nicht ausschließt, unmittelbar eine Menge von Sätzen kennzeichnen läßt, die unendlichviele Elemente enthält, mögen das Alphabet und die Formationsregeln auch noch so knapp und einfach sein.

Dieser Ausdrucksreichtum auf der Grundlage möglichst sparsamer Mittel ist in der Wissenschaftssprache ein stets erwünschtes Ziel. Dieses Ziel, mit «möglichst wenig, möglichst viel zu erreichen», wirkt sich auch in einem nächsten Schritt der Formulierung einer kalkülisierten und insoweit idealen Wissenschaftssprache aus. In diesem Schritt wird aus der Menge der wohlgeformten Sätze der Sprache eine Untermenge ausgegrenzt. Dies geschieht, indem zunächst ganz analog zur Kennzeichnung des Alphabetes bestimmte Sätze als «Basis» ausgezeichnet werden und dann angeben wird, wie sich aus diesen Sätzen weitere Sätze nach gewissen *Ableitungsregeln* bestimmen lassen. Die Gesamtmenge der aus der Basis mittels der Ableitungsregeln gewonnenen Sätze ist jene Teilmenge der Gesamtmenge aller wohlgeformten Sätze, die das Pendant zu einer «Theorie» im alltäglichen Verstande bildet.

Als informelle Illustration kann hier etwa die Angabe von Axiomen der euklidischen Geometrie dienen. Diese werden aus der Menge der wohlgeformten Sätze der Geometrie als eine endliche Untermenge ausgewählt. Dann fügt man dieser Auswahl wiederum Regeln hinzu, welche die Ableitung neuer Sätze aus der Menge der Axiome festlegen. Diese zu den Formationsregeln in gewisser Weise analogen und zu diesen hinzutretenden Regeln nennt man im allgemeinen «Transformationsregeln». Wie zuvor der Bezug zu den logischen Konnektiven, so ist auch hier ein Bezug zur Logik gegeben. Denn es führt keineswegs in die Irre, bei den Transformationsregeln an Schlußregeln der Logik zu denken. Das notorische Beispiel für solche Regeln ist:

Alle Menschen sind sterblich.
Sokrates ist ein Mensch.
——————————— (also)
Sokrates ist sterblich.

Angenommen, in der Basis oder der «bisherigen» Folgerungsmenge der Basis sind die beiden Sätze «Alle Menschen sind sterblich.» und «Sokrates ist ein Mensch.» enthalten, dann kann man nun mittels der Transformationsregel «modus ponens» der Folgerungsmenge den Satz «Sokrates ist sterblich.» hinzufügen. Die Transformationsregel sagt somit, wie man von bestimmten Sätzen zu weiteren Sätzen kommen kann.

Ein anderer nützlicher Vergleich ergibt sich, wenn man das Schachspiel heranzieht. Hier gibt es eine bestimmte Anzahl von Figuren und das Schachbrett mit seiner Felderstruktur. Daraus wird nach gewissen Formationsregeln die Anfangsstellung aufgebaut. Aus dieser Anfangsstellung können nun von einem Spieler, der mit sich selbst spielt und damit das Recht hat, beide Farben zu bewegen, durch Anwendung der Transformationsregeln zulässige Figurenstellungen erzeugt werden. Die Regeln sind hinsichtlich der Frage, welche Züge als erlaubt und welche als unerlaubt angesehen werden müssen, vollkommen eindeutig. Jeder, der solche elementaren Begriffe wie «Felder», «links», «rechts», «vor», «zurück» etc. versteht und unterschiedliche Figuren wiederzuerkennen vermag, kann in Fragen der Schachregeln zu einem eindeutigen Urteil gelangen. Da zur Einführung und Erläuterung der Schachregeln nur ein Elementarbereich des umgangssprachlichen Vorverständnisses angesprochen wird, gibt es kaum Auslegungsfragen und Unsicherheiten bei der Regelanwendung. Mögen Schachgegner auch ansonsten auf das schärfste miteinander konkurrieren und im eigentlichen Spielablauf in ihrem Verhalten von ausschließlich antagonistischen Zielen gelenkt werden, über Fragen der Regelauslegung gibt es im Grunde keine Kontroversen (außer in großen Turnieren, wo derartige Fragen wie die Höhe der Sessel im «Nervenkrieg» hochgespielt werden).

Die Eindeutigkeit der Schachregeln rührt wesentlich von der Tatsache her, daß sie sich in einer Sprache formulieren lassen, die nur elementare Kategorien der Alltagssprache heranzieht. Die verwendeten Begriffe beziehen sich auf direkt beobachtbare Operationen wie «ein Feld nach links ziehen». Diese Beobachtbarkeit verbürgt, daß die korrekte Regelanwendung fast vollständig im äußeren Verhalten kontrolliert werden kann. Damit herrscht ein extrem hohes Maß an intersubjektiver Zugänglichkeit der Information. Diese verbürgt ihrerseits durch intersubjektive Kontrolle «Objektivität» in der Feststellung von Regelbeachtung bzw. Regelverletzung.

Es nimmt nicht Wunder, daß Wissenschaftstheoretiker im Umgang mit wissenschaftlichen Objektivitätsidealen von Kalkülen oder formalisierten Sprachen fasziniert waren. Denn diese Sprachen lassen sich in einer Weise einführen, die der Vereinbarung der Schachregeln gleicht, indem wiederum nur auf ein Verständnis so elementarer alltagssprachlicher Kategorien wie «links», «rechts» etc. Bezug genommen werden muß. Die korrekte oder unkorrekte Manipulation von Zeichenketten läßt sich ebenfalls intersubjektiv prüfen, ohne daß auf mehr als solche eindeutigen Alltagsoperationen zurückgegriffen werden müßte.

Dies ist der höchste Grad an intersubjektiver Zugänglichkeit und Eindeutigkeit, den wir als Menschen für unsere Sprache erreichen können. Wir können die formalen Operationen einem Computer überlassen, weil die Zeichenfolgen zunächsteinmal *nichts bedeuten*. Wir können die Operationen ausführen, ohne uns dabei etwas denken zu müssen. – Stellen Sie sich jemanden vor, der weder je mit chinesischen noch mit arabischen Zeichen zu tun hatte, und nun nach großen Listen Zuordnungen vornehmen soll. Er soll auf chinesische Zeichen die richtigen arabischen ausgeben. Wenn ihm ein chinesisches Zeichen gereicht wird, schaut er nach, welche arabische Zeichenfolge in seiner Liste vorgesehen ist, und gibt diese aus. Er handelt dabei nicht anders als das Personal der Badeanstalt, das für bestimmte Bademarken bestimmte Kleidungsstücke aus der Verwahrung herausgibt und sich dabei auch keinerlei Gedanken über den Wert der Kleidung, deren Farbe etc. machen muß.

Das abschließende Beispiel eines «Sandkastenkalküls» mag das bislang Gesagte verdeutlichen:

Zeichenvorrat
«+, –»
Formationsregeln
Alle und nur jene endlichen Folgen, die durch Nebeneinanderschreiben von + bzw. – entstehen (z.B. + – –, – – – + +, aber nicht – aa +) sind wohlgeformte Ausdrücke.
Transformationsregeln
I. Ist x ein wohlgeformter Ausdruck, so auch x +
II. Ist x ein wohlgeformter Ausdruck, so auch – x +
Axiom oder Basis
+ + +.

Man erhält nun sofort solche Ausdrücke wie + + + + nach I. oder – + + + + nach II. Durch sukzessives Ausführen von I. und II. erhält man – + + + + +. Man kann nun auch prüfen, ob – – – ein wohlgeformter Ausdruck ist, was zutrifft, und ob – – – aus der Basis folgt, was nicht zutrifft. Für ein umfangreicheres Beispiel von großer Anschaulichkeit sei der Leser auf Douglas R. Hofstadters MU-Puzzles verwiesen (vgl. 1985, Kap. 1).

Wenn Formalisierung Wissenschaftstheoretikern als ein Ideal erschien und in gewisser Hinsicht auch heute noch als erstrebenswert gilt, dann darf das angesichts des Objektivitätszieles der Wissenschaft nicht verwundern. Viele ältere Schriften zur Wissenschaftstheorie – insonderheit aus der Zeit zwischen den beiden Weltkriegen – lassen sich nur vor dem Hintergrund des Ideals «meta-mathematischer» Behandlung der Wissenschaftssprachen verstehen. Das wirkt auch in der heutigen Diskussion nach. Schon deshalb ist es unangemessen, derartige Sichtweisen einfach als obsolet beiseite zu schieben. Aber auch für die Wissenschaftspraxis selbst ist es selbstverständlich häufig von Vorteil, *wenn* es gelingt, eine Theorie oder einen Teil einer Theorie bis zu jenem Reifegrad zu treiben, der eine Formalisierung erlaubt. Dazu ist es allerdings erforderlich, daß zunächst jene Informationen gewonnen werden, die sich in die Wahl der Formationsregeln, der Basis und der Transformationsregeln umsetzen lassen. Denn nur eine informierte Bestimmung des Kalküls kann bewirken, daß die aus der Manipulation des Kalküls entstehenden «Zeichenkonfigurationen» oder «Sätze» wirklich interessierende Informationen enthalten, wenn wir gleichsam den Standpunkt des Badewärters wieder verlassen und beginnen, uns etwas zu den Zeichenketten zu «denken». Hierzu sind dann allerdings weitere Schritte der «Interpretation» notwendig, die über die Regelinterpretation hinausgehen. Diese werden uns in einem nächsten, gesonderten Abschnitt beschäftigen.

Die bisherigen Überlegungen kann man zuvor etwa wie folgt zusammenfassen:

Jede Wissenschaft weist neben anderen Aspekten einen Sprachaspekt auf. Die wissenschaftliche Praxis enthält den Umgang mit sprachlichen Äußerungen, Mitteilungen etc. als wesentliches Element. Dabei spielt in jeder Wissenschaft entstehungsgeschichtlich ebenso wie für die aktuelle Argumentation die Umgangssprache eine wesentliche Rolle. Doch die Umgangssprachlichkeit macht nicht die spezifische Wissenschaftlichkeit der in die Wissenschaftspraxis integrierten Sprachpraxis aus. Diese wird gerade durch die zusätzlichen Sprachregeln der Wissenschaftssprache gekennzeichnet. Auch diese zusätzlichen Regeln können das Produkt spontanen Wachstums sein, müssen keineswegs sämtlich auf explizite Vereinbarung zurückgehen, sind nicht immer präzise etc. Dennoch ist es für das wissenschaftstheoretische Unternehmen, ganz grundsätzliche Aspekte einer gegenüber der Umgangssprache formelleren Wissenschaftssprache herauszupräparieren, nützlich, sich zunächst an dem Extremfall eines Kalküls zu orientieren. Gerade hieran lassen sich in idealisierter Form typische Charakteristika und Wirkungen der formalen Regelung einer Sprachpraxis studieren. Diese Regelung bewirkt, daß wir uns im Extremfall in der Verwendung der Wissenschaftssprache «überhaupt nichts denken» und in den weniger extremen Fällen, daß wir uns «weniger denken» müssen. Für die Wissenschaftstheorie bedeutet es, daß sie die Wissenschaftssprache, so wie das Schachspiel, als reines Regelsystem betrachten kann. Damit wird die Sprache zu einem intersubjektiv leicht zugänglichen Objekt. Hinzu tritt die Tatsache, daß es für die Wissenschaftspraxis selbst von größtem Nutzen ist, wenn es gelingt, wenigstens bestimmte Unterbereiche der Wissenschaftssprache (z.B. in der Chemie) bis in eine kalkülmäßige Form fortzuentwickeln. Daß sich wissenschaftliche Praxis letztlich nicht auf die mechanische Anwendung eines Kalküls reduzieren läßt, sondern ein Element der «Kunst» enthält, sollte uns nicht dazu verführen, dieses Element der Kunst, das doch eher ein Behelf ist, ohne Not zum Ideal zu erheben. Dennoch reicht diese formale Betrachtung der Wissenschaftssprache wissenschaftsphilosophisch nicht aus. Die Wissenschaftstheorie kann sich nicht am Beispiel der Meta-Mathematik allein orientieren, mögen sich auch in vielen traditionelleren Studien immer noch starke Nachwirkungen eines solchen Ideals finden.

1.2.2 Der Modellaspekt von Wissenschaft

Wissenschaftssprachen erschöpfen sich selbstverständlich nicht in Regeln, die angeben, *wie* man sprechen soll. Intendiert ist, daß man mit ihnen *über* etwas redet. Bislang wurden jedoch keine Überlegungen darüber angestellt, wie sich Wissenschaftssprachen auf die Realität beziehen. Dieses Problem hat verschiedene Aspekte, deren erster im nachfolgenden Abschnitt am Beispiel der Interpretation von Kalkülen etwas näher untersucht werden wird. Dabei steht allerdings noch nicht das Problem der praktischen Herstellung eines Realitätsbezuges im Vordergrund, sondern die Vorfrage, worin die Beziehung zwischen Sprache und realen Sachverhalten grundsätzlich bestehen kann. Die Forschungspraxis des Wissenschaftlers oder der Wissenschaftlergemeinschaft, die den Realitätsbezug herstellt, bildet den Gegenstand späterer Abschnitte.

1.2.2.1 Zum Begriff des «Modells» im Alltag

Jedermann kennt aus seiner Jugend Puppen, Schiffs-, Eisenbahn-, Auto- oder Flugzeugmodelle. Alles dies scheint zunächst wenig mit dem Modellbegriff der Wissenschaften zu tun zu haben. Denn die Wissenschaften verwenden typischerweise sprachlich formulierte, nicht-gegenständliche Modelle. Eine nähere Betrachtung der beiden Modellarten läßt jedoch eher Parallelen als Unterschiede hervortreten.

Der Spielwert eines Modells für Kinder hängt wesentlich davon ab, daß das Modell Ähnlichkeiten mit dem modellierten realen Gegenstand besitzt. Je besser das Modell die Proportionen und Eigenschaften des realen Gegenstandes abbildet, desto besser eignet es sich tendenziell zum Spiel. Selbstverständlich werden neben der Ähnlichkeit noch andere Eigenschaften verlangt. So erscheint es regelmäßig als sinnvoll, daß das

Spielmodell robust gegenüber fehlerhafter Behandlung und darin weniger gefahrenträchtig ist oder daß es einfacher gehandhabt werden kann als der reale Gegenstand. Eine Modelleisenbahn etwa darf bei zu schneller Fahrt ruhig aus einer Kurve stürzen. Wer mit ihr spielt, muß deshalb nicht zuvor eine Ausbildung zum Lokomotivführer genießen. Dennoch weist die Modelleisenbahn so viele Ähnlichkeiten mit der realen Eisenbahn auf, daß sie es erlaubt, grundsätzlich «so zu tun», als ob man mit ihr eine reale Eisenbahn betreibe.

Nicht nur Kinder spielen gern mit Modellen. Das gleiche gilt selbstverständlich ebenfalls für manche Erwachsene. Dennoch ist das Spiel keineswegs der allein vorherrschende Gebrauch von Modellen in unserem Alltag, mögen darin auch bereits ganz wesentliche Elemente des Umgangs mit Modellen aufscheinen. Ernsthafte Verwendungen von Modellen gibt es in großer Zahl.

Ein Schiffsmodell etwa wird benutzt, um an einem gegenständlichen Modell Eigenschaften eines projektierten Schiffes im vorhinein zu studieren. Die erste Voraussetzung besteht wiederum darin, daß man zu dem Schiffsentwurf ein Modell fertigt, das sich möglichst maßstabgerecht zu dem geplanten Schiff selbst verhält. Bei einem Maßstab von 1 : 100 mißt dann zwar jeder geplante Baumeter nur mehr 1 cm, dennoch bleiben die Proportionen zwischen einzelnen Bauteilen im Modellbau erhalten. Wenn etwa der Mast eines Segelschiffes nach Plan in der Höhe $^1/_3$ der Rumpflänge erreicht, dann wird diese Proportion vom Modell wie vom realen Schiff eingehalten. Das bedeutet, daß zwischen unterschiedlichen Teilen des Modells wie des realen Schiffes wenigstens hinsichtlich einiger Aspekte *«dieselben» Relationen* bestehen.

Für andere Relationen wie Gewichtsverhältnisse mag man ebenfalls eine derartige «Gleichheit» in Modell und Realität verlangen. Diese Relationsgleichheit kann jedoch nicht hinsichtlich aller Aspekte erreicht werden. Das Modell bleibt ein Modell und ist nicht die Realität selbst. Es enthält notwendig über die maßstäbliche Verkleinerung (oder Vergrößerung z. B. in manchen Bereichen der Miniaturisierung) hinaus gewisse Vereinfachungen und Idealisierungen, die stets ein gewisses Maß an Verfälschung mit sich bringen können.

Ob für die mit dem Modell verfolgten Zwecke relevant abträgliche Verfälschungen vorliegen, bedarf deshalb eines gesonderten Urteiles, das in der Regel nur derjenige zu fällen vermag, der über eine lange Erfahrung im Umgang mit Modellen verfügt. Man denke nur an Strömungsversuche mit Schiffsmodellen, um die erreichbaren Geschwindigkeiten, Kentergefahren etc. abzuschätzen. Man kann hier in der Realität immer noch unliebsame Überraschungen erleben. Zumal offenkundig neben den reinen Modellvereinfachungen noch andere Annahmen ins Spiel kommen, wie etwa die, daß Wellenbewegungen in einer verkleinerten Wanne approximativ den gleichen Gesetzen folgen wie im großen Maßstab etc.

Niemand sollte in diesem Zusammenhang sagen, daß derartige Probleme nur den Schiffsbau betreffen. Wer etwa in der Arzneimittelforschung tätig ist, unterliegt dieser Gefahr ohnehin kaum. Denn er sieht sich laufend dem Problem konfrontiert, mit Modellen zu arbeiten, die nur sehr grobe Strukturwiedergaben von Vorgängen im menschlichen Organismus sind. Der Arzneimittelforscher weiß sehr genau, daß etwa Tiere häufig keineswegs detailgetreue Modelle des menschlichen Organismus sind. Worauf es für die Übertragbarkeit von Ergebnissen ankommt, ist die Abschätzung der Entsprechungen. Sind sich Modell und realer Sachverhalt «hinreichend ähnlich» ?

Das führt zu der Frage, was denn nun eigentlich das Modell zum Modell macht. Diese Frage erscheint etwa angesichts der optischen Ähnlichkeiten von Schiffsmodellen mit ihren realen Vorbildern als so trivial, daß man sie als merkwürdig empfindet. Denn die Antwort scheint einfach darin zu liegen, daß das Modell die Realität «abbildet». Eine genauere Betrachtung dieser Abbildbeziehung ist jedoch ebenso notwendig wie aufschlußreich. Denn nur sie erlaubt es, einen präziseren Begriff der Entsprechung und Ähnlichkeit von Modell und Realität zu gewinnen.

Beginnt man zunächst wiederum mit dem Schiffsmodell, so wäre es denkbar, daß dieses nach der gleichen Blaupause gebaut wird wie das spätere ausgewachsene Schiff. In diesem Falle scheint die Frage nach dem Grund der Ähnlichkeit zwischen beiden klar zu sein. Schiffsmodell *und* Schiff entstehen nach dem gleichen Plan. Der Plan legt offenkundig eine *«Struktur»* fest, die *beiden*, dem Schiffsmodell und dem Schiff, gemeinsam ist. Nach dem Bau weisen beide diese Struktur in «gewisser Weise» auf.

Wenn man nun daran denkt, daß eine Maßstabvergrößerung grundsätzlich ebenso möglich, wenn auch weit weniger gebräuchlich ist, wie eine Maßstabsverkleinerung, dann wird deutlich, daß man an sich das Schiff ebenso zum Studium des Verhaltens des Schiffsmodells wählen könnte, wie umgekehrt. Um das noch etwas auszumalen, kann man sich einmal vorstellen, daß nach gleichen Plänen je ein Schiff für Pygmäen, normalgroße Mitteleuropäer und die Harlem-Globetrotters gebaut wird. Welches Schiff hier als Schiff und welches als Schiffsmodell gelten soll, beruht offenkundig auf einer Festlegung. Diese ist hinsichtlich der wechselseitigen «Abbildfunktion» der Schiffe willkürlich. Es liegt deshalb nahe, von der alltagssprachlichen Redeweise abzugehen, indem man sagt, daß *alle drei* Schiffe *Modelle der gleichen Struktur* bilden. Sie sind Modelle, *insoweit* sie die im Plan festgelegten Relationen aufweisen. Dieser letztere Modellbegriff ist der wissenschaftstheoretisch relevante. Er verdient es deshalb, nach den vorangehenden eher intuitiven Überlegungen etwas präzisiert zu werden.

1.2.2.2 Zum Begriff des Modells in der Wissenschaftstheorie

Im Beispiel der drei Schiffe war es klar, daß die Auswahl eines der Schiffe als «real» hinsichtlich der Abbildung der Planstruktur willkürlich ist. Aus Sicht unserer jeweiligen Interessenlagen ist die Wahl allerdings nicht beliebig. Als «normale» Mitteleuropäer würden wir vermutlich das auf unsere Größe zugeschnittene Schiff, als Pygmäen das für Pygmäen gebaute und als Basketballer das auf eine Durchschnittsgröße von 2,00 m ausgerichtete Schiff auszeichnen.

Natürlich sind in einem solchen Kontext noch zusätzliche Überlegungen und Interessen von Bedeutung und diese können uns als Pygmäen, Mitteleuropäer oder Basketballer dazu führen, ein weiteres Modell der Schiffsbaupläne und der in diesen ausgedrückten Struktur zu entwerfen. Es könnte etwa, weil ein Interesse am sparsamen Umgang mit Materialien besteht, ein Miniaturmodell im Zigarrenkistenformat gebaut werden. Das wäre neben den drei Schiffen ein viertes Modell der Plan-Struktur («Modell» im hier eingeführten «technischen» Sinne). Dieses Modell könnte von den Pygmäen, den Mitteleuropäern und Basketballern jeweils benutzt werden, um das Verhalten ihrer Schiffe zu studieren. Dieses Studium würde zu zutreffenden Ergebnissen führen, insoweit als alle vier Schiffe (einschließlich der Miniatur) Modelle derselben Struktur sind. Strukturabweichungen führen zwar nicht zwangsläufig zu falschen Ergebnissen. Aber ebenso, wie ein Schluß aus falschen Prämissen, der zu einem richtigen Ergebnis führt, keinen guten Grund für das Ergebnis liefert, so bietet auch ein Vergleich von Modellen, insoweit diese gerade nicht die gleiche Struktur aufweisen, keine vertrauenswürdige Folgerungsgrundlage. Daß und wann Strukturgleichheit vorliegt, läßt sich nun durch Rückgriff auf bestimmte formale Begriffe, die jedoch bereits aus der Schulmathematik vertraut sind, präzisieren.

Man stelle sich zunächst einen jener Modellbaukästen vor, wie sie in jedem Spielwarenladen gekauft werden können. Hier gibt es eine Anzahl von Einzelteilen, die man aus der Packung entnehmen kann. Diese Einzelteile bilden eine Menge von Bauteilen oder Objekten, die als O1 bezeichnet sei. Damit die Elemente von O1 zu einem Schiff werden, muß man sie nach einem Plan zusammensetzen, das heißt, in bestimmte Relationen zueinander bringen. Völlig analog kann man sich die Vorgänge auf einer Schiffswerft vorstellen. Auch hier gibt es eine Menge von Objekten O2, die ebenfalls der Verarbeitung zu einem Schiff harren. Kann man nun eine Funktion f definieren, die jedem $x \in O1$ ein $y \in O2$ zuordnet und dabei sowohl verschiedenen, $x, x' \in O1$ verschiedene $y, y' \in O2$ zuweist als auch alle Elemente aus O2 erfaßt – d.h. es liegt eine injektive und surjektive Abbildung vor –, dann kann man für irgendwelche Relationen, die zwischen Elementen von O1 bestehen, sogleich fragen, ob entsprechende Relationen zwischen den unter f entstehenden «Bildelementen» in O2 gelten. Wenn sie gelten, dann kann man die beiden *Relationen* einander zuordnen und anhand der einen das entsprechende Verhalten der Elemente unter der anderen studieren, indem man die Funktion f benutzt. Was hier «entsprechend» heißt, ist wiederum eine Frage, die über spezifische Funktions- bzw. Abbildungsbegriffe wie den der eineindeutigen Zuordnung präzisiert werden kann. Nach dieser Präzisierung hat man dann angegeben, welche *Struktur* zwei Modellen in O1 bzw. in O2 gemeinsam ist.

Das vorangehende mag formal zunächst gewisse Schwierigkeiten bereiten. Die zentrale Idee läßt sich allerdings unmittelbar aus der folgenden Abbildung 3 ablesen.

Bezeichnet man mit Mast–O1 den Mast aus der ersten Menge, mit Mast–O2 den aus der zweiten, mit Kajüte–O1 die Kajüte aus O1 usw. dann läßt sich die relevante Funktion f angeben nach:

f (Mast–O1) = Mast–O2
f (Kajüte–O1) = Kajüte–O2
f (Rumpf–O1) = Rumpf–O2

Natürlich ist diese Funktion umkehrbar zu:

f^{-1} (Mast–O2) = Mast–O1
f^{-1} (Kajüte–O2) = Kajüte–O1
f^{-1} (Rumpf–O2) = Rumpf–O1

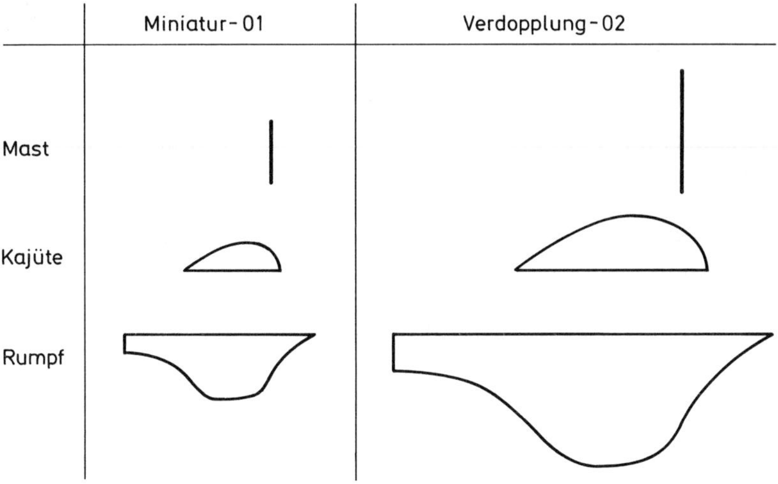

In beiden Fällen werden verschiedenen Urbildelementen unterschiedliche Bildelemente zugeordnet (und umgekehrt). Aufgrund dieser Eindeutigkeit lassen sich deshalb auch Vergleiche zwischen Relationen anstellen, die entweder im Bereich der Urbildmenge oder Bildmenge bestehen. Die modelltheoretische Frage ist hier, ob man zu den Relationen in der einen Menge solche in der anderen finden kann, die genau der Zuordnung der Elemente nach der Abbildfunktion entsprechen.

Will man das formal fassen, dann muß man vom mengentheoretischen Begriff der Relation Gebrauch machen. Eine zweistellige Relation ist danach zunächst nur eine Menge geordneter Paare. Bildet man das kartesische Produkt einer Menge M mit sich selbst, also alle geordneten Paare aus Elementen dieser Menge, dann schreibt man dafür MXM. Jede Untermenge R von MXM heißt eine (binäre) Relation auf M. Wenn zwischen zwei Elementen x, y eine Relation R besteht, wenn also $(x, y) \in R$ gilt, dann schreibt man dafür auch xRy. Analog kann man eine Relation R' auf einer Menge M', R'' auf M'' usw. definieren. Es geht nun bei Betrachtung von Modellen darum, ob mit $(x, y) \in R$ stets auch $(f(x), f(y)) \in R'$ gilt – und umgekehrt unter der Umkehrfunktion. Ist das so, dann kann man etwa R' studieren und von dort mittels der «übersetzenden» Umkehrfunktion auf R «schließen».

Auch diese Konzepte lassen sich sogleich am Beispiel erläutern. Es gebe eine Relation R–O1 mit

{(Mast, Rumpf), (Mast, Kajüte), (Kajüte, Rumpf)} = R–O1.

Diese Relation kann man etwa deuten im Sinne von liegt höher oder befindet sich über. Diese Interpretation ist im Augenblick jedoch systematisch nicht von Bedeutung, sondern darf nur als gedankliche Krücke herangezogen werden. Wenn nun eine Relation R–O2 existiert, die identisch ist mit

{(f'(Mast), f(Rumpf)), (f(Mast), f(Kajüte)),
(f(Kajüte), f(Rumpf))},

dann ergibt diese unter der Umkehrfunktion f^{-1} von f offenkundig wieder die Ausgangsrelation R–O1. Wenn man nun weiß, daß $x \in$ R–O2 gilt für ein Paar x = (a, b), dann weiß man auch, ohne gesondert nachschauen zu müssen, daß gilt $(f^{-1}(a), f^{-1}(b)) \in$ R–O1. Genau deshalb kann man die Relationen des einen Modells anhand eines anderen studieren, sofern die Strukturgleichheit besteht. (Auch solche Relationen wie: Die Mastlänge beträgt $s *$ Rumpflänge, bleiben möglicherweise erhalten und können in gleicher Weise studiert werden, sofern entsprechende «Maßfunktionen» existieren.)

Die voranstehenden Überlegungen zeigen nun auch, wie man Kalküle mit realen Sachverhalten in Verbindung bringen kann. Ein besonders anschauliches Beispiel wurde von Kleene (vgl. 1952, § 8) angegeben. Die natürlichen Zahlen, wie sie durch die Peanoschen Axiome gegeben sind und deren kalkülmäßige Darstellung etwa durch /, //, ///, //// ... gegeben werden kann, sind strukturgleich mit einer Apfelsinenkiste, auf der ein Mann abgebildet ist, der die Apfelsinenkiste hält, auf der ein Mann abgebildet ist, der ... (Wenn man sich zwischen zwei Spiegel im angemessenen Winkel stellt, erhält man einen ganz analogen Effekt.) Das erste Apfelsinenkistenbild kann man mit /, das zweite mit dem Nachfolger von / nämlich // usw. verknüpfen. So wie nicht zwei verschiedene natürliche Zahlen den gleichen Nachfolger haben können, so haben auch nicht zwei unterschiedliche Apfelsinenkistenbilder den gleichen Nachfolger usw. (Analog für die Spiegelbilder.)

Die natürlichen Zahlen kann man insoweit auch zum Studium der Relationen zwischen sich selbst abbildenden Apfelsinenkistenbildern benutzen. Die Kistenbilder mit den unter ihnen bestehenden Relationen bilden ein Modell der natürlichen Zahlen. Jede andere Progression bildet ein abstraktes Modell, während die Apfelsinenkistenbilder – sofern die Bildauflösung unendlich hoch ist – ein konkretes Modell bilden. Daß die Modelle über die repräsentierte Struktur hinaus noch andere Eigenschaften haben, ist für die Repräsentation der Struktur unerheblich. Wenn man deshalb eine Struktur mit Worten der Umgangssprache samt deren Zusatzeigenschaften beschreibt, so sind die zusätzlich in's Spiel kommenden Eigenschaften grundsätzlich irrelevant, sofern nur behauptete Strukturgleichheiten wirklich bestehen. Damit ist grob klar, wie sich unter Beiziehung des Modellbegriffs grundsätzlich präzisieren lassen muß, welchen Gehalt theoretische Aussagen haben und wie sie es «machen», etwas über die Struktur der Realität zu behaupten.

1.2.3 Der Behauptungsaspekt von Wissenschaft

Wissenschaften sind nicht nur Sprach*spiele* in dem formalen Sinne, daß sie Regeln für die Bildung und Verwendung von wissenschaftlichen Ausdrücken enthalten. Das Spiel- oder Regelsystem Wissenschaft enthält zusätzliche Züge. Insbesondere werden mit Wissenschaft auch Behauptungen verbunden. Dies wiederum läuft nach den bisherigen Überlegungen im wesentlichen darauf hinaus, einem Sprachsystem eine bestimmte Klasse von Modellen zuzuordnen. Diese Modelle weisen dann nach Behauptung die wissenschaftssprachlich festgelegte Struktur auf. Bestimmte Klassen von Phänomenen sind Elemente der Menge aller Modelle der Struktur. Eine wissenschaftliche Behauptung trifft zu, wenn ein als Modell intendiertes System von Objekten oder Gegenständen tatsächlich ein Modell ist. Sie trifft nicht zu, wenn ein solches System kein Modell der Struktur ist. Damit wird auch klarer, was es überhaupt heißt, daß eine wissenschaftliche Behauptung, wie wir zu sagen pflegen, «mit der Realität übereinstimmt». Sie stimmt, grob gesprochen, dann mit der Realität überein, wenn eine bestimmte Menge von Phänomenen als Modell der sprachlichen Struktur dienen kann.

Diese erste, wenn auch grobe Präzisierung des zentralen wissenschaftlichen Anspruches darauf, «mit der Realität übereinzustimmen», führt zu einer ersten Liste notwendiger Bedingungen, die näherungsweise charakterisiert, wann eine wissenschaftliche Behauptung vorliegt und worin sie besteht:

(1) Es liegt ein Sprachsystem S vor und S ist durch explizite oder implizite Regeleinführung über die Umgangssprache hinaus in bestimmten Teilen zusätzlich normiert.
(2) Es gibt ein Teilsystem T wohlgeformter Ausdrücke von S. T (als Theorie in S) schließt gewisse Klassen von Modellen aus der mit S ver-

einbarten Modellklasse aus, jedoch nicht alle. (D. h. T hat einen Gehalt – indem etwas ausgeschlossen wird –, ist jedoch nicht widerspruchsvoll – da das Widerspruchsvolle überhaupt kein Modell haben könnte.)
(3) Es wird ein «Ausschnitt der Realität» angegeben und gesagt, daß dessen in S erfaßbare Aspekte ein Modell zu T bilden.

Am konkreten Beispiel des Segelschiffes läßt sich sehr einfach illustrieren, worauf die bisherigen Überlegungen hinauslaufen. Die sprachliche oder symbolische Struktur wird durch die Regeln für den Umgang mit Bauplänen und unsere Umgangssprache gebildet. Der konkrete Bauplan entspricht grob einer Theorie. Diese selbst wird umgangssprachlich erläutert und enthält eine über die Umgangssprache hinausreichende Präzisierung.

Im Bauplan sei auf die Angabe der Maßeinheit verzichtet. Man weiß also nicht, ob es sich um Meter, Zentimeter etc. handelt. In einem nächsten Schritt kann man versuchen, ein «Modell» zu bauen, indem man bspw. Millimeter als Einheit wählt und alle angegebenen Relationen entsprechend festlegt. Es zeigt sich dann, ob die «Theorie» «widerspruchsfrei» ist, indem sie nicht alle Modelle ausschließt. Müßte man nämlich etwa ein Teil 10 mm und zugleich 100 mm groß fertigen, dann gäbe es kein Modell, denn beides zugleich kann nicht realisiert werden. Dies würde sich bei jeder Festlegung der Maßeinheit zeigen, indem der analoge Widerspruch etwa in der Form von 10 m und 100 m aufträte. Für den Nachweis der Widerspruchsfreiheit reicht es deshalb, wenn man *ein* Modell angeben kann.

Nun liege ein bestimmtes vorweisbares Objekt im Wasser an irgendeinem Pier und es werde gesagt, daß dieses Objekt die Struktur des Bauplanes aufweist, also ein Modell des Planes ist. Damit wurde eine Behauptung über die Relation von Sprachsystem und intendiertem Objekt aufgestellt. Die Behauptung trifft zu, wenn tatsächlich ein Modell vorliegt. Das ist genau dann der Fall, wenn die im Plan festgelegten Struktureigenschaften oder Relationen unter einer umkehrbar eineindeutigen Abbildung sämtlich erfüllt werden.

Hier wird man mit Flecks Ausführungen jedoch einwenden, daß man – zumal bei komplizierteren wissenschaftlichen Sachverhalten – niemals Realität als solche mit Theorien vergleicht, sondern immer schon interpretierte Realität. Nicht «Dinge an sich» und Theorien werden in Beziehung gesetzt, sondern Beobachtungen oder gar Beobachtungssätze mit den aus der Theorie ableitbaren Sätzen.

Eine wirkliche «Lösung» dieses uralten philosophischen Fundamentalproblems gibt es nicht. Die vorangehenden Überlegungen weisen aber einen einfachen Ausweg. Er besteht darin, nur mehr sprachliche Strukturen, wie sie von der Theorie T zugelassen werden, mit anderen *sprachlichen* Strukturen, wie sie vom Wissenschaftler als Ergebnis seiner Beobachtungen in der gleichen Sprache S formuliert werden, zu vergleichen. Näherhin enthält S einen Teil B, der sich auf Sachverhalte bezieht, die ohne Beiziehung von T selbst, also insoweit unabhängig von T, beschrieben werden können. Diese *relativ zur betrachteten Theorie* T «nicht-theoretischen» Sachverhalte können im relativ zu T «nicht-theoretischen» Vokabular von S erfaßt werden. Sie sind von T unabhängige und deshalb zur Prüfung von T geeignete Sachverhalte. Sie sind jedoch nicht von *jeder* Theorie unabhängig. Man prüft T vielmehr an *Beschreibungen.* T schneidet aus der Gesamtmenge der möglichen Beschreibungen eine Untermenge heraus. Es wird untersucht, ob eine bestimmte (relativ zu T) nicht-theoretische Beschreibung von Sachverhalten Element der Untermenge ist. Ist sie es, so bildet die *Beschreibung* ein Modell und die Anwendung der Theorie T verlief erfolgreich. Ist sie es nicht, so scheiterte der Anwendungsversuch von T.

Damit sind Grundlinien der sogenannten strukturalistischen Auffassung von Theorien angesprochen. Die Fundamentalintuition, in einer Theorie über Wissenschaft von sprachlichen Strukturen und deren Modellen auszugehen, dürfte informell deutlich geworden sein. Eine präzisere Darstellung der strukturalistischen Wissenschaftstheorie würde demgegenüber einen erheblichen formalen Aufwand erfordern. Vor dem Hintergrund der voranstehenden Ausführungen sollte es dem interessierten Leser relativ leicht fallen, sich gegebenenfalls in dieses wichtige neuere Gebiet der Wissenschaftstheorie einzuarbeiten (vgl. auch das kommentierte Literaturverzeichnis.)

Ungeachtet ihrer offenkundigen Meriten ist die strukturalistische Sicht auf Theorien umstritten. Sie kann nicht als allgemein anerkannte Lehre gelten. Es gibt konkurrierende Denkkollektive in der Wissenschaftstheorie wie etwa jenes, das sich vornehmlich den Arbeiten von Popper verpflichtet weiß.

Bevor man sich jedoch bestimmten Lagern anschließt, sollte man zunächst prüfen, was die einzelnen Lager zu bieten haben. Gerade für diejenigen, die nicht als wissenschaftstheoretische Fachleute, sondern als Wissenschaftler an Wissenschaftstheorie interessiert sind, empfiehlt sich ein solches Verfahren. Bestimmte wesentliche Einsichten kann man aus jedem der konkurrierenden Denkstile gewinnen. Um in dem vertrauten Bilde zu bleiben: Das einemal schaut man mit der «Kranich-»

das andere mal mit der «Kaninchen-Brille» auf das Phänomen «Wissenschaft». Der Wechsel der Perspektive kann höchst nützlich sein.

Strukturalistische Aussagen über den Charakter von Wissenschaft müssen notwendig als etwas abstrakt erscheinen. Denn sie leben einfach von der extremen Abstraktion, Wissenschaft selbst als einen Gegenstand quasi-mathematischer Betrachtung anzusehen (vgl. dazu auch W. Stegmüllers Rede von einem «Bourbaki-Programm» in 1979). Das ist zur Aufklärung ganz grundsätzlicher Fragen, wie der, wie wissenschaftliche Theorien überhaupt über reale Sachverhalte zu sprechen vermögen, wie sie generell Realität repräsentieren können, sehr nützlich. Allgemeine Strukturen werden aus dieser Perspektive sichtbar. Dennoch ist sie zur Behandlung vieler traditioneller methodologischer Fragen der Wissenschaft viel zu abstrakt. Fragen der «richtigen Methode» werden augenscheinlich überhaupt nicht berührt. Wenn etwa jemand über die genannten strukturellen Eigenschaften von Wissenschaftssprachen und ihrer Beziehung zu Modellen umfassend informiert ist, dann weiß er noch wenig darüber, wie er denn die betreffenden Strukturen als Wissenschaftler in sprachlichen Modellen sinnvollerweise formulieren sollte. Für die Forschungspraxis scheint die strukturalistische Wissenschaftsauffassung zunächst wenig konkrete Folgerungen zuzulassen. Führende Strukturalisten wie W. Stegmüller haben den wissenschaftstheoretischen Strukturalismus dementsprechend auch stets als komplementär zur sprachorientierten Betrachtung behandelt und niemals behauptet, daß er die letztere, traditionellere Sicht ersetzen könne.

2 Traditionelle und aktuelle Themen der Wissenschaftsphilosophie

2.1 Traditionelle Themen der Wissenschaftstheorie

Derjenige Leser, der bei der ersten Lektüre den Abschnitt 1.2 übersprungen hat, sei an dieser Stelle auf das Konzept eines «Modells» hingewiesen. Dieser Begriff wurde zur Bezeichnung von «Gegenständen» eingeführt, die eine bestimmte Beschreibung erfüllen. Ein Modell für die «Beziehung» des «Größer-Seins», wie sie etwa mit dem Prädikat «x ist größer als y» erfaßt wird, bildet das geordnete Paar (Elefant, Maus). Allgemein bilden Paare von Objekten, die das betreffende Prädikat erfüllen, Modelle. Alle Gegenstandsbereiche, die in dieser Weise eine bestimmte Struktur aufweisen, werden als Modelle dieser Struktur aufgefaßt. So bilden etwa ein Segelboot normaler Größe und ein Kinderschiff, die nach dem gleichen Bauplan angefertigt wurden, wenn man den Maßstab offenläßt, *beide* «Modelle» der in dem gemeinsamen Bauplan festgelegten selben «Struktur».

Sprachliche Formulierungen von Theorien entsprechen (grob) Bauplänen der Realität. Obschon die «Realität» nicht nach den Bauplänen errichtet wurde, sondern die Theorien «umgekehrt» der «Realität» oder dem, was wir für real halten, «nachgezeichnet» wurden, hoffen wir, daß unsere sprachlichen Beschreibungen ähnlich wie Baupläne Strukturen der Realität wiedergeben. Dadurch, daß wir den Sinn von Ausdrücken verstehen, in denen die Theorien formuliert wurden, hoffen wir dann, die Realität verstehen und erklären zu können. Dieses Sinnverständnis ist grundlegend für unseren Umgang mit Theorien und deshalb befaßte sich die traditionelle Wissenschaftstheorie zunächst fast ausschließlich mit diesem Aspekt von Theorien, mit den Gefahren sinnloser und den Bedingungen sinnvoller Theorieformulierungen.

2.1.1 Dogmatismus, Metaphysik und Wissenschaft

Bislang wurde der Leser mit Rückblenden auf die Philosophiegeschichte verschont. Für das Verständnis von Grundmotiven aktueller Diskussionen ist es jedoch systematisch wichtig und erleichternd, einen kurzen Blick auf Grundelemente früherer Diskussionen zu werfen. Dies wird deshalb nun zunächst geschehen.

Es ist allgemein bekannt, daß die neuzeitliche Philosophie und Wissenschaft sich insgesamt in einer steten Auseinandersetzung mit dogmatisch fundierten Lehren entwickelten. Spätestens seit Bacon wird gegenüber so fundierten Lehren die Rolle der unvoreingenommenen Beobachtung betont. Unsere Theorien über die Welt sollen demnach frei von vorgefaßten Theorien von unseren Wahrnehmungen ihren Anfang nehmen und in der Zusammenfassung einzelner zu allgemeinen Erfahrungen enden. Das wird sowohl mit Bezug auf alle Begriffe als auch alle Hypothesen vertreten.

Es geht darum, abgesehen von allen Wünschen und Vormeinungen darüber, wie die Welt beschaffen sein soll oder sollte, herauszufinden, wie sie beschaffen ist. Dieses Ideal der Unvoreingenommenheit ist nur eine Variante der fundamentalen Rationalitätsforderung aller menschlichen Praxis, zwischen dem, was ist, und dem, was nicht ist, aber möglicherweise sein soll oder sollte, zu trennen. Für viele Theoretiker verband sich das Ideal der Unvoreingenommenheit allerdings mit weitergehenden Vorstellungen von einer rein passiven Forschungsmethode. Die Idee war grob, daß man sich zur Vermeidung jeder theoretischen Voreingenommenheit von keinerlei Theorien leiten lassen sollte. Im Prinzip war diese Idee keineswegs lächerlich. Sie war vielmehr in sich schlüssig, sofern man davon ausgehen durfte, daß es eine theoriefreie Beobachtung oder Wahrnehmung geben kann. Denn mit ihrem Beharren auf «Passivität» sorgte sie gerade dafür, daß das Unbeeinflußbare unbeeinflußt wahrgenommen und damit einem Rationalitätsideal – wenn nicht dem grundlegendsten Minimalprinzip rationalen Verhaltens überhaupt – in idealer Form nachgekommen wurde.

In der früher skizzierten Fallstudie Flecks – aber auch in Hempels Rekonstruktion der Semmelweisschen Forschungen – ist diese These von einem passiven Wahrnehmungs- und Beobachtungsvorgang weitreichender Kritik von einem wissenschaftspraktischen Standpunkt aus unterzogen worden. Auch innerphilosophisch gibt es eine weit zurückreichende Tradition der Kritik am «passivistischen Erkenntnismodell». Im deutschen Bereich bildet Kants «kopernikanische Wende» zum erkennenden Subjekt das klassische Beispiel. Allerdings scheinen seine transzendentalphilosophischen Vorstellungen einer über die Welt informierenden zugleich aber mit dem Anspruch apodiktischer Unbezweifelbarkeit auftretenden Theoriebildung selbst zu theoretischer Voreingenommenheit zu führen. Jedenfalls für sehr viele Wissenschaftsphilosophen zu Beginn unseres Jahrhunderts war die Aufrechterhaltung Newtonscher Auffassungen gegen die neuere Entwicklung der physikalischen Theorie nur Ausdruck einer von Kant initiierten Voreingenommenheit. Newtonsche Raum- und Zeitvorstellungen, die nach herrschender Interpretation der Kantischen Philosophie zu den Konstitutionsbedingungen jeder Erfahrung und damit der theoretisch erfaßbaren Welt gehören sollten, erschienen einfach als empirisch widerlegt und jedes Festhalten an ihnen als Dogmatismus.

Angesichts solcher und ähnlicher Erfahrungen mit der Philosophie, die doch vorgab, die erste unter allen theoretischen Disziplinen zu sein, schien besonnenen Philosophen eine Vorsichtsstrategie und eine Erneuerung ihrer eigenen Disziplin in der Auseinandersetzung mit den Einzelwissenschaften geboten. Von dieser Auseinandersetzung mit empirischen Wissenschaften versprachen sie sich vor allem zweierlei. Zum einen sollte es möglich sein, von Disziplinen, die so offenkundig erfolgreicher waren als die Philosophie, von der sie einst ihren Ausgang nahmen, für die Philosophie selbst zu lernen. Zum anderen schien mit der Reflexion auf Wissenschaft wenigstens *ein* legitimer Gegenstandsbereich philosophischer Forschung erhalten zu bleiben.

Das zweite wurde bereits früher erwähnt, ist aber im gegenwärtigen Zusammenhang eher uninteressant. Aufschlußreich sind dagegen die Lehren, die man zunächst aus der Analyse der Wissenschaften glaubte ziehen zu können. Das Erfolgsgeheimnis der Wissenschaften schien einfach darin zu liegen, daß Wissenschaften sich auf Äußerungen stützten, die sich wenigstens im Prinzip in direkter Wahrnehmung verifizieren ließen. Objektivität war gesichert, weil grundsätzlich jedermann nachschauen konnte, ob die Realität ein Modell einer Theorie bildete. Man ging so weit, daß man als sinnvoll nur Äußerungen gelten ließ, für die die verifizierenden Erfahrungen (oder entsprechende verifizierbare Übersetzungen) angegeben werden konnten.

Im nachhinein ist man verwundert, daß die betreffenden Vorstellungen sich breiter Anerkennung in recht weiten «Wiener und Berliner Kreisen» erfreuen konnten, zumal diese doch von einigen der brilliantesten philosophischen Köpfe unseres Jahrhunderts bevölkert waren. Daß dies möglich war, erklärt sich vermutlich nur aus der Frontstellung gegen eine häufig von verquaster Metaphysik getragene, heillos unklare Philosophie der großen Worte. Mit dieser wollte man endgültig Schluß machen. Wie so häufig waren jedoch auch hier kämpferische Frontstellungen der eigenen gerechten Sache eher abträglich. Ernstzunehmende Gegeneinwände wurden zunächst überhört. Es dauerte deshalb recht lange, bis sich wenigstens zwei besonders schlagende durchsetzten.

Der erste Gegeneinwand betont die Rolle sogenannter theoretischer

Terme in den Wissenschaftssprachen und die Tatsache, daß es keine theoriefreie Beobachtungssprache geben kann. Der zweite hebt hervor, daß allgemeine Gesetze sich von vornherein insofern der Beobachtung entziehen müssen, als sie stets auf eine potentiell unendliche Gesamtheit von «Modellen» abzielen. Beide Gegeneinwände sind historisch und systematisch so bedeutsam, daß sie eine eigenständige kurze Behandlung verdienen. Es sei dem Leser dabei empfohlen, sich jeweils nach den Bezügen zu den eingangs angeführten Beschreibungen aktueller Wissenschaftspraxis zu fragen. Für den ersten Einwand wird er erkennen, daß Flecks Argumente noch radikaler als die hier angeführten sind, während der Bezug des zweiten Argumentes zu Hempels Darstellung der Semmelweisschen Forschungspraxis ebenso offenkundig sein dürfte.

2.1.2 Theoretische Terme

Stellen Sie sich eine Welt vor, in der es noch keine Mikroskope gibt (vgl. Maxwell 1970 für ein ähnliches Beispiel). In dieser Welt existiert ein Wissenschaftler, den wir in der für solche Fiktionen üblichen Prägnanz «Schmitt» nennen wollen. Schmitt macht die Beobachtung, daß bestimmte Krankheiten sich durch körperlichen Kontakt mit einem Kranken oder mit Gegenständen, die dieser berührt hat, auszubreiten scheinen. Er hat zunächst keine Vorstellung davon, warum dies so ist. Da Schmitt weiß, daß Läuse Krankheiten übertragen können, verfällt er schließlich auf die Idee, daß die Krankheitsübertragung durch besonders kleine, nicht (direkt) beobachtbare «Läuse» geschehen könnte.

Diese heuristische Vorstellung verbindet er mit der Zusatzhypothese, daß vielleicht einige der «Mikro-Läuse» im Unterschied zu «richtigen» Läusen *innerhalb* des Organismus existieren können. Er räumt damit ein, daß sich die «Mikro-Läuse» durchaus in bestimmten Aspekten von «richtigen» Läusen unterscheiden können. Aber im wesentlichen geht er zunächst von den Vorstellungen aus, die er auch mit lebensweltlichen «Makro-Läusen» verbindet. Alle Läuse sind für ihn Modelle einer weitgehend gleichen Struktur. Da «Mikro-Läuse» die Struktur nur im verkleinerten Maßstab und darüber hinaus vermutlich einige zusätzliche, von den größeren Modellen abweichende Eigenschaften aufweisen, nennt er sie «Skroben».

Schmitt hat keine Möglichkeit, Skroben oder Sätze über Skroben direkt zu prüfen. Er kann jedoch gewisse Folgerungen aus seinen heuristischen Vorstellungen über die Struktur von Skroben ziehen. So weiß er etwa, daß Läuse in heißem Wasser absterben, daß das gleiche für den Läuse-

Nachwuchs gilt, daß die Übertragung von Läusen von einem auf ein anderes Individuum nur in der Nähe und ganz sicher nicht durch Wände oder Glas möglich ist. Das führt Schmitt zu dem Vorschlag, es mit einer Isolation von Kranken und der Säuberung aller von diesen berührten Gegenstände zu versuchen. Als die Krankheit wiederum einmal gehäuft auftritt und die Bevölkerung nach jedem noch so lächerlichen Rettungshalm greift, erreicht Schmitt die Realisierung seines Vorschlages. Da dieser jedenfalls keinen weiteren Schaden anzurichten scheint, wird er über eine längere Zeit beibehalten und es zeigt sich, daß die Sterblichkeits- und Erkrankungszahlen dramatisch sinken. (Die Analogien dieses konstruierten zum realen Beispiel von Semmelweis' Erforschung des Puerperalfiebers sind offenkundig.)

Alle sind zufrieden mit diesem Ergebnis. Doch gibt es einige philosophische Querulanten, die sagen, daß die Skroben im Prinzip unbeobachtbar seien. (Niemand kann sich ein Mikroskop auch nur vorstellen!) Man hat deshalb nach dieser Auffassung ungeachtet von Schmitts unbezweifelbaren Erfolgen keinen guten Grund zu der Annahme, daß die betreffenden Entitäten wirklich existieren. Ließe man eine solche Vermehrung von Entitäten zu, dann könnte man auch gleich an Geister und ähnliches glauben. Von solchen metaphysischen Gespenstern wollen diese Philosophen aber gerade ihre Sprache und damit ihr Denken befreien. Das ist jedoch nach Meinung der philosophischen Kritiker nur möglich, indem man ausschließlich solche Sätze als sinnvoll anerkennt, die entweder in Beobachtungssätze übersetzbar oder von instrumentellem Wert sind.

Dies entspricht genau den beiden Hauptrollen, die man gemeinhin dem Term «Sinn» beilegt. Zum einen kann dieser Begriff auf die Bedeutung einer Äußerung abzielen, zum anderen auf deren Funktion. Philosophen, die sich auf den ersten Fall konzentrieren, verlangen, daß Schmitt seine Sätze über Skroben in Sätze oder Äußerungen über Beobachtungen übersetzt. Nur insoweit dies gelingt, haben nach dieser philosophischen Auffassung Äußerungen einen Sinn. Das läuft letztlich darauf hinaus, nur die unmittelbare Sinneserfahrung als existent anzuerkennen. Schmitt kann sich hier relativ leicht wehren. Indem er erkennt, daß seine Kritiker nur eine uralte Diskussion über Sinnesdaten aufnehmen, hat er altbekannte Gegenargumente zur Hand. Vor allem kann er betonen, daß mit dem Beharren auf einer Übersetzung in die Sprache der unmittelbaren Sinnesdaten auch die Existenz aller anderen «normalen Gegenstände» entsprechend reduziert werden müßte.

So gesehen wären jedenfalls Makro-Läuse und Skroben im gleichen

Boot. Sofern die Übersetzung in Sinnesdaten als entscheidend und nur diese als sicher angesehen werden, ist die Existenz von Skroben wie Läusen auf einer prinzipiellen Ebene gleich unsicher. Wo sollte hier eine prinzipielle Grenze gezogen werden? Beginnen die Skroben zu existieren, wenn wir sie durch neue Erfindungen plötzlich sehen können? Existieren sie «mehr», wenn die Erfindungen bessere Bilder liefern? Existieren die aus den Sinnesdaten erschlossenen Objekte auch, wenn wir sie gerade nicht beobachten? Was ist noch der Unterschied zwischen einem Apparat, der uns Dias früherer mikroskopischer Beobachtungen auf einen Bildschirm projiziert und einem optischen Gerät, das uns die gleichen Bilder aktuell liefert? «Beobachten» wir in beiden Fällen?

Schmitt hat das Gefühl – und das keineswegs zu Unrecht –, daß die Absurdität der Theorie seiner Kritiker allein schon daraus hervorgeht, daß sie solche Fragen aufwirft. Die reduktionistische Position, die Ausdrücken nur insoweit Sinn beilegen möchte, als sie nach geeigneter Übersetzung über direkt beobachtbare Phänomene oder gar Sinnesdaten sprechen, kann er deshalb vernachlässigen. Damit hat er jedoch noch nicht jene Kritiker aus dem Felde geschlagen, die diese Probleme sehr wohl sehen und gerade deshalb meinen, daß es *insgesamt* nicht zweckmäßig ist, Theorien und den in ihnen auftretenden Ausdrücken eine Bedeutung beizulegen, die definitive Existenzannahmen einschließt.

Diese Kritiker beharren darauf, daß man «Sinn» nur als «Funktion für» deuten solle. Dementsprechend sind Theorien nichts weiter als Instrumente menschlicher Zielverfolgung. Wenn man mit diesen Instrumenten erfolgreich operiert, dann zeigt das, daß sie ihre Funktion erfüllen. Schmitts Theorie hat das getan. Da der Skrobenbegriff in dieser Theorie und die Theorie insgesamt eine Funktion besitzen, rechtfertigt dies den Gebrauch dieses Begriffs. Die Rechtfertigung liegt jedoch, folgt man den *Instrumentalisten*, nicht darin, daß es Skroben gibt, sondern allein im instrumentellen Erfolg einer unter Bezug auf Skroben formulierten Theorie.

Schmitt hält dem entgegen, daß es einfach unsinnig wäre, das Konzept der Existenz gänzlich aus unserem Weltbild zu eliminieren. Es wäre vielmehr gar nicht möglich, vernünftiges Handeln angemessen zu beschreiben, ohne den Unterschied zwischen dem, was ist und dem, was nicht ist, zu treffen. Das gilt auch dann, wenn man anerkennt, daß sich rationales Handeln letztlich danach definiert, wie erfolgreich wir uns in der Welt orientieren können. Selbst dann nämlich, wenn man in dieser Weise auf einen instrumentellen Wert, auf die Funktion einer bestimmten Praxis für menschliche Zielerreichung abstellt, bleibt es eine Tatsache, daß innerhalb dieser Praxis die Unterscheidung zwischen dem, was nicht ist und dem, was ist, eine zentrale Rolle spielt. *Dafür* bedarf es aber «praxisinterner» Kriterien. Diese Kriterien sind «praxisrelative» Kriterien für Existenz. Ohne solche Kriterien zu haben (Existenz ist möglicherweise selbst ein theoretischer Begriff), wäre die Praxis selbst weniger funktionsfähig (vgl. allgemein zu diesem Funktionsaspekt von Wissenschaft auch unten 3.2).

Nachdem Schmitt alles dies vorgetragen hat, wird er jedoch als vorsichtiger Wissenschaftler ergänzen, daß so, wie alle Sprache von der Alltagssprache ihren Ausgang nehmen muß, unser Weltbild und unsere Kriterien für Existenz so gewählt werden müssen, daß sie mit dem übereinstimmen, was wir in einfacher und direkter Prüfung im Alltag für existent halten. Das heißt nicht, daß die Alltagserfahrung als sakrosankt angesehen wird. Selbstverständlich gibt es falsche Alltagsannahmen auch über die Existenz einzelner Objekte. Doch der philosophische Existenzbegriff sollte die Kriterien für Existenz *im allgemeinen* so festlegen, daß eine gewisse Übereinstimmung mit vorgängigen Alltagserfahrungen besteht. (Wer mit dem Knie vor eine Tischkante stößt, erfährt schmerzlich einen Kern des alltäglichen Existenzkonzeptes.)

Der Grundsatz, die Entitäten nicht ohne Not zu vermehren, bleibt aus Schmitts Sicht intakt. Diese Norm angemessenen wissenschaftlichen Vorgehens will er nicht gefährdet sehen, ist jedoch bereit, alle jene Dinge als existent anzusehen, die zur angemessenen Erklärung seiner Beobachtungen beitragen. Die Erklärungskraft der Annahme, daß etwas existiert, rechtfertigt diese. (Schließlich wird Schmitt betonen, daß es letztlich nicht auf die Existenz einzelner Entitäten ankomme, sondern darauf, ob gewisse Strukturen ihre intendierten Anwendungen tatsächlich als Modelle aufweisen; wobei sich bestimmte Meßprobleme als ausschlaggebend erweisen, während die eigentliche Existenzfrage in den Hintergrund tritt.)

2.1.3 Gesetze und Falsifikation

Alle Theorien formulieren gewisse allgemeine Behauptungen insofern, als sie unterstellen, daß bestimmte Strukturen von allen Modellen oder genau angegebenen Unterklassen aller Modelle erfüllt werden. Die Erklärungskraft (und instrumentelle Tauglichkeit) von Theorien beruht auf diesem Sachverhalt. Das jedenfalls ist die Sicht der strukturellen Auffassung von Theorien. Die traditionellere Auffassung faßt demgegenüber allgemeine Behauptungen als «All-Aussagen». Da diese Aussagen im Regelfall unter Verwendung von beobachtungsfernen Ausdrücken formuliert werden, werfen sie wiederum Bedeutungsfragen von der zuvor diskutierten Form auf. Verwandte, doch letztlich eigenständige Fragen dieser Art ergeben sich aber auch aus der Generalisierung als solcher. Wenn man nämlich die Bedeutung (nicht die Funktion) von Ausdrücken generell an direkte Beobachtung knüpfen will, dann bereitet die Interpretation von Gesetzen Probleme. Denn ein Gesetz bezieht sich ja auf eine potentiell unendliche Gesamtheit möglicher Beobachtungen. Da jedoch kein endliches Wesen eine unendliche Anzahl von Beobachtungen zu machen vermag, kann die Bedeutung des Gesetzes keineswegs in eine endliche Anzahl von Beobachtungen aufgelöst werden. So wenig wie die der Schmittschen Skroben erschöpft sich die Bedeutung von Gesetzesaussagen in einer endlichen Anzahl von Beobachtungen. Da ein Gesetz von seiner Funktion her immer auf noch nicht beobachtete Fälle bezogen bleibt, wäre es unsinnig, es einfach als eine Zusammenfassung bisheriger Beobachtungen zu betrachten. Man erkennt auch hier, daß das an sich in Abwehr extremer metaphysischer Annahmen nur zu verständliche Beharren auf Beobachtung, wenn man es verabsolutiert, in recht absurde Konsequenzen führt. Beobachtungsmäßige Verifikation kann nicht die Bedeutung einer gesetzesmäßigen Allaussage ausschöpfen.

In diesen Zusammenhang läßt sich auch, obschon dies an sich nicht als Bedeutungsthese gemeint ist, Poppers berühmte Betonung des Falsifikationsprinzips einordnen. Beispiele mögen verdeutlichen, worum es geht: Nehmen Sie zunächst an, Sie haben einen Korb mit fünf Äpfeln vor sich. Sie bilden eine Miniaturtheorie über diese Äpfel. Vor allem interessiert Sie, ob die Äpfel rot sind oder nicht. Ein Satz etwa von der Form «Alle Äpfel in diesem Korb sind rot.» läßt sich dann prüfen, indem man alle Äpfel aus dem Korb herausnimmt und einzeln nachschaut, ob sie rot sind oder nicht. Die Prüfung kann zwei Ergebnisse haben. Wenn Sie fünfmal in den Korb gegriffen und ohne Zurücklegen alle Ihnen nun vorliegenden Äpfel inspiziert haben, dann gilt der Satz genau dann, wenn Sie fünfmal die Beobachtung eines roten Apfels machten. Sie haben ihn *verifiziert.* Haben Sie nur einmal die Beobachtung eines nicht-roten Apfels gemacht, dann gilt der Satz nicht. Sie haben ihn durch Beobachtung *falsifiziert.*

Für die Falsifikation reicht also eine einzelne Beobachtung grundsätzlich aus. Eine vollständige Inspektion des Korbes erübrigt sich, wenn Sie etwa nach den ersten beiden Äpfeln auf einen nicht-roten gestoßen sind.

Sie wissen dann endgültig, daß Sie den Satz nicht beobachtungsmäßig verifizieren können. Wenn Sie hingegen nach zwei Zügen aus dem Korb nur rote Äpfel vorfanden, jedoch noch nicht alle Äpfel gesehen haben, dann haben Sie auch noch nicht verifiziert, daß alle Äpfel rot sind. Es gibt drei weitere Chancen dafür, daß die Aussage sich doch noch als falsch erweist.

Andererseits ist es so, daß zwei rote Äpfel aufzufinden, durchaus die These stützen kann, daß alle Äpfel rot sind. Diese Beobachtung ist dann nicht wertlos, wenn man Grund für gewisse wahrscheinlichkeitstheoretische *Hintergrundannahmen* hat. Dazu gehört insonderheit die Annahme, daß die Auswahl der Äpfel zufällig erfolgte. Wenn es etwa keine Gründe gibt anzunehmen, daß die roten Äpfel eine größere Chance als die nicht-roten haben, zuerst gewählt zu werden – weil sie etwa oben im Korb liegen –, dann lassen sich gewisse Schlüsse auf der Basis der Wahrscheinlichkeitstheorie ziehen. Die Allaussage über die Äpfel im Korb gewinnt größere Wahrscheinlichkeit.

Nun neigt man im allgemeinen dazu, Sätze wie den über die Äpfel im Korb für wissenschaftlich unwichtig zu halten. Man argumentiert, daß derartige Allaussagen sich nur auf kontingente Umstände eines fixen Raum-Zeit-Bereiches beziehen. Das verhindere, daß «echte» Naturgesetze vorliegen. Wissenschaft sei aber auf echte Naturgesetze aus.

Hier wird man zunächst fragen, warum es so wichtig ist, echte Naturgesetze aufzufinden. Natürlich taugt der Satz über die Äpfel im Korb nur für sehr beschränkte Zwecke. Doch es ist durchaus denkbar, daß er in bestimmten Kontexten von instrumentellem Wert für den sein kann, der um seine Richtigkeit oder Falschheit weiß. Wie das Beispiel zeigt, ist es auch keineswegs so, daß man zur begründeten Aufstellung dieses Satzes nur gelangen kann, wenn man bereits alle Äpfel im Korb inspiziert hat. Ein Schluß aus einer Stichprobe von Äpfeln auf die Hypothesenwahrscheinlichkeit für die Gesamtheit aller Äpfel im Korb erscheint ebenfalls als möglich. Wenn hier einfach argumentiert wird, derartige Untersuchungen wären wissenschaftlich wertlos, weil aus ihnen kein echtes Naturgesetz resultiert, dann gilt es, Kriterien für echte im Gegensatz zu unechten Naturgesetzen zu finden. Die wissenschaftstheoretische Diskussion der letzten Jahrzehnte läßt dieses Unterfangen jedoch als ziemlich aussichtslos erscheinen.

Dennoch ist es klar, daß wir letztlich auf möglichst allgemeine Allaussagen aus sind. Insbesondere solche mit einer potentiell unendlich großen Anzahl von Anwendungsfällen besitzen aus praktischen wie aus theoretischen Gründen unser Interesse. Gerade sie sind aber, was die

Anbindung an die Wahrnehmung anbetrifft, mit besonders großen Schwierigkeiten behaftet.

Es ist in diesem Zusammenhang hilfreich, daß sich die am Beispiel des Apfelkorbes entwickelten Ideen der stichprobenartigen Bestätigung und der Falsifikation ziemlich gradlinig auf Gesetze mit potentiell unendlichem Anwendungsbereich übertragen lassen. Wenn Gesetze wie «Alle Schwäne sind weiß.» nicht durch endlichviele Beobachtungen verifiziert werden können, dann bleibt es dennoch möglich, sie durch eine einzige Beobachtung zu «falsifizieren». Falsifikation und Verifikation erscheinen insoweit als asymmetrisch. Zwar hängt diese Asymmetrie ihrerseits von gewissen *Hintergrundannahmen* ab. So ist es ja niemals endgültig sicher, daß man den Einzelfall richtig beobachtet hat, daß er wirklich ein einschlägiges Gegenbeispiel bildet etc. Abgesehen jedoch von solchen fundamentalen theoretischen Problemen ist der Unterschied zumindest auf einer pragmatischen Ebene ziemlich klar. Die zentralen Folgerungen ergeben sich ebenfalls auf dieser Ebene. Wenn es nämlich notwendig ist, Wissenschaft – jedenfalls empirische Wissenschaft – in irgendeiner Weise durch Beobachtung zu kontrollieren und wenn gerade zentrale Gesetzesaussagen der Wissenschaften nicht insgesamt einer direkten verifizierenden Beobachtung unterzogen werden können, dann liegt es nahe, auf Falsifikation abzustellen. Die Forschung wird dann nicht daran zu orientieren sein, gewisse Aussagen anhand von Beobachtungsbelegen zu «beweisen». Das Ideal muß vielmehr darin bestehen, möglichst strenge Tests durchzuführen und gerade aus dem Scheitern von Falsifikationsversuchen Belege oder Indizien für die Stimmigkeit der Theorien zu gewinnen.

Zunächst scheint sich dies ja auch an solchen Fallstudien wie der Darstellung von Semmelweis' Forschungspraxis durch Hempel belegen zu lassen. Es ergibt sich eine Sicht auf wissenschaftliche Theorien, die vom Wissenschaftler verlangt, nicht darauf abzuzielen, seine Theorien erfolgreich anzuwenden, indem er immer neue Modelle für sie findet, sondern im Gegenteil darauf aus zu sein, seine Theorien zu widerlegen. Doch nicht nur psychologisch ist das eine etwas gewagte und realitätsferne philosophische Auffassung. Der Erfolg und Fortschritt der Wissenschaften scheint im Gegenteil mindestens ebenso daran gemessen zu werden, welche konstruktiven neuen Anwendungen sich für sie finden lassen, wie daran, welche Widerlegungen glückten. Der Wissenschaftler, dem es gelingt, neue Phänomene mit gegebenen theoretischen Werkzeugen entweder zu entdecken oder als Modelle einer gegebenen Theorie zu beschreiben, leistet mindestens ebenso viel wie der Wissenschaftler, dem es gelingt zu zeigen, daß ein angenommenes Modell keines ist und eine Theorie insoweit als widerlegt gelten darf.

Obschon die Kritik am Verifikationsideal in verschiedener Hinsicht gerechtfertigt ist, wäre es fast ebenso einseitig, das Ideal der Verifikation durch das der Falsifikation als ausschließlichen Leitgesichtspunkt wissenschaftlicher Praxis zu ersetzen. Natürlich ist es eine richtige und wertvolle Einsicht, daß Theorien so formuliert werden sollten, daß klar ist, welche Beobachtungen sie widerlegen würden. In dem Wissenschaft genannten Spiel müssen jene Züge offengelegt werden, die sofern erfolgreich, einem Gegner vertretener Auffassungen eine Gewinnstrategie bieten würden. Das allein ist geeignet, für jene intersubjektive Konkurrenz zu sorgen, die sozialorganisatorisch betrachtet für die «Objektivität» der Wissenschaft verantwortlich ist. Dabei darf man jedoch zulassen, daß eine Arbeitsteilung zwischen Wissenschaftlern besteht. Die einen mögen nur konstruktive und die anderen nur kritische Ziele haben. Der Regelfall wird natürlich sein, daß jeder Wissenschaftler zu Zeiten jede der beiden Rollen spielt.

Eine monistische Ausrichtung an einem der Ziele Verifikation bzw. Falsifikation erscheint nach den vorangehenden Überlegungen als wenig überzeugend. Ganz ähnliches ist offenkundig für andere oberste Ziele oder Aufgaben von Wissenschaft der Fall. Wie in anderen Lebensbereichen auch, so wird im Falle der Wissenschaft eine komplexe Praxis von komplexen und vielfältigen Zielen bestimmt. Ziele wie die Abgrenzung von Wissenschaft und Metaphysik, so sie überhaupt sinnvoll sind, dürfen dementsprechend nicht zum allein ausschlaggebenden Maßstab der Wissenschaftstheorie erhoben werden. Das gilt für die bedeutungsmäßige Anbindung an die Beobachtungserfahrung (die frühen Carnapschen Strebungen entspricht) ebenso wie für die methodische (die Poppersche Intentionen spiegelt).

Darüber hinaus ist zu berücksichtigen, daß es hierarchische Anordnungen von Zielsetzungen gibt. Solche praktischen Maximen, wie nach neuen Anwendungen zu suchen oder Falsifikationsversuche zu unternehmen, können als sinnvolle Teilziele anderen Zielen untergeordnet und insofern von einer abgeleiteten Bedeutung sein. So gesehen dienen sie dann möglicherweise dem instrumentellen Interesse an Naturbeherrschung. Auf einer vermutlich darunterliegenden Ebene, vielleicht aber auch als Primärziel, bietet sich das Streben nach Erkenntnis an usw. Wie dem auch immer sei, eine einseitige Ausrichtung unseres Wissenschaftsverständnisses an schlagwortartigen Einzelprinzipien wie «Verifikation», «Falsifikation», «instrumenteller Nutzen» verzerrt das Wissenschaftsbild. Das gilt auch für eine einseitige Ausrichtung an den Zielen der «Erklärung» und «Prognose», denen sich die nächsten Abschnitte zuwenden.

2.1.4 Erklärung

In unserem Alltag geben wir fortwährend Erklärungen. Zum einen erläutern wir in Erklärungen Funktionsweisen, Begriffe, Wege, etwas zu erreichen etc. Der Fahrlehrer erklärt dem Fahrschüler, wie er das Auto bedienen muß. Der Wissenschaftler erklärt einem Studenten, wie er Testgrößen nach den Regeln der schließenden Statistik zu berechnen hat. Man kann in diesem Zusammenhang von *erläuternden Erklärungen* sprechen. In ihnen wird grundsätzlich eine «Rückführung des Unbekannten oder Unvertrauten auf das Bekannte oder Vertraute» vorgenommen. In diesem Sinne erklären Wörterbücher, Lexika und Gebrauchsanweisungen, aber auch die präzisierende und partiell normierende «Begriffsexplikation» oder kurz «Explikation» in Wissenschaft und Philosophie.

Neben erläuternden gibt es jedoch auch *begründende* Erklärungen. Sie beantworten nicht «Wie-» sondern «Warum-Fragen». Solche Fragen und erklärenden Antworten stehen eindeutig im Vordergrund des wissenschaftlichen Interesses an «Erklärungen» und damit auch der weiteren Überlegungen. Sie unterscheiden sich danach, ob sie *handlungsbezogen* oder *ablaufbezogen* sind. Handlungsbezogene Warum-Fragen werden in der Regel durch die Angabe eines Motivs beantwortet, während ablaufbezogene einen regelmäßigen Verlauf in den Vordergrund stellen. Was mit diesem Unterschied näherhin gemeint ist, läßt sich wiederum am Beispiel verdeutlichen.

Fragt man Sie als den Leser etwa, warum Sie die vorliegende Schrift lesen, dann werden Sie vielleicht antworten, daß Sie gern etwas über methodologische Fragen der Medizin und Arzneimittelforschung erfahren möchten. Wenn Sie dann weiter gefragt werden, warum sich bei Ihnen dieses Motiv gebildet hat und wieso es sich angesichts Ihrer sonstigen Arbeitsbelastung durchsetzen konnte, dann werden Sie möglicherweise weitere handlungsbezogene Erklärungen aus Ihrer eigenen Sicht abgeben, bis Sie sich – vermutlich mit Ihrer Geduld am Ende – dazu durchringen, eine Erklärung gleichsam aus der Perspektive der Dritten Person zu geben und zu sagen, daß Menschen, die bestimmte Motive besitzen, diesen im allgemeinen zu folgen pflegen, sofern dem nicht andere Motive oder Gründe entgegenstehen, daß Sie ein Mensch sind und eben die betreffenden Motive haben.

Mit dieser letzten Wendung haben Sie eine rudimentäre ablaufbezogene Erklärung gegeben. Darin wird eine allgemeine Aussage oder Allaussage angeführt, die als unabhängig von menschlichem Wollen oder Wünschen angesehen wird. Diese Allaussage gibt an, was Menschen im allgemeinen zu tun pflegen, *sofern* bestimmte Bedingungen erfüllt sind. I(i)hre Motive dienen nur als Bedingungen unter einem Gesetz und I(i)hr Handeln bildet die nach der *allgemeinen Gesetzmäßigkeit* zu erwartende Konsequenz.

Zwar ist es in der Wissenschaftsphilosophie generell recht umstritten, ob man in einer angemessenen Begriffsexplikation (einer erläuternden und normierenden Präzisierung) des Begriffes einer *wissenschaftlichen* Erklärung die Forderung der Ablaufbezogenheit erheben muß. Klar ist jedoch, daß diese Form der Erklärung den idealen Typus einer Erklärung verkörpert, indem sie sogenannte Randbedingungen unter Beiziehung mindestens eines allgemeinen (jedenfalls im Erklärungskontext) unbeeinflußbaren Gesetzes mit bestimmten Konsequenzen verbindet. Die zu erklärenden Sachverhalte, die sich als Konsequenzen ergeben sollen, werden als *Explanandum* bezeichnet, die Randbedingungen als *Antezedenz(daten)*. Letztere bilden zusammen mit dem(n) allgemeinen Gesetz(en) das *Explanans*.

Was aber «macht» ein Explanans zum Bestandteil einer korrekten Erklärung? Die Festlegung von Kriterien dafür, wie in einer korrekten Erklärung das zu einem Explanandum gehörige Explanans beschaffen sein muß, trägt zwar partiell konventionelle Züge. Dennoch ist diese Konvention nicht willkürlich zu treffen, sondern muß sich an wissenschaftlichen Bräuchen und den Zielen orientieren, die wir ansonsten mit Wissenschaft verbinden. Je nachdem, wie gut diese Faktoren in dem deskriptiven und normativen Bestimmungsprozeß berücksichtigt werden, kommt man zu einer mehr oder weniger vernünftigen Festlegung des Konzeptes einer (korrekten) Erklärung. (Das Problem gleicht völlig dem der Festlegung einer DIN-Norm für Steckdosen: Bestehende Steckdosentypen sind ebenso in den Normierungskompromiß einzubeziehen, wie die Funktionen von Steckdosen, weitere Sicherheitserfordernisse etc., welche von den genormten Steckdosenmodellen erfüllt werden sollten.) Auf das Für und Wider einzelner Erklärungsbegriffe kann jedoch schon aus Raumgründen hier kaum eingegangen werden. Wir müssen uns damit begnügen, ein etwas idealisiertes Konzept wissenschaftlicher Erklärung zu explizieren.

Das philosophiegeschichtliche Beispiel des sterblichen Sokrates ist dazu gut geeignet. Angenommen ein Kind beobachtet, wie Sokrates den

Schierlingsbecher leert. Es beobachtet den Tod des Sokrates. Es fragt, warum Sokrates gestorben ist. Damit macht es «Sokrates ist tot.» zum Explanandum, also zu dem zu Erklärenden. Dieses ist durch die Angabe eines Explanans zu erklären. Eine Möglichkeit, dies zu leisten, bestünde in der Angabe der folgenden Sätze:

Wenn jemand einen Schierlingsbecher leert, dann wird er unmittelbar danach tot sein.
Sokrates hat soeben einen Schierlingsbecher geleert.

Diese Sätze gemeinsam bilden ein Explanans zu dem Explanandum

Sokrates ist (jetzt) tot.

Auf eine Zeitversetzung kommt es dabei allerdings nicht an. Auch der berühmte Schluß:

Alle Menschen sind sterblich.
Sokrates ist ein Mensch.
――――――――――――― (also)
Sokrates ist sterblich.

bildet ein Modell für die Struktur der Erklärung. Die zeitliche Verschiebung ist nur typisch für jene deterministischen Nahwirkungsgesetze, die wir gemeinhin im Explanans von kausalen Erklärungen erwarten. Diese bilden jedoch nur einen speziellen Fall von Erklärung.

Am Beispiel des seinen Schierlingsbecher leerenden Sokrates erkennt man, daß man es bei einer Erklärung allgemein offenkundig mit einer *logischen Folgerung* des Explanandums aus dem Explanans zu tun hat. Man verlangt demzufolge von einer korrekten Erklärung, daß sie das Explanandum logisch aus dem Explanans erschließt. Insoweit liegt dann auch eine «Rückführung» des Explanans' auf das Explanandum vor. Allerdings ist es keineswegs notwendig, daß es sich dabei um eine Rückführung des Unvertrauten auf das Vertraute handelt. Diese mit dem Konzept der erläuternden Erklärung verbundene Forderung hat man zwar früher häufig auch in einen Zusammenhang mit dem im engeren Sinne wissenschaftlichen Erklärungskonzept gebracht. Doch führt dieser Gedanke eindeutig in die Irre. Denn niemand würde etwa behaupten, daß die Erklärung der spezifischen Musterbildung von Kaffeesahne durch Rückgriff auf molekulare Gegebenheiten das Unvertraute auf das Vertraute zurückführe. Im Gegenteil! Ungeachtet dessen wird unser Verständnis für Naturprozesse dadurch vertieft.

Mag das Explanans nun vertrauter sein als das Explanandum oder auch nicht, in jedem Falle schafft die logische Ableitungsbeziehung eine Verbindung zwischen den betreffenden Sätzen oder Satzmengen. In Erinnerung an die Überlegungen zur wissenschaftlichen Sprache kann man feststellen, daß eine korrekte Erklärung zeigt, daß das Explanandum zur Folgerungs- oder Ableitungsmenge des Explanans' gehört. Damit ist zugleich klargestellt, daß man von einer Erklärung offenkundig nur dort sprechen kann, wo Explanandum und Explanans der gleichen Grundmenge wohlgeformter Sätze entstammen. Die Erklärung zeigt dann auf, daß das Explanandum zu der von der theoretischen Basis ausgezeichneten Teilmenge gehört, was seinerseits unser Verständnis vertieft.

Die Bedeutung dieser Deduktionsbeziehungen kann kaum überbetont werden. Denn derartige Beziehungen zeichnen dafür verantwortlich, daß die Wissenschaftssprache überhaupt ein integriertes Ganzes bildet. Die Ableitungsbeziehung macht als Fundamentalrelation aus der Menge der Sätze der Wissenschaftssprache erst ein System, das seinerseits in der Lage sein kann, bestimmte Systematisierungsleistungen zu erbringen und Zusammenhänge aufzuzeigen.

Aber logische Ableitungen beziehen sich wesentlich auf den Sprachaspekt von Wissenschaft. Sie reichen deshalb allein nicht aus, um von einer gelungenen Erklärung zu sprechen. Von einer Erklärung verlangen wir bereits umgangssprachlich mehr, als die ableitende Inkorporation eines zu erklärenden Sachverhaltes in *irgendein* Sprachsystem. Denn eine solche Inkorporation würde man ja in recht beliebiger Weise durch Heranziehung eher abwegiger Systeme vornehmen können. So könnte man etwa nach wie vor in Anspruch nehmen, daß Verbrennungsvorgänge durch Rekurs auf die Phlogiston-Therapie erklärt werden. Es läßt sich nicht bestreiten, daß entsprechende Ableitungsbeziehungen zwischen einzelnen Explananda aus dem Bereich der Verbrennungsvorgänge und einer Variante der Phlogiston-Theorie – möglicherweise nach Präzisierung der Theoriesprache der letzteren – formuliert werden können. Selbst heute noch liefert die Phlogiston-Theorie *potentielle Erklärungen.* Das gilt jedenfalls dann, wenn durch die Phlogiston-Theorie formal korrekte Ableitungen von Explananda vorliegen. Von einer korrekten Erklärung verlangen wir jedoch über die formale Korrektheit hinaus mehr. Aber was genau?

Die herrschende Lehre sagt, daß die Erklärung formal korrekt, aber darüber hinaus das Explanans «wahr» sein muß. Nach den Überlegungen zum Modellaspekt der Wissenschaft bedeutet das, daß die «Welt» oder der in der theoretischen Sprache angesprochene Realitätsbereich ein Modell des Explanans bilden muß, damit wir von einer gelungenen, wirklichen Erklärung und nicht nur von einer formal korrekten potentiellen Erklärung sprechen dürfen. In diesem Falle ist garantiert, daß die Welt ein Modell von Explanans *und* Explanandum zugleich ist. Umgekehrt zeigte Hempels Darstellung der Forschungspraxis des Ignaz Semmelweis, daß und wie über das Zutreffen einer potentiellen Erklärung durch Ableitung anderweitiger logischer Folgerungen aus dem enthaltenen allgemeinen Gesetz entschieden werden kann. Semmelweis «sortierte» bestimmte Möglichkeiten der Erklärung durch schlußfolgerndes Denken als «falsifiziert» aus.

Die Wissenschaft zielt auf Erklärungen ab, deren Explanans zutrifft. Die Bedeutung potentieller Erklärungen sollte man darüber jedoch keineswegs unterschätzen. Unsere gesamte Weltorientierung ist von solchen Erklärungen durchsetzt. Die ältesten Mythen der Menschheit ranken sich um potentielle Erklärungen oder deren Vorstufen. Doch weit über diese Einordnung der Mythen hinaus kann man feststellen, daß potentielle Erklärungen ganz allgemein das Bild prägen, das wir uns von der Welt machen. Dieses Bild entwickelt sich gerade aus einer fortwährenden Wahl zwischen *konkurrierenden* potentiellen Erklärungen, die letztlich zu einer Wahl unterschiedlicher «Weltbilder» führen.

Diese Feststellungen gelten überdies keineswegs nur mit Bezug auf unsere Alltagsorientierungen, sondern in gleicher Weise für die Wissenschaften, die ja auch nur einen Teil des Bildes, das wir uns von der Welt machen, darstellen. Nicht nur konkurrieren die wissenschaftlichen Erklärungen mit mythischen, sondern innerhalb der Wissenschaften selbst besteht ebenfalls eine fortwährende Notwendigkeit, zwischen alternativen potentiellen Erklärungen zu wählen. Da wir niemals endgültig wissen können, ob die Welt das Modell eines bestimmten Explanans' ist, weil wir stets die Möglichkeit eines Irrtums zuzugestehen haben, bewegen wir uns insoweit *immer* im Bereich der potentiellen Erklärungen.

Wir können zwar vermuten, daß eine Erklärung wahr ist, wissen es jedoch niemals mit letzter Sicherheit. Insoweit wissen wir auch niemals mit Sicherheit, ob die Wahrheit des Explanans' als Kriterium für eine geglückte Erklärung gegeben ist. Wollten wir darauf warten, daß sich Gewißheit über die Wahrheit potentieller Erklärungen einstellt, dann würden keinerlei wissenschaftliche Erklärungen jemals gelingen können. Insoweit muß deshalb die Unterscheidung zwischen bloß potentieller und (vermutlich) zutreffender Erklärung innerhalb des Bereiches der potentiellen Erklärungen getroffen werden. Das geschieht zweckmäßigerweise durch einen Rückgriff auf die Menge aller bekannten potentiellen Erklärungen eines Phänomens. Diese Menge enthält alle zum Erklärungszeitpunkt relevanten Konkurrenten. Man hat dann das zu erklärende Phänomen in einer Sprache zu formulieren, die den Bezug auf das jeweilige Explanans ermöglicht – was eigene Übersetzungsprobleme unter den Explananda aufwirft – und im Anschluß daran jenes Explanans auszuwählen, das unter den Konkurrenten bei Einbeziehung aller verfügbaren Informationen als das bestbestätigte gilt.

Der Bestätigungsbegriff führt zu weiteren Problemen, denen im gegenwärtigen Kontext jedoch wiederum nicht näher nachgegangen werden kann. Es verdient allerdings nochmals festgehalten zu werden, daß es um die bessere Bestätigung relativ zu *Konkurrenten* und nicht in einem isolierten Duell mit der Erfahrung geht. Man kann zwar darüber streiten, was im einzelnen eine höhere Bestätigung gegenüber einem Konkurrenten mit sich bringt. Es werden dazu überdies verschiedene voraufgehende Bewertungsdimensionen einzubeziehen sein, die ein eigenes Aggregationsproblem aufweisen. Daß man jedoch, wie immer man die Informationsbewertung vornimmt, von der maximalen Information ausgehen und die *relativ* zu den jeweils *eigenen* Kriterien bestbestätigten Erklärungen auszuwählen hat, scheint unbezweifelbar, weil sich einfach keine vernünftige Alternative anbietet. Als reale Erklärung sollte man deshalb zweckmäßigerweise *nur* eine solche zulassen, zu der es wenigstens keine unter Beiziehung aller aus der eigenen Sicht relevanten Informationen besser bestätigte gibt. Das schließt nicht aus, daß man manchmal überhaupt keine unter den verschiedenen potentiellen Erklärungen für wirklich erklärungskräftig hält. Das bringt zum Ausdruck, daß man bestimmte Phänomene – jedenfalls zu dem betreffenden Zeitpunkt – für unerklärt hält.

2.1.5 Prognose

Voraussagen oder Prognosen weisen in vielerlei Hinsicht Parallelen zu den Erklärungen auf. Deshalb kann die Diskussion des Prognosebegriffes knapper gefaßt werden. Das zeigt sich bereits in der Beziehung zum Folgerungsbegriff. Auch für die Abgabe von Prognosen spielt die Ableitung von Folgerungssätzen aus bestimmten Prämissensätzen eine ausschlaggebende Rolle. Das Beispiel des sterblichen Sokrates kann auch hier zur Erläuterung dienen. Wenn man nämlich eine Prognose darüber abgeben soll, ob Sokrates sterben wird, dann kann man wie folgt verfahren:

Für alle Gegenstände x und alle Zeitpunkte t gilt: Wenn x ein zum Zeitpunkt t lebender Mensch ist, dann gibt es einen Zeitpunkt $t + n$, $n > 0$, zu dem x tot ist.

$$\frac{\text{Sokrates ist ein zu t lebender Mensch.}}{\text{Es gibt einen Zeitpunkt } t + n\text{, zu dem Sokrates tot ist.}} \quad \text{(also)}$$

Man hat es hier mit einer «normalen» Folgerung zu tun. Wie zuvor kann man wiederum eine Unterscheidung zwischen einer bloß «potentiellen» Prognose und der besten möglichen Prognose treffen. Auch mit potentiellen Prognosen mag man, so wie viele Propheten, richtig liegen. Das ändert jedoch nichts daran, daß man dann nach den Maßstäben rationaler menschlicher Praxis beurteilt, nicht mit guten Gründen prognostizierte. Als «gut» können nur die nach «bestem Wissen und Gewissen» aufgestellten Prognosen gelten. Diese müssen auf der Grundlage der bestbestätigten, schärfsten Informationen in t über einen Zeitpunkt $t' > t$ abgegeben werden. Nicht jede beliebige potentielle Voraussage ist zugelassen.

Die Parallelen zur Erklärung erscheinen insoweit als vollkommen offenkundig. Daran ändert auch die Zukunftsbezogenheit einer Prognose nichts. Denn so, wie man ein vergangenes Ereignis erklären kann, so kann man auch – jedenfalls in gewisser Weise – vergangene Ereignisse voraussagen. Selbst wenn Sie mangels einschlägiger Geschichtskenntnisse nicht wissen, ob Sokrates bereits tot ist, können Sie ausgehend von dem gut bestätigten Gesetz, daß kein Mensch älter als dreihundert Jahre werden kann, zusammen mit der Kenntnis, daß Sokrates ein im klassischen Athen lebender Mensch war, «voraussagen», daß Sokrates mittlerweile tot ist. Sie vermögen dies zu tun, *ohne* dabei von der Information Gebrauch zu machen, daß Sokrates in der Tat gestorben ist. Solche «Prognosen» besitzen in weniger banalen Kontexten durchaus Interesse, indem sie uns etwa anleiten, nach bestimmten geschichtlichen Fakten gezielt zu forschen oder aktuelle Hypothesen an alten Datenbeständen zu prüfen. Entscheidend ist allein, daß aus der Informationsmenge zu t auf die Informationsmenge zu $t' > t$ geschlossen wird, ohne von Informationen Gebrauch zu machen, die nach t erst erhältlich sind.

Neben solchen Parallelen und Symmetrien von Erklärung und Prognose gibt es jedoch auch augenfällige Unterschiede, die gerade im Zusammenhang mit praktischen Disziplinen von großer Bedeutung sind. Denn typischerweise reichen für Prognosen überzeugungsbezogene Indikatoren oder Symptome aus, während man für Erklärungen im allgemeinen «stärkere», ablaufbezogene Gründe verlangt. Das führt zu der Frage nach dem Verhältnis von Prognose und Erklärung im allgemeinen.

2.1.6 Das Verhältnis von Erklärung und Prognose

Zwei Teilfragen sind zu unterscheiden, wenn es um das Verhältnis von Erklärung und Prognose geht. Zum einen ist zu untersuchen, ob es eine korrekte potentielle Prognose geben kann, die sich nicht in eine korrekte potentielle Erklärung umdeuten läßt, zum anderen, ob es eine korrekte potentielle Erklärung geben kann, die sich nicht in eine korrekte potentielle Prognose transformieren läßt. Das erste scheint angesicht der vielen Beispiele für Indikatoren, die wir aus dem Alltagsleben kennen, ein vollkommen normaler Sachverhalt zu sein. Anzeichen für etwas lassen uns etwas erwarten, ohne es zu erklären – und zwar selbst dann, wenn wir keine gemeinsame Erklärung kennen, die Indikator und indiziertes Phänomen verbinden würde.

Ein einfaches Beispiel mag diesen Sachverhalt erläutern:

Immer wenn die Rocksäume der europäischen Damenmode sich zu heben beginnen, steigen auch die Börsenkurse bald darauf.

In den Jahren von x bis y ($x < y$; z.B. $y = x + 1$) hoben sich die Rocksäume der europäischen Damenmode.

―――――――――――――――――――――――――――――――― (also)

In den auf das Jahr y folgenden Jahren steigen die Börsenkurse.

Dem Beispiel kann man nicht ansehen, ob eine Erklärung oder – ab dem Jahr $y + 1$ – eine Prognose vorliegt. Die angeführte Gesetzmäßigkeit, die eine Beziehung von Rocklängenverkürzungen und haussierenden Börsen konstatiert, ist auch recht gut bestätigt. Nehmen wir für den Augenblick sogar einmal an, daß es sich um die bestbestätigte Verknüpfung von Sätzen über die Entwicklung der Börsenkurse mit Sätzen über einen indizierenden Bereich handelt. Dennoch erscheint die voranstehende Ableitung nicht als besonders vertrauenerweckend. Niemand würde spontan sagen, daß die logische Ableitung, mag sie auch vollkommen korrekt sein, eine zufriedenstellende Erklärung der Entwicklung der Börsenkurse darstellt. Andererseits wird manchmal argumentiert, daß es sich hier um eine fundierte Prognose handeln könne. Die dem zugrundeliegende These scheint zu beinhalten, daß für eine Prognose Indikatoren oder Symptome unter reinen Beobachtungs- oder Erfahrungsgesetzen ausreichen, während dies für eine Erklärung nicht zulässig sein kann.

Für diese Auffassung lassen sich noch weitere Argumente anführen. Sie entbehrt keineswegs der Plausibilität. Dennoch sei auf die folgenden

Punkte verwiesen. Das «also» der Ableitungsbeziehung muß man offenkundig epistemisch deuten. Es gibt somit Gründe an, warum der, der an die Prämissen *glaubt*, auch an die abgeleitete Konsequenz glauben sollte. Die Frage ist dann natürlich, ob man gute Gründe für den Glauben an eine Prognose haben kann, wenn man nicht zugleich gute Erklärungsgründe besitzt. Wenn man keine erklärende Theorie kennt, sondern nur reine Beobachtungsgesetze, dann bleibt jedenfalls ein Mißtrauen gegenüber der prognostizierenden Extrapolation der Beobachtungsgesetze. (Würden Sie an der Börse nach der genannten Regelmäßigkeit spekulieren, wenn Sie wüßten, daß Sie dadurch in früheren Jahren reich geworden wären?)

Das galt ursprünglich selbst für ein solches mittlerweile (wenn auch mit Spezifikationen etwa nach van der Waals) anerkanntes Gesetz wie das Boylesche Gasgesetz. Solange dies rein beobachtungsmäßige Fakten zusammenfaßte, die Druck, Volumen und Temperatur eines Gases miteinander verknüpften, ohne einen Grund für die Verknüpfung geben zu können, mußte es ebenso dubios bleiben wie die These über die Börsenkurse oder die Erfahrung, daß die Tragezeiten von Säugetieren ganze Vielfache von # pi bilden (vgl. zu diesem Beispiel Polanyi, 1985, 61). Erst dann, wenn die Beobachtungsgesetze in eine Theorie und in das Gesamtnetz unserer Kenntnisse zuverlässig eingebunden werden, erscheinen sie uns selbst als zuverlässig. Für das Boylesche Gesetz trat dies ein, für andere Erfahrungsgesetze wie das von der Rocklänge oder das von der Trächtigkeitsdauer der Säugetiere nicht. Deshalb spielt das Gasgesetz nach anfänglicher wissenschaftlicher Sterilität mittlerweile eine fruchtbare und anerkannte Rolle im Gesamtsystem unserer Kenntnisse, während die beiden anderen weiterhin als «Kuriositäten» und damit als irrelevant für die Beurteilung anderer Sachverhalte ausgegrenzt werden (auch dies ein Aspekt, den bereits Fleck betonte).

Selbst wenn man also Prognosen aufgrund reiner Erfahrungstatsachen stellen und darauf hin rational handeln kann, bleiben diese Verfahrensweisen ein Behelf. Prognosen, die nach entsprechender symmetrischer Deutung zugleich annehmbare potentielle Erklärungen darstellen, bilden demgegenüber eine eigene bevorzugenswerte Klasse in der Gesamtmenge der Prognosen. Wir ziehen es vor, wenn unsere Prognosen theoretisch im Netz unserer Gesamtkenntnisse verankert sind. (Das gilt selbst dann, wenn man die traditionelle Konzeption von Realgründen gar nicht heranzieht.) Etwas anderes zum Idealziel zu erheben, hieße sich vom Ideal einer wissenschaftlich geleiteten Praxis mit erklärbaren, nichtmysteriösen Handlungserfolgen zu verabschieden.

Andererseits können wir unsere prognostischen und explanativen Idealvorstellungen keineswegs immer durchhalten. Gerade Medizin und Arzneimittelforschung bieten dafür Beispiele. Therapeutische Handlungen aufgrund von «Symptomen», für deren Zuverlässigkeit man keine tieferen theoretischen Einsichten reklamieren kann, werden fortwährend durchgeführt, manche Arzneimittel werden angewandt, ohne daß es eine fundamentale Theorie gäbe, warum sie zu den erwünschten Resultaten führen etc. So vorzugehen, ist entgegen mancher voreiliger Kritik vollkommen rational. Rationales Vorgehen zeigt sich gerade darin, auch Informationen, die bestimmte ideale Anforderungen nicht erfüllen, zielgerecht zu nutzen. Dennoch ist es deshalb noch lange nicht zwingend, auch die Idealvorstellungen und Idealziele entsprechend abzuändern. Nichts spricht vielmehr gegen die Empfehlung, Prognose und Handeln *so weit wie möglich* in einen Kontext theoretisch fundierbarer Erklärungen zu stellen. Nur so werden Prognose- und Handlungserfolge selbst intersubjektiv zugänglich und erklärlich. Danach zu streben, bleibt also vernünftig, mag auch angesichts des Fehlens besserer Alternativen häufig eine weniger fundierte Vorgehensweise praktisch rational sein.

Kann es «umgekehrt» Erklärungen geben, die nicht den Kern einer potentiellen Prognose enthalten? Das scheint zunächst unwahrscheinlich zu sein, da nach den bisherigen Überlegungen der Erklärungsbegriff anscheinend das gegenüber dem Prognosebegriff stärkere Konzept bildet. Demgegenüber berichtet W. Stegmüller über folgendes von Michael Scriven angeführtes Beispiel, das hier wenigstens grob skizziert sei:

(0) Herr p hat Syphilis gehabt.

(1) Nur wer zuvor an Syphilis erkrankte, kann an progressiver Paralyse erkranken.

(2) Patient p ist an progressiver Paralyse erkrankt.

(3) Patient p ist an progressiver Paralyse erkrankt, *weil* er zu einem früheren Zeitpunkt an Syphilis litt.

Intuitiv erscheint uns dies als Skizze einer korrekten Erklärung. Diese Erklärung würden wir jedoch kaum zu einer Prognose umdeuten können. Damit scheint ein Beispiel für eine Erklärung gefunden zu sein, die nicht in eine Prognose transformiert werden kann.

Doch Hempel hält dem entgegen:

(0) Herr p hat sich ein Los gekauft.

(1) Nur wer sich ein Los kauft, kann in der Lotterie gewinnen.

(2) Herr p hat in der Lotterie gewonnen.

(3) Herr p hat in der Lotterie gewonnen, *weil* er sich zu einem früheren Zeitpunkt ein Los kaufte.

Die beiden Beispiele Scrivens und Hempels scheinen in der Tat vollkommen parallel zu liegen. Das zweite würde jedoch intuitiv im Gegensatz zum ersten nicht als Erklärung akzeptiert werden. Deshalb muß nach Hempel auch im ersten Fall festgestellt werden, daß keine Erklärung vorliegt. Diesem Argument gegen den Erklärungswert von Scrivens Beispiel kann man nur entgehen, wenn man aufzeigt, inwiefern dennoch ein Unterschied zwischen den Fällen besteht (vgl. zu allem vorangehenden und folgenden Stegmüller 1969ff. – hier 1983 – Bd. I, S. 978ff.).

Man betrachte dazu die «Warum-Fragen»:

(a) Warum hat p progressive Paralyse bekommen?
(b) Warum hat p in der Lotterie gewonnen?

Die erste Frage (a) scheint mit der Antwort, daß p eine (unbehandelte) Syphiliserkrankung in früheren Jahren erlitten hatte, angemessen beantwortet zu sein. Die zweite Frage (b) scheint demgegenüber nicht angemessen beantwortet mit dem Verweis auf das zuvor angeschaffte Lotterielos. Das wirkt sich jedoch nicht gegen den Erklärungswert von (a) aus. Denn die Frage richtet sich auf das Gesamtkollektiv aller Individuen. Wenn eines der Mitglieder an progressiver Paralyse erkrankt ist, dann ist es sehr wohl eine erklärungskräftige Information, zu erfahren, daß das betreffende Individuum zu dem *Unter*-Kollektiv der Syphiliserkrankten gehört. Das Beispiel der Lotterie scheint demgegenüber anders zu liegen. Implizit wird die Warum-Frage hier nicht auf das Gesamtkollektiv aller Individuen bezogen, sondern von *vornherein* auf das Unterkollektiv der Lotterieteilnehmer. Bezogen auf das letztere ist es natürlich keine zusätzliche Information, auf die Lotterieteilnahme hingewiesen zu werden. Die setzte man ja bereits voraus. Man wollte wissen, warum unter den Teilnehmern ausgerechnet p gewonnen hat. Dafür war der Hinweis in der Tat keine Erklärung. Der Parallelfall hierzu in Scrivens Beispiel wäre die Frage, warum unter den Syphiliskranken ausgerechnet p progressive Paralyse bekam. Auch hierauf wäre es keine Antwort, auf das zu verweisen, was der Frager in der Frage bereits vorausgesetzt hat.

Es hat also einen gewissen Erklärungswert relativ zu der vorangehenden Wissenssituation, in der die Warum-Frage gestellt wurde, wenn wir bezogen auf das *Gesamtkollektiv* aller Individuen erfahren, daß p Syphilis hatte. Ebenso hat es einen Erklärungswert, zu erfahren, daß p unter *allen* Individuen zu jenen gehörte, die in der Lotterie spielten, und deshalb gewinnen konnte. Der zweite Fall ist nur so verwirrend, weil es gleichsam begrifflich bereits zum Lotteriegewinn gehört, daß man zuvor spielte, während die Verknüpfung mit dem erklärenden Sachverhalt im Falle der progressiven Paralyse nicht so eng zu sein scheint.

In beiden Fällen wäre jedoch eine Prognose in dem Vollsinne der Voraussage eines wahrscheinlichen Ereignisses nicht möglich. Selbst dann, wenn wir wissen, daß Patient p an Syphilis erkrankte, würden wir deshalb (auch bei unbehandelter Krankheit) nicht die Prognose stellen, daß p an progressiver Paralyse erkranken wird. Es gibt eine erhöhte Wahrscheinlichkeit, aber keineswegs alle Syphiliskranken erkranken auch an progressiver Paralyse in späteren Jahren. Selbst bei unbehandelter Krankheit ist dieser Prozentsatz so gering, daß wir nicht im strengen Sinne voraussagen würden, daß p an progressiver Paralyse erkranken wird. Selbst dann, wenn wir wissen, daß jemand ein Los kauft, werden wir nicht voraussagen, daß er gewinnen wird. Dennoch ist es Teil der Erklärung dafür, warum unter allen Individuen ausgerechnet p gewann, wenn wir um seinen Loskauf wissen.

Die Bezüge insbesondere zur medizinischen Diagnostik dürften auch bei den letzten Erwägungen unmittelbar auffallen. Man denke etwa an die gegenüber älteren Vorstellungen vom Wesen der Infektionskrankheiten vorgebrachte Beobachtung, daß der Befall mit gewissen Bakterien nicht hinreichend für das Auftreten gewisser Krankheiten ist. Das Auftreten der Bakterien im Organismus kann deshalb in vielen Fällen nicht zur gesicherten Prognose dienen, daß die Krankheit mit ihren Symptomen auftreten wird. Andererseits ist es angesichts des Vorliegens einer bestimmten Symptomatik eine Erklärung, auf die Bakterien im Organismus zu verweisen. Das ermöglicht eine diagnostische Erklärung der Symptome. Allerdings ist hier zu beachten, daß die Zuordnung von Symptomatik und Bakterienbefall nicht die Striktheit einer notwendigen Bedingung besitzen muß. Denn es mag ja sein, daß die Symptome *nicht nur* nach Bakterienbefall auftreten können. (In diesen Zusammenhang ließe sich auch Virchows Beharren auf «zellular-pathologischen» Veränderungen einordnen.)

Selbstverständlich würde man hier, wie in allen anderen Wissenschaften auch, gern über «schärfere» Informationen verfügen. Je besser die Information ist, desto enger wird die Symmetrie zwischen Erklärung und Prognose. Doch bevor man sich mit den eher hochfliegenden Überlegungen eines idealen Erklärungsprogramms und idealen Wissenschaftsfortschritts befaßt, sollte man zunächst einen Blick auf die Frage des realen Fortschritts der Wissenschaften werfen. Das aber führt zum Kern der wissenschaftsphilosophischen Diskussion der letzten Jahrzehnte: der Frage nach dem Wissenschaftsfortschritt und den möglichen theorievergleichenden Fortschrittskriterien.

2.2 Zu Lakatos' Methodologie der Forschungsprogramme

2.2.1 Wissenschaftsentwicklung als Selektions- und Argumentationszusammenhang

Seit Darwin und Wallace muß man die biologische Evolution nicht mehr als eine Annäherung an ein vorgegebenes Ziel begreifen. Darin und nicht im Entwicklungsgedanken als solchem lag gerade die Darwin-Wallacesche Provokation (vgl. zu dieser Beobachtung in einem wissenschaftstheoretischen Kontext auch, Stegmüller 1979, 129). Dennoch blieb man zunächst häufig beim Gedanken der «Höherentwicklung». Denn auch dann, wenn man vom Konzept einer auf ein Ziel *hin* gerichteten Evolution Abstand nehmen mußte, blieb doch eine Entwicklung *fort* vom einfacheren zum komplexeren und insofern höheren System.

Andererseits ist jedoch gemessen am «Ziel des Überlebens» das komplexe System nicht besser als das einfache. Die Verbreitung von Genen, die die Information für Systeme enthalten, die heute nach wie vor existieren, ist der «biologisch» ausschlaggebende Erfolgsmesser. Gemessen an diesem Maßstab ist der Erfolg einfacher Systeme ebenso gegeben wie der komplexer. Ein Fortschreiten zu größerer Komplexität kann gemessen am Kriterium der Verbreitung nachteilig sein. Deshalb werden offenkundig bestimmte ökologische Nischen von weniger komplexen Systemen besetzt. Die Anpassung liegt partiell gerade in der geringeren Komplexität und der Vermeidung des Komplexitätsaufwandes. Wie diese Entwicklungen dann noch näherhin unter Wertgesichtspunkten, die der Mensch an sie herantragen mag, zu beurteilen sind, ist eine weitergehende und von den sachlichen Gegebenheiten nicht vorentschiedene Frage. Das Überleben einer Spezies (einschließlich der menschlichen) kann ja prinzipiell ebenso wie das Aussterben negativ bewertet werden. Das kommt auf den Standpunkt an.

Mit Bezug auf die Evolution der Wissenschaften ist es nützlich, sich an den voranstehenden Überlegungen zur natürlichen Evolution zu orientieren. Es ergeben sich einige Ähnlichkeiten und einige Abweichungen. Beide Momente sind aufschlußreich. Was zunächst den letzterwähnten

Punkt einer Entwicklung zum «Besseren» anbelangt, so hängt auch die Bewertung der Wissenschaftsentwicklung vom Wertstandpunkt des Betrachters ab. Sie ist insoweit relativ zu den von diesem geteilten Zielen und Werten.

Die Entwicklung der modernen Physik etwa kann nach *wissenschaftsexternen* Kriterien wie deren Beitrag zum langfristigen Überleben der Menschheit unterschiedlich bewertet werden. Das wird heute niemanden überraschen. Wird jedoch die Behauptung aufgestellt, es gebe keinerlei *wissenschaftsinterne* Kriterien für theoretischen Fortschritt in dem positiven Sinne des «Mehr- und Besser-Erklärens», dann wird das von den meisten Physikern als abwegig empfunden werden. Dennoch wird von anderer Seite behauptet, alle Theorien stünden – ähnlich wie alle im Überlebenskampf de facto weiter existierenden Spezies – grundsätzlich auf der gleichen Stufe und trügen in sich jedenfalls keine Bewertungsmaßstäbe: Ausschlaggebend für die Qualität einer Theorie ist letztlich nur, ob sie sich in der Konkurrenz mit anderen Theorien durchsetzen kann. So wenig wie nach dem Kriterium der größeren Komplexität von biologischen Systemen ein Bewertungsmaßstab aus der biologischen Evolution selbst abgeleitet werden kann, so wenig kann ein solcher Maßstab etwa aus einer vergleichsweise größeren Erklärungskraft von Theorien abgeleitet werden. Der einzige Fortschritt, der wirklich zählt, ist die größere «Verbreitung» von Theorien.

Diese Behauptungen sind mit Bezug auf die Wissenschaftsentwicklung ziemlich befremdlich. Denn, so wird man sagen, wenn es überhaupt einen Sinn machen sollte, von «rational» bestimmtem Fortschritt zu sprechen, dann doch wohl in den Wissenschaften. Diese legen durch ihre Entwicklung (jedenfalls zum Teil) allererst fest, was wir unter Rationalität sinnvollerweise verstehen können. Was Maßstäbe rationaler Argumentation anbelangt, so haben wir einfach keine besseren realen Beispiele als die Wissenschaftspraxis selbst. Aus und an ihr einschließlich ihrer Geschichte müssen Kriterien entwickelt und etwaige Verbesserungsvorschläge geprüft werden. Die Wissenschaften bilden also selbst wesentlich jene Kriterien aus, an denen auch unsere anderweitigen Vorgehensweisen gemessen werden müssen. Es macht insofern anscheinend wenig Sinn, von außen an die Wissenschaften Rationalitätskriterien heranzutragen, die nicht wenigstens im großen und ganzen mit den wissenschaftsintern entwickelten Fortschrittskriterien übereinstimmen.

Die vorherrschenden Auffassungen unterstellen dementsprechend, daß man Wissenschaft als einen «rational» bestimmten Prozeß *rekonstruie-*

ren kann. Theorien sterben danach nicht einfach deshalb aus, weil ihre Anhänger aussterben. Sie werden durch andere Theorien ersetzt, weil diese Theorien in der Konkurrenz der Theorien vergleichsweise besser abschnitten. Dabei bedeutet «besseres Abschneiden» im Theorienvergleich einfach nur, erklärungs- und voraussagekräftiger zu sein. Dies ist vor allem immer dann gewährleistet, wenn eine Theorie B alles das erklärt, was eine Theorie A erklären kann und darüber hinaus noch einige andere Phänomene. Das klassische Beispiel hierfür bildet nach herrschender Auffassung die Ablösung der Newtonschen durch die Einstein-Plancksche Physik. Der über die neuen Ansätze verfügende Wissenschaftler weiß in einem präzisierbaren Sinne mehr als der Newtonsche Theoretiker und *in diesem Sinne* ist die Physik des ersteren «besser» als die des letzteren.

Das angemessene Bild der Wissenschaftsentwicklung scheint das einer Kumulation von Erkenntnissen im Zeitablauf zu sein. Die Geschichte der Wissenschaft sollte sich näherungsweise als ein Zusammenhang rationaler Argumentation und nicht nur suggestiver Überredung rekonstruieren lassen. Gelingt eine solche Rekonstruktion im Rahmen einer bestimmten Theorie der Wissenschaft, dann bildet das zugleich eine Bestätigung der betreffenden Wissenschaftstheorie. Das in einer derartigen Theorie der Wissenschaft entworfene «argumentationslogische» Selbstbildnis würde historisch zutreffen und damit eine Fortschrittslogik und nicht nur eine Soziologie des Fortschreitens als Determinante des Wissenschaftsprozesses nachgewiesen werden. Damit würde zugleich der Forderung Rechnung getragen, die Rationalitätsmaßstäbe nicht von außen einfach der Wissenschaft aufzuoktroyieren, sondern (partiell) aus der Wissenschaft selbst heraus zu entwickeln.

Diese Art der Aufgabenstellung wird von keinem Theoretiker ernster genommen als von *Imre Lakatos* (vgl. zum folgenden 1978). Lakatos sucht seine normative Wissenschaftstheorie an den Tatsachen der Wissenschaftsentwicklung zu entwickeln und zu testen. Quelle nicht nur der wissenschaftstheoretischen Inspiration, sondern auch der Prüfung wissenschaftstheoretischer Normierungsvorschläge und jeder Theorie über Wissenschaft ist die faktische Wissenschaftsentwicklung. Wenn insonderheit irgendwelche Kriterien für richtiges zukünftiges wissenschaftliches Vorgehen vorgeschlagen werden, dann müssen diese gegen den Hintergrund der bisherigen wissenschaftlichen Entwicklung gesehen werden. Sie sollten eine potentielle Erklärung für die Geschichte der Wissenschaften bieten, die diese als im großen und ganzen «rational» bestimmte Abfolge immer neuer Fragestellungen und Ergebnisse aus innerwissenschaftlichen Sach- und Argumentationszusammenhängen heraus rekonstruiert und damit implizit unser Konzept von Rationalität in einigen zentralen Aspekten bestimmt.

Fundamental ist dabei, was die Wissenschaften selbst als Erfolg und Verbesserung ansehen oder ansahen. Es wäre nichts anderes als Ausdruck einer inzwischen nicht mehr allzu populären philosophischen Selbstüberhebung, wollte der Wissenschaftsphilosoph apriori Maßstäbe des angemessenen wissenschaftlichen Vorgehens festlegen, ohne die Bewertungen der Einzelwissenschaftler zu berücksichtigen. Deshalb können und müssen die wissenschaftlichen Selbsteinschätzungen als Basisbewertungen jeder normativen Methodologie dienen. Dazu gehört zentral das, was die Wissenschaftler selbst als Fortschritt ansehen.

Wenn etwa jemand argumentiert, die Wissenschaft solle sich am Kriterium induktiver Bestätigung orientieren, dann sollte sich dieses Kriterium in der Rekonstruktion der «inneren Wissenschaftsgeschichte» bewähren. Es müßte möglich sein nachzuweisen, daß der Wechsel zwischen verschiedenen Theorien und Hypothesen, ihre Annahme oder Verwerfung, sich so rekonstruieren läßt, *als ob* das vorgeschlagene Kriterium das ausschlaggebende Argument gewesen sei. Die «induktivistische Erzählung» der Wissenschaftsgeschichte sollte dann beispielsweise den Übergang vom ptolemäischen Weltbild zum kopernikanischen als einen durch eine Akkumulation von Beobachtungen herbeigeführten Wechsel darstellen können, ohne mit den Fakten der Wissenschaftsgeschichte und der darin – nach Hypothese – gleichsam geronnenen Rationalität in Konflikt zu geraten.

Ganz offenkundig besteht die Vorstellung von der allmählichen induktiven Verallgemeinerung von Einzelbeobachtungen jedoch nicht den Test der Wissenschaftsgeschichte. Sie vernachlässigt in unzulässiger Weise die «aktiven» Elemente im Wissenschaftsprozeß. Kühne Entwürfe und neue Sichtweisen führten historisch überhaupt erst zu jenen Fragestellungen, die sich wissenschaftlich bestätigen oder verwerfen ließen. Kopernikus etwa kam nicht durch eigene oder Auswertung anderer Beobachtungen mittels passiver allmählicher Verallgemeinerung zur Hypothese von der Erdbewegung. Dazu gehörte eine aktive Leistung der Hypothesenbildung. Und daß jeder Beobachtungsserie die Formulierung einer Fragestellung vorauszugehen hat, die überhaupt festlegt, welche Beobachtungen zu machen sind, sollte jedem Einzelwissenschaftler evident sein. Man kann deshalb davon ausgehen, daß ein Wissenschaftshistoriker die Wissenschaftsgeschichte nicht plausibel als eine Abfolge induktiver Verallgemeinerungen von Beobachtungen darstellen könnte.

Auch andere traditionelle Prinzipien scheitern augenscheinlich an einem derart formulierten Test der tatsächlichen Wissenschaftsgeschichte. Insbesondere das Falsifikationsprinzip als das unter methodologisch interessierten heutigen Wissenschaftlern wohl populärste Leitmotiv wissenschaftlichen Vorgehens bildet hiervon keine Ausnahme. Lakatos argumentiert, daß das Falsifikationsprinzip – jedenfalls in seinen populäreren Varianten – nicht zu einer angemessenen Wissenschaftsgeschichte führt und deshalb auch nicht normativ als Leitlinie rationalen Vorgehens angemessen sein kann. Sein Kernargument ist einfach das folgende: Jede Theorie ist strenggenommen falsifiziert. Es gibt immer Phänomene, die der Theorie widersprechen. Deshalb kann der Ablauf der Wissenschaftsentwicklung nicht damit erklärt werden, daß reproduzierbare «Falsifikationen» zur Verwerfung von Theorien führen. Falsifikation durch einzelne Beobachtungsinstanzen führt Wissenschaftler keineswegs zur Aufgabe ihrer theoretischen Ansätze. Daß eine Theorie nicht mit bestimmten Beobachtungen zu vereinbaren sei, halten sie keineswegs für ein durchschlagendes *Argument* für die Aufgabe der Theorie. Sie schlagen dann entweder eine Modifikation der Theorie vor, eine Umdeutung der einschlägigen Beobachtungen oder nehmen, sofern dies möglich ist, einfach an, daß die Beobachtungen fehlerhaft bzw. die Beobachtungstheorien modifikationsbedürftig sind.

Da sich aber andererseits nicht bezweifeln läßt, daß Wissenschaft nach allen halbwegs einsichtig zu machenden Kriterien nicht nur ungeachtet, sondern offenkundig aufgrund derartiger Praktiken zur Erweiterung unseres Wissens führte, kann man diese nicht einfach als irrationale Elemente eliminieren. Es ist jedenfalls Lakatos' These, daß man gerade diese Elemente in ein einigermaßen angemessenes Bild wissenschaftlicher Rationalität aufzunehmen hat (und auch Popper selbst hat das natürlich versucht; vgl. schlagend etwa 1968, Fßn. 1). Das wirft ein neues Licht auf die Rolle der wissenschaftlichen Voreingenommenheit. Es gibt nicht nur einen legitimen Platz für Flecks aktive Elemente eines Denkstiles, sondern auch für ein (partiell) dogmatisches Festhalten an ihnen gegen widerspenstige «passive Kopplungen».

2.2.2 Dogmatismus, Falsifikation, Falsifizierbarkeit

Es ist nützlich, das Problem des wissenschaftlichen Dogmatismus von konkreten Beispielen her anzugehen. Besonders anschaulich ist das folgende, welches Lakatos selbst zur Illustration benutzt, dem hier jedoch noch ein Originalauszug aus der historischen Quelle von 1815 in neuerer Übersetzung vorangestellt sei. In einem anonym veröffentlichten Text beginnt William Prout:

«Der Verfasser des folgenden Aufsatzes legt ihn der Öffentlichkeit mit der größten Zurückhaltung vor; denn obwohl er sich äußerst viel Mühe gegeben hat, um zur Wahrheit zu gelangen, vertraut er doch nicht dermaßen auf seine Fähigkeiten als Experimentator, daß er anderen etwas vorschreiben würde, die ihm auf dem Gebiet der Chemie, was Fertigkeiten und Ruhm anbetrifft, weit überlegen sind. Er hofft dennoch zuversichtlich, daß die Bedeutung der vorliegenden Abhandlung erkannt wird und daß diese von jemandem geprüft wird und ihre Schlüsse somit bestätigt oder widerlegt werden. Sollten sich diese als falsch erweisen, so werden vielleicht doch infolge der Untersuchung neue Tatsachen entdeckt oder alte bekräftigt; wenn sie aber bestätigt werden sollte, so wird neues und interessantes Licht auf die ganze Wissenschaft der Chemie geworfen.

Vielleicht sollte im voraus gesagt werden, daß die nachfolgenden Beobachtungen hauptsächlich auf der Lehre von den Volumina beruhen, wie sie zum ersten Mal von M. Gay-Lussac verallgemeinert wurde und die jetzt, wenigstens so viel der Verfasser weiß, von Chemikern überall anerkannt wird ... Die folgenden Tabellen geben einen allgemeinen Überblick über diese Resultate sowie über die Proportionen, nach Volumen und Gewicht, in denen sie sich mit Sauerstoff und Wasserstoff verbinden; auch werden hier die Gewichte anderer Substanzen, die nicht genau untersucht worden sind, durch Analogie angegeben ...

Aus einer allgemeinen Durchsicht der Tabellen ergibt sich 1. daß all die Elementarzahlen, angenommen der Wasserstoff sei 1, durch 4 teilbar sind. Ausgenommen davon: Kohlenstoff, Stickstoff und Barium, die durch 2 teilbar sind, woraus hervorzugehen scheint, daß sie durch eine höhere Zahl näher bestimmt werden als die Einheit oder dem Wasserstoff. Ist die andere Zahl 16 oder Sauerstoff? Und sind alle Substanzen aus diesen zwei Elementen zusammengesetzt? ...

Es ist insofern vorteilhaft, das Volumen des Wasserstoffs dem Atom gleichzusetzen, als die spezifischen Gewichte der meisten, oder vielleicht aller, Elementarsubstanzen (Wasserstoff gleich 1) dann entweder den Gewichten ihrer Atome genau entsprechen oder ein Vielfaches derselben sein werden; wenn wir dagegen das Volumen des Sauerstoffes als Einheit annehmen, werden die Gewichte der Atome der meisten Elementarsubstanzen, außer Sauerstoff, das Doppelte ihrer spezifischen Gewichte

Name	Spez. Gew., Wasserstoff gleich 1 gesetzt	Atomgew., 2 Vol. Wasserstoff gleich 1 gesetzt	Atomgew., Sauerstoff gleich 10 gesetzt	Atomgew., experimentell, Sauerstoff gleich 10 gesetzt	Spez. Gew., Luft gleich 1 gesetzt	Spez. Gew., experimentell, Luft gleich 1 gesetzt	Gew. von 100 Kubikzoll (in Gr.) Luftdruck 30 Zoll, Temperatur 60° F.	Gew. von 100 Kubikzoll (in Gr.), experimentell
Wasserstoff	1	1	1,25	1,32	0,06944	0,073	2,118	2,23
Kohlenstoff	6	6	7,5	7,54	0,4166	–	12,708	–
Stickstoff	14	14	17,5	17,54	0,9722	0,969	29,652	29,56
Phosphor	14	14	17,5	17,4	0,9722	–	29,652	–
Sauerstoff	16	8	10	10	1,1111	1,104	33,888	33,672
Schwefel	16	16	20	20	1,1111	–	33,888	–
Kalzium	20	20	25	25,46	1,3888	–	42,36	–
Natrium	24	24	30	29,1	1,6666	–	50,832	–
Eisen	28	28	35	34,5	1,9444	–	59,302	–
Zink	32	32	40	41	2,222	–	67,777	–
Chlor	36	36	45	44,1	2,5	2,483	76,248	–
Kalium	40	40	50	49,1	2,7777	–	84,72	–
Barium	70	70	87,5	87	4,8611	–	148,26	–
Jod	124	124	155	156,21	8,6111	–	262,632	–

(Tabelle 2, nach Sambursky 1978, 484)

im Verhältnis zum Wasserstoff sein ...» (Prout in Sambursky 1978, 483 f.)

Die Tabelle, auf die Prout Bezug nimmt, veranschaulicht, auf welche Datenbasis Prout seine Gedanken bezogen wissen wollte. Man mag sich hier zunächst fragen, ob man es bei seiner Grundidee nicht mit einem einfachen Beobachtungsgesetz zu tun hat. Die Nähe zu der Beobachtung, daß die Trächtigkeitszeiten von Säugern Vielfache von π betragen, scheint recht groß zu sein. Andererseits bezieht sich Prout auf Gay-Lussac und stellt damit eine Verbindung zum übrigen Korpus der Erfahrung zu seiner Zeit her. Seine Beobachtung sieht er ausdrücklich in einem Netz chemischer Theorien, auf die ein Licht geworfen werden soll, falls sich die von ihm vermutete Gesetzmäßigkeit bestätigen sollte. Dazu legt er sie anderen und besseren Experimentatoren zur Widerlegung oder Bestätigung vor.

Prout stellt seinen Vorschlag ganz im Stile der Konzeption unvoreingenommener wissenschaftlicher Prüfung dar. Er gibt als Einleitung die Erklärung ab, genau so zu verfahren, wie es dem herrschenden wissenschaftlichen Selbstbildnis, wenn auch nicht notwendig der wissenschaftlichen Praxis, entspricht. Aber genau betrachtet hätte das «Duell zwischen Theorie und Erfahrung» zu einer umgehenden Verwerfung der Theorie durch Prout selbst – und bereits vor den experimentellen Prüfungen durch andere – führen müssen. Prout leugnete jedoch die ihm wohlbekannten Anomalien (relativ zum damaligen Kenntnisstand), indem er etwa behauptete, das Atomgewicht des Chlors sei genau 36. In gewisser Weise konnte es Prout deshalb gar nicht darum gehen, seine Theorie unvoreingenommen zu prüfen und bei entsprechender Gegenevidenz zu verwerfen. Er machte vielmehr einen programmatischen Vorschlag und vertraute darauf, daß sein *Forschungsprogramm* letztlich die Schwierigkeiten überwinden würde.

Es gelang Prout, anderen sein Vertrauen zu vermitteln, daß sich schließlich für jede der Anomalien eine Antwort finden lasse, wenn man nur die Experimentiertechniken verfeinere und die Beobachtungen verbessere. Die Theorie sollte festgehalten werden, während man die Beobachtung oder deren Deutung und damit die Beurteilungsbasis der Theorie verändern wollte.

«Die Verfechter der Proutschen Theorie begannen daher ein weitreichendes Unternehmen: Sie versuchten, jene Theorien zu stürzen, die die Gegenevidenz für ihre These lieferten. Dazu mußten sie die orthodoxe analytische Chemie revolutionieren, und sie mußten die experimentellen Techniken revidieren, mit denen reine Elemente abgeschieden werden konnten. In der Tat hat Prouts Theorie der Reihe nach alle Theorien geschlagen, die früher bei der Reinigung chemischer Substanzen verwendet wurden. Trotzdem wurden einige Chemiker des Forschungsprogramms müde und gaben es auf, denn die Erfolge waren immer weit davon entfernt, sich zu einem endgültigen Sieg zusammenzufügen. So schloß z.B. Stas im Jahre 1860, enttäuscht durch einige störrische, widerspenstige Fälle, daß Prouts Theorie ‹unbegründet› sei. Andere Forscher wurden mehr vom Fortschritt ermutigt, als vom Mangel eines völligen Erfolges entmutigt. Marignac z.B. erwiderte sofort, er sei von der ‹Exaktheit der Experimente von Monsieur Stas (überzeugt, sehe aber keinen Beweis dafür), daß die beobachteten Unterschiede zwischen seinen Ergebnissen und den von Prouts Gesetz geforderten nicht durch die Unvollkommenheit der experimentellen Methode erklärt werden könnten›. Crookes hat die Situation im Jahre

1886 so dargestellt: ‹Nicht wenige Chemiker von zugestandener Eminenz sind der Ansicht, daß wir hier (in Prouts Theorie) einen Ausdruck der Wahrheit vor uns haben verhüllt durch Rest- oder Randphänomene, deren Beseitigung uns noch nicht gelungen ist.›» (Lakatos 1978, 52 f.)

Man sieht hier, wie über Jahrzehnte an einem theoretischen Programm festgehalten wird, bis es schließlich zum Erfolg gelangt. Während geforscht wird, muß es manchem unvoreingenommenen Beobachter notwendig so scheinen, als ob die Anhänger des Programms aus reiner Voreingenommenheit an ihm festhalten. Da die entsprechenden Strategien zur Immunisierung eines Programmes auch zur Verteidigung von Theorien angewandt werden, die am Ende *nicht* durchsetzungskräftig sind, hat der unvoreingenommene Beobachter allen Grund, ihnen mit Mißtrauen zu begegnen. Generell stehen solche Strategien ja im Geruch der «irrationalen» ad hoc Hypothesen. Dies ist häufig auch berechtigt. Am Anfang dieses Jahrhunderts neigte man etwa noch dazu, Beriberi als eine bakteriell verursachte Krankheit anzusehen. Als sich mehr und mehr herausstellte, daß ein Zusammenhang zwischen der Reisbehandlung und der Krankheit bestand, versuchte einer der führenden Theoretiker die These von der bakteriellen Verursachung durch die Annahme zu retten, daß in poliertem Reis bestimmte Bakterien gedeihen, die in unpoliertem nicht vorhanden sind. Die Geschichte jeder Wissenschaft bietet solche Beispiele in großer Zahl (vgl. etwa die Diskussion um das Vakuum in Hempel 1974 in Verbindung mit Sambursky 1978).

Nun ist die These vom Atomgewicht nicht weniger hartnäckig festgehalten worden als die von der bakteriellen Verursachung von Beriberi. Im *nachhinein* mögen wir die eine Vorgehensweise als Triumph wissenschaftlicher Weitsicht feiern, die andere als hartnäckige, rechthaberische Kurzsichtigkeit abtun. Zu dem Zeitpunkt, zu dem die betreffenden Thesen aufgestellt und verteidigt wurden, waren sie jedoch gleichermaßen dogmatisch und jedenfalls nach den wissenschaftlichen Sonntagsreden vom undogmatischen Charakter der Forschung zu verwerfen. Ein wesentliches Element an Lakatos' Auffassungen ist nun, daß in einem derartigen Festhalten an einer Theorie durch «Dick und Dünn» nichts grundsätzlich verwerfliches mehr gesehen wird. Er versucht vielmehr systematisch, ein solches Vorgehen mit einer angemessenen wissenschaftlichen Rationalitätsauffassung zu versöhnen.

Der Test der Wissenschaftsgeschichte eliminiert eine Norm rationalen Vorgehens, die von uns verlangt, falsifizierte Theorien umgehend fallen zu lassen. Nun scheint es sehr fragwürdig, ob jemals irgendein Theoretiker eine derart strenge Norm der Falsifikation vertreten hat. Im Kampf gegen den Dogmatismus sind auch tatsächlich schwächere Prinzipien hinreichend. Niemand wird schon deshalb zum Dogmatiker, weil er an einer Theorie festhält, die gewisse Tests nicht bestanden hat. Denn neben einem Zustand des «absoluten» Dogmatismus, in dem die gesamte Kunst des Wissenschaftlers nur darin besteht, eine Theorie, die aufgrund wissenschaftsexterner Vorgaben keinesfalls aufgegeben werden darf, gegen Widerlegungen durch Erfindung von ad hoc Argumenten zu «immunisieren», gibt es einen relativen, der versucht, soweit als möglich mit einer Theorie zu kommen. Der relative Dogmatismus ist sogar mit einer ziemlich strikten Spielart des Falsifikationsprinzips vereinbar. Denn man kann daran festhalten, daß theoretisch betrachtet alle falsifizierten Theorien aufgegeben werden müssen, daß man zugleich jedoch aus praktischen Gründen nur unter den de facto konkurrierenden Theorien wählen könne und dabei rationalerweise an den weniger falschen oder relativ besser bestätigtèn festhalten solle.

Das Festhalten der Wissenschaftler an falsifizierten Theorien wird so gesehen zu einem Akt praktischer Rationalität und ist insofern durchaus vereinbar mit einer Rekonstruktion der Wissenschaftsgeschichte als einem rational bestimmten Prozeß. Gleichwohl hat man es bei dieser Deutung letztlich nicht mit strikt erkenntnistheoretisch verankerten Rationalitätsgründen, wie sie dem ursprünglichen Falsifikationsprinzip entsprechen würden, zu tun. Das ursprüngliche Falsifikationsprinzip verlangt ja die Elimination einer Theorie aus dem erkenntnistheoretisch motivierten Grund, daß sie den Test einer Konfrontation mit den Tatsachen nicht bestanden hat. Der Kampf zwischen der Theorie und jenen Instanzen, die zu einer Prüfung der Theorie dienen sollen, ging zu Ungunsten der Theorie aus. Die Theorie ist falsch und *deshalb* zu verwerfen. Eine weitere Theorie oder ein Vergleich von Theorien ist dabei nicht im Spiel. Die Spielregeln ändern sich erheblich, wenn man die «relative Deutung» der Theoriebewährung wählt; d.h., daß an der jeweils relativ zu anderen «weniger falschen» Theorie aus praktischen Gründen festgehalten wird. Falsifikation an den Tatsachen ist dann keineswegs mehr praktisch durchschlagendes Kriterium für das Festhalten an einer Theorie.

Nun kann man versuchen, das Falsifikationsprinzip grundsätzlich anders zu spezifizieren. Man deutet es nicht mehr als Kriterium zur Verwerfung formulierter Theorien, sondern als ein Kriterium zur Formulierung verwerfbarer Theorien. Das scheint zu dem einleuchtenden Abgrenzungskriterium zu führen, nur solche Aussagen als wissenschaftlich gelten zu lassen, die falsifizierbar sind. Doch auch dies führt zu massiven Schwierigkeiten. Zwar sollte jede Theorie, die überhaupt irgendwelchen Gehalt besitzt, gewisse Modelle ausschließen. Doch wäre es einfach nicht angemessen, aus einer Wissenschaft alle für sich allein nicht verwerfbaren Annahmen oder Hypothesen auszuschließen. Selbstverständlich könnte man apriori festlegen, daß nur die falsifizierbaren Sätze, die im Rahmen der Wissenschaftspraxis auftreten, als wissenschaftliche Sätze im Vollsinne gelten sollen. Logisch ist ein solches Vorgehen nicht ausgeschlossen. Dennoch besitzt es den zentralen Nachteil, daß man bei Verwendung eines so eng gefaßten Wissenschaftskonzeptes kein angemessenes Bild der Wissenschaftspraxis mehr erhielte. Das Bild wäre in jedem Falle lückenhaft. Denn Wissenschaftler halten gerade an solchen Sätzen fest und lassen sich gerade von solchen Sätzen fundamental leiten, die entweder keiner Prüfung zugänglich sind oder für die sie zumindest keine Prüfung vorsehen. Solche Sätze einfach als Teil der Metaphysik zu betrachten, hilft selbst dann nicht weiter, wenn man Metaphysik nicht mehr als ein abfälliges Prädikat auffaßt, sondern vielmehr zugesteht, daß sie einen wesentlichen Bestandteil rationaler Praxis bilden kann.

Zwar *kann* man unter solchen Voraussetzungen etwa Darwins Konzept des Überlebens der tauglicheren Individuen, bei dem sich letztlich die Tauglichkeit wiederum durch das Überleben bestimmt, als eine weitgehend oder gänzlich tautologische und damit unfalsifizierbare Aussage aus der Wissenschaft verbannen und der Metaphysik zurechnen. Dies ist grundsätzlich eine Frage der begrifflichen Konvention. Doch bedeutet Konventionalität letztlich nicht freie Willkür. Die konventionelle Normierung kann mehr oder weniger gut mit realen Praktiken übereinstimmen. Und was nun die Praxis der Biologie als Wissenschaft anbelangt, so scheint es doch angemessener, solch essentielle Faktoren wie das Evolutionskonzept Darwins als Teil der Wissenschaft selbst aufzufassen und nicht in das Reich der Metaphysik zu verbannen. Denn nur dann wird man offenkundig dieser Praxis insgesamt gerecht. Andernfalls würde man entgegen dem Hauptanliegen traditioneller Wissenschaftstheorie den Unterschied zwischen Wissenschaft und Metaphysik verwischen. Vielleicht kommt man darum letztlich nicht herum, doch sollte man dieser Tendenz nicht ohne Not Vorschub leisten und jedenfalls als Wissenschaftstheoretiker zunächst nach anderen Auswegen suchen.

Größere Falsifizierbarkeit ist bei weitem nicht das einzige methodologisch bestimmte relevante Argument. Daß eine Theorie «härteren» oder «strengeren» Tests widerstanden hat, bildet keineswegs das ausschließ-

liche Bewertungskriterium, das man in einem mit der Wissenschaftsgeschichte halbwegs übereinstimmenden Bild berücksichtigen muß. Dennoch scheint es so, daß diese Kriterien auf jeden Fall wesentliche Bestandteile der angemessenen Theoriebewertung zu sein haben. Interpretiert man sie als Aufforderung, sich um gehaltvolle, widerlegbare Theorien als Ziel der Wissenschaft zu bemühen, dann geben sie Anlaß für ein auch von der Wissenschaftsgeschichte her ziemlich unangreifbares Kriterium zur Abwehr gehaltloser Spekulation. Die neuzeitliche Wissenschaftsentwicklung ist von entsprechenden Normen wesentlich mit bestimmt oder kann doch so begriffen werden, als sei sie ein derartigen Normen unterliegender Argumentationszusammenhang. Es gibt de facto Praktiken der wissenschaftlichen Kritik, die es dem Wissenschaftspraktiker verbieten, bloß spekulative Behauptungen aufzustellen, wenn diese nicht *irgendwann* und an *irgendeiner* Stelle des Wissenschaftsgebäudes zu gehaltvollen, widerlegbaren Thesen führen oder doch zumindest die Hoffnung darauf eröffnen.
Treffen spekulativ eingeführte Theorien auf Ausnahmen und Anomalien, dann werden sie jedoch keineswegs sogleich fallengelassen. Sie müssen nur die Hoffnung eröffnen, daß sich die Probleme auf Dauer beseitigen lassen. Diese Hoffnung wird regelmäßig dadurch genährt, daß Wissenschaftler die Erfahrung machten, daß ein theoretischer Ansatz zu einer Vielzahl von bestätigenden Erfahrungen Anlaß gab, daß er neue Probleme, neue Fragen formulierte *und* löste. Solange eine schlußendliche Verwerfung von Theorien systematisch zugelassen bleibt, ist es dann aus Sicht herkömmlicher Praxis vollkommen angemessen, nach Bestätigungen einer Theorie zu suchen und in diesem Streben beharrlich an der Theorie gegen alle scheinbaren Widerlegungen festzuhalten. Für die Praxis ist dann nicht die Maxime leitend, es auf die Widerlegung einer Theorie anzulegen. Man ist vielmehr bestrebt, Probleme zu formulieren und zu lösen. Insgesamt verlangt man von Theorien zwar, daß sie falsifizierbare Konsequenzen haben sollen. Man erachtet es immer oder sollte es doch immer als einen Vorteil erachten, wenn eine Theorie im Sinne der möglichen Falsifizierbarkeit gehaltvoller ist als eine andere. Das bedeutet, daß man sich um die Formulierung möglichst gehaltvoller Theorien bemühen soll. Daß man in der Formulierung von Theorien ihre Falsifizierung, ihr Scheitern systematisch fördern soll, bedeutet jedoch nicht, daß man sich in ihrer praktischen Prüfung entsprechend verhalten sollte. Wer die Norm befolgt, möglichst gehaltvolle (widerlegbare) Theorien zu formulieren, muß deshalb keinesfalls die Norm befolgen, die so formulierten Theorien nach dem Widerlegungskriterium auch sogleich zu verwerfen. Es ist

vollkommen konsistent und entspricht der Wissenschaftspraxis, an widerlegbar formulierten Theorien angesichts anscheinender Widerlegungen festzuhalten und die Theorien *nach* Auftreten der Gegenevidenz zu modifizieren, solange es keine überlegenen Konkurrenten gibt. Kurz: Die Norm ‹Formuliere Theorien falsifizierbar!› impliziert nicht die Norm ‹Verwerfe die so formulierten Theorien, wenn einschlägige Gegenevidenz auftritt!› Die Norm ‹Halte unter minimalen Reparaturen und minimaler Gehaltsverringerung (ggf. sogar einer Gehaltsvergrößerung) an der Theorie fest!› ist weit kohärenter mit der wissenschaftlichen Praxis und mit der Norm, möglichst verwerfbare Theorien zu formulieren, ebenso vereinbar. Es scheint, daß viel Verwirrung um das Falsifikationsprinzip aus der Vernachlässigung dieses Unterschiedes einer Norm für die *Formulierung* von Theorien und einer Norm für ihre *Akzeptierung* in der Prüfung entstanden ist.

Wenn man die erste Norm für unstreitig und ihrem Anweisungsgehalt nach auch für relativ geklärt hält – und das soll hier geschehen – zugleich aber annehmen muß, daß die Prüfungspraxis *nicht* im Sinne der zweiten Norm als Widerlegungsbemühen rekonstruiert werden kann, dann bleibt zu untersuchen, wie man den Akzeptierungs- und Prüfungsprozeß rational rekonstruieren kann. Hier liegt es nun nahe, die Norm, Theorien zu formulieren, die möglichst widerlegbare Konsequenzen enthalten, als eine Nebenbedingung zu betrachten, die unserem Bemühen, mit Theorien zu arbeiten und sie fortzuentwickeln, indem wir sie erfolgreich anzuwenden suchen, Grenzen setzt. Sie sorgt dafür, daß wir uns das Leben nicht leicht machen können. Indem sie uns immer wieder in neue Schwierigkeiten stürzt, ist sie ein wirksamer Motor der Wissenschaftsentwicklung. Andererseits schließt sie nicht aus, daß wir diese Entwicklung unter möglichstem (konservativem) Festhalten an Theorien betreiben.

2.2.3 Einige Einzelheiten und Schwierigkeiten in Lakatos' Methodologie der Forschungsprogramme

Diese Art, die Wissenschaft zu betrachten, legt es nahe, auf einige feinere Einzelheiten von Lakatos' Theorie zurückzugreifen. Nach seiner Auffassung hat man die wissenschaftliche Praxis als eine Verfolgung von Forschungsprogrammen anzusehen. Ein Forschungsprogramm besteht aus einem «harten Kern», an dem in jedem Falle festgehalten werden soll und einem («weichen») Schutzgürtel entfalteter Theorien, die nach Bedarf modifiziert werden können. Zum harten Kern wird regelmäßig eine nicht widerlegbare «Metaphysik» gehören, die durch eine negative Heuristik (durch Verbote, bestimmte Dinge zu tun) zusätzlich geschützt werden kann. Daneben tritt eine positive Heuristik, die (durch Gebote, bestimmte Dinge zu tun) die Richtung wissenschaftlicher Fragestellungen beeinflußt.

Unter diesen durch negative und positive Heuristik gesetzten Bedingungen resultiert eine Abfolge von auseinander hervorgehenden Einzeltheorien. Diese werden sukzessive unter der Nebenbedingung möglichst gehaltvoller Theorieformulierung entwickelt. Sie bestimmen dann ihrerseits das, was man den «Gehalt eines Forschungsprogrammes» nennen könnte. Ein solches Programm wird theoretisch progressiv genannt, solange es eine Abfolge von Theorien produziert, die ihrerseits zu neuen Fragen und Antworten führen. Grundsätzlich sollte es in der Folge von Theorien T (.) beim Übergang von T (i) zu T (i + 1) stets einen Gehaltsüberschuß der nachfolgenden gegenüber der voraufgehenden Theorie geben. Wenn sich dieser Gehaltsüberschuß auch empirisch (jedenfalls partiell) bestätigen läßt oder bewährt, dann spricht man von einem empirisch progressiven Programm. Entsprechend wird ein Programm degenerativ genannt, wenn eine Gehaltsabnahme zu verzeichnen ist.

Wie diese Begriffe etwa auf das voranstehende, von Lakatos selbst gegebene Beispiel der Proutschen Theorie anzuwenden sind, dürfte ziemlich klar sein. An diesem Beispiel kommt auch recht gut zum Ausdruck, in welcher Weise in den Wissenschaften «zäh» an Programmen festgehalten wird. Solange es geht, versucht man, Gegeneinwände zu bekämpfen. Sie werden als Anomalien isoliert und nicht als Falsifikatoren akzeptiert. Es wird positiv die Richtung gewiesen, in der Verbesserungen des Programms einzutreten haben, indem etwa die Herstellung immer reinerer Stoffe verlangt wird. Es ist währenddessen verboten, an den Kernannahmen ganzzahliger «Gewichtsverhältnisse» zu rütteln usw. (Das Ausfüllen weiterer Details sei dem Leser überlassen.)

Ungeachtet dieser Anschaulichkeit kann das von Lakatos selbst vorgetragene Beispiel leicht den Eindruck einer zu großen Klarheit und Einfachheit seiner Konzeption erwecken. Als Korrektiv und Überprüfungsinstanz lohnt es sich deshalb, nochmals kurz auf das Beispiel von Darwins und Wallaces Gedanken zur Evolution durch natürliche Selektion zurückzukommen. Denn dadurch werden einige Probleme von Lakatos' eigenem Forschungsprogramm deutlich werden.

Zunächst einmal war es eine große Leistung von Darwin und Wallace, überhaupt die Denkmöglichkeit einer natürlichen Anpassung, die nicht auf Planung zurückgeht, aufgewiesen zu haben. Wo man früher eine planende zielrichtende Vernunft am Werk «sah», kann man nun das differentielle Wirken einer quasi-analytischen Selektionsbedingung annehmen. Es «soll der Kampf ums Dasein der organischen Wesen der ganzen Erde betrachtet werden, der eine unvermeidliche Folge der großen geometrisch fortschreitenden Vermehrung ist – die Lehre von Malthus auf das gesamte Tier- und Pflanzenreich angewendet. Da viel mehr Einzelwesen jeder Art geboren werden, als leben können, und da infolgedessen der Kampf ums Dasein dauernd besteht, so muß jedes Wesen, das irgendwie vorteilhaft von den anderen abweicht, unter denselben komplizierten und oft sehr wechselnden Lebensbedingungen bessere Aussicht für das Fortbestehen haben und also von der *Natur zur Zucht ausgewählt* werden.» (Darwin 1976, 27f.)

Bedeutender als die Malthussche Theorie der «geometrischen Vermehrung», auf die sich Darwin selbst beruft, ist allerdings ein anderes auf Darwin eher unbewußt wirkendes Element des Zeitgeistes. So wie in der Sozialtheorie der damaligen Zeit argumentiert wurde, daß gerade durch Verfolgung der sogenannten selbstischen Interessen ein allgemein wünschenswertes Ergebnis eintreten kann, so formierte sich nun die Vorstellung von differentiellen Fortpflanzungsraten unterschiedlich ausgestatteter Individuen, die im Kern des neuen biologischen Weltbildes liegt. So jedoch, wie das teleologische religiöse Denken, welches die wunderbare Anpassung der Organismen und ihrer Organe an ihre Umgebung und aneinander auf eine planende, gütige Vernunft zurückführte, mit der Anomalie des Bösen in der Welt zu kämpfen hatte, so hatte das ursprüngliche Darwinsche Denken mit der Anomalie des Altruismus unter Tieren zu kämpfen. Wenn die Selektion an den Einzelorganismen und ihren Nachkommen ansetzte, dann durfte es eigentlich keine Verhaltensweisen geben, die der Förderung des Nachwuchses anderer Individuen dienten. Wie sollten das *für ihre Träger* vorteilhafte Variationen sein können? Wie sollten sich diese altruistischen Züge in der Evolution herausgebildet haben, wenn nur die Konkurrenz um möglichst viele Nachkommen den Ausschlag gab? Darwin war sich dieser Anomalie, die seinem analytischen Schema widersprach, wohl bewußt.

Einen besonders krassen Fall bilden die sterilen Insektenkasten. «Wäre eine Arbeitsameise oder ein anderes geschlechtsloses Insekt ein Tier in gewöhnlichem Zustande, so würde ich ohne Zögern annehmen, daß es seine Eigenschaften allmählich durch natürliche Zuchtwahl erworben habe und daß sich namentlich geringe nützliche Modifikationen (wenn ein Individuum mit solchen geboren worden wäre) auf die Nachkommen vererbt hätten, die dann auch ihrerseits variierten, wieder ausgewählt wurden usw. Allein die Arbeitsameise ist ein Insekt, das stark von seinen Eltern abweicht und dabei absolut unfruchtbar ist, so daß es keineswegs allmählich erworbene Abänderungen des Körperbaus oder des Instinkts auf Nachkommen übertragen kann. Wie läßt sich also dieser Fall mit der natürlichen Zuchtwahl vereinbaren?» (Darwin 1976, 374f.)

Ein überindividuelles Artinteresse oder ähnliches nahm Darwin nicht an. Er akzeptierte vielmehr konsequent ein entsprechendes methodologisches Verbot als zentralen heuristischen Bestandteil seines Forschungsprogrammes. Angesichts zusätzlicher Probleme, die sich für die Evolutionstheorie aus dem Fehlen einer Theorie der Erbträger ergaben, kehrte er zumindest vorübergehend sogar zu im weiteren Sinne lamarckistischen Vorstellungen zurück. Die Vererbbarkeit erworbener Eigenschaften erschien ihm nicht programmatisch verboten, wenn auch zunächst als unerwünschte Zusatzhypothese. Daß sich jedoch irgendwelche Anlagen herausbilden können, die ihrem Träger (genauer: sich selbst) nicht in irgendeiner Weise in der Münze höherer Fortpflanzungszahlen etwas einbringen, das wollte Darwin keinesfalls akzeptieren. Er bestand darauf, daß für die Erklärung der Durchsetzung *aller* Anlagen ein Rückgriff auf differentielle Vermehrung vererbender Individuen ausreichen sollte.

Die Anomalie etwa der sterilen Kasten von Insekten blieb deshalb über einen langen Zeitraum unauflösbar bestehen. Das führte so weit, daß sogar ein Teil des Kerns des Darwinschen Programms (u.a. auch von K. Lorenz) aufgegeben wurde zugunsten der Annahme einer Gruppenselektion. Dadurch entstanden jedoch letztlich nur neue Anomalien und ad hoc aufgestellte Annahmen über Evolutionsgeschwindigkeiten etc. Da überdies die Evolutionstheorie keine direkten Einzelvoraussagen über zu erwartende Phänomene macht, war auch von daher keine Abhilfe gegeben. Damit lag über einen langen Zeitraum eindeutig ein degeneratives Programm vor.

Für denjenigen, der eine Norm befolgen wollte, daß degenerative Forschungsprogramme keine Daseinsberechtigung haben, wäre somit über eine lange Zeit die Aufgabe der Evolutionstheorie angebracht gewesen. Das gilt um so mehr, als die ursprüngliche Entwicklung der modernen Genetik das Problem eines genetisch verankerten Altruismus einer Lösung nicht näher brachte. Erst mit der in neuerer Zeit zum Erfolg gelangten Theorie der Verwandtschaftsselektion, die an «Genen» (im weitesten Sinne) ansetzt, hat sich diese Sachlage gewandelt. Man kann das als einen späten – vom Urheber selbst in bestimmten Bemerkungen etwa über die Zucht «langhörniger Ochsen» partiell vorweggenommenen (vgl. Darwin 1976, 376) – Triumph des Darwinschen Programmes deuten. Es hat in der Tat den Glauben, daß sich letztlich eine Erklärung auch des genetisch fixierten Altruismus im Rahmen des Programms finden lassen würde, gerechtfertigt und in dieser Weise eine Bestätigung gefunden.

Was aber sollte man in der Zwischenzeit tun? War es nicht irrational, am Programm festzuhalten? Und kann man jetzt im nachhinein sagen, das Programm habe in irgendeiner Weise die Verwandtschaftsselektion vorausgesagt? Reicht es für die theoretische Progressivität des Programms vielleicht aus, daß der tierliche Altruismus überhaupt zum zentralen Erklärungsproblem wurde?

Nun mag man darauf verweisen, daß das Programm der evolutionären Erklärung von Anpassungsprozessen ohnehin eine Theoriefolge mit umstrittenem Status umfasse. Die Evolutionslehre sei ein Programm, das insbesondere hinsichtlich des Gehaltes an falsifizierbaren Implikationen große Mängel aufweise und insofern nicht als Wissenschaft infrage komme. Über diese eher fragwürdige These müßte man an sich im Detail diskutieren. Doch auch dann, wenn dies hier nicht geschehen kann, illustrieren die Überlegungen zur Evolutionstheorie, daß die normative Umdeutung der Vorschläge von Lakatos u.U. Schwierigkeiten bereitet. Wann soll man ein Forschungsprogramm aus dem Rennen nehmen? Wann verspricht es nichts mehr? So sehr man Lakatos in seinem Bemühen, die Wissenschaftstheorie als eine deskriptive *und* normative Disziplin aufzufassen, unterstützen muß, kann man dennoch skeptisch bleiben gegenüber den von ihm selbst gemachten Andeutungen einer eigenen normativen Theorie. Das Problem, Kriterien für das Bevorzugen von Theorien aufzustellen, bleibt ungeachtet von Lakatos' erhellender Begrifflichkeit bestehen, solange man nicht genau angeben kann, wann denn ein Forschungsprogramm progressiv ist, ob es in gewissen Phasen der Wissenschaftsentwicklung nur eine Pause macht oder schon degeneriert etc.? Es ist insofern auch kein Wunder, daß sich die Skeptiker gegenüber einem nach Kriterien feststellbaren Wissenschaftsfortschritt durch Lakatos wenig beeindruckt zeigten.

2.3 Inkommensurabilität und Paradigmenwahl

2.3.1 Inkommensurabilität

Wenn Lakatos von progressiven bzw. degenerativen wissenschaftlichen Forschungsprogrammen spricht, dann beansprucht er Kriterien für Progressivität bzw. deren Gegenteil. Er geht davon aus, daß sich Theorien etwa danach anordnen lassen, ob sie mehr oder weniger theoretischen Gehalt besitzen. Diese Vergleichbarkeitsannahme ist jedoch nicht unproblematisch. Denn es ist keineswegs trivial und bestimmt, was man unter dem Gehalt einer Theorie zu verstehen hat und damit auch nicht, wie unterschiedliche Theorien hinsichtlich dieses Gehaltes verglichen werden können.

Diesem Problem könnte man sich angesichts der früheren Überlegungen zu Theoriesprachen nähern, indem man zunächst nur Theorien mit einem gleichen Grundvokabular und einer gleichen Grundmenge wohlgeformter Ausdrücke betrachtet. Wenn dann die Folgerungsmenge der einen Theorie die der anderen einschließt und noch einige zusätzliche Folgerungen erlaubt, dann scheint sie an Gehalt überlegen zu sein. Gewisse «Tatsachen» werden dann von der einen Theorie nicht aber von der anderen Theorie vorausgesagt oder erklärt, während der Vergleich in die umgekehrte Richtung keine «Tatsachen» ergibt, die nicht von beiden Theorien gleichermaßen erklärt würden. Kurz: Die Menge der von der einen Theorie ausgezeichneten Tatsachen ist eine Untermenge der von der anderen bestimmten.

Ein solches auf der Mengeninklusion aufbauendes Kriterium wirft sogleich eine ganze Reihe von Fragen auf. Es reicht für die momentanen Zwecke aus, nur einige beispielhaft zu nennen. Zunächst ist festzustellen, daß die Mengeninklusion nur zu einer unvollständigen Ordnung führt. Zwar sind je zwei reelle Zahlen der Größe nach unter der Relation «$\leq$» vergleichbar. Zwei Mengen reeller Zahlen stehen jedoch trivialerweise nicht immer in einem Inklusionsverhältnis. Die Menge $\{5, 7\}$ ist nicht in der Menge $\{7, 9\}$ enthalten oder umgekehrt. Treten solche Fälle bei unterschiedlichen Theorien auf, dann ist der Theorievergleich selbst bei gleichem Grundvokabular nicht mehr nach dem vorangehenden Schema durchführbar.

Weitere Probleme entstehen, wenn man nicht mehr davon ausgehen kann, daß die zu vergleichenden Theorien im gleichen Vokabular formuliert sind oder aber die Bedeutung des Vokabulars zwischen zwei Theorien schwankt (oder beides). Das wiederum hängt eng mit der

Frage zusammen, was als wissenschaftliche «Tatsache» gelten kann. Denn unsere Beobachtungen interpretieren wir immer schon im Lichte von Theorien und was wir «sehen», ist abhängig von theoretisch geprägten Vorerfahrungen. Insoweit scheint die These, daß sich Theorien ihre eigenen Tatsachen schaffen, berechtigt.

Wenn es eine bedeutungsinvariante Beobachtungssprache gäbe, die letztlich alle «Tatsachen» der Welt beschreiben könnte, dann lägen die Dinge anders. Denn dann würde jede Theorie letztlich an diesem festen Maßstab zu messen sein. Die theoretischen Terme würden im Endeffekt durch Zuordnungs- und theorieinterne Übersetzungsregeln in solche einfach konstatierbaren Sätze wie «an der Raumzeitstelle x ergibt sich die Beobachtung ‹rot›» transformiert werden. Keine Wissenschaft sagt jedoch voraus, daß man zur Zeit t an der Stelle i die Beobachtung ‹rot› machen wird. Sie trifft derartige Aussagen allenfalls «nebenbei» oder indirekt, wenn sie festlegt, welche Bedeutung bestimmten sinnlichen Indikatorerfahrungen in einem theoretischen Kontext zukommt.

Nun könnte man immer noch sagen, daß sich letztlich alle Wahrnehmung in einfache sinnliche Erfahrung auflösen müsse. In gewisser Weise ist das unzweifelbar wahr. Jede Beobachtung wird letztlich auf gewisse Organe zurückgreifen müssen. Doch dies legt keineswegs fest, was wir sehen. Die gleichen Lichtreize führen einmal dazu, daß wir Kaninchen sehen und einmal dazu, Kraniche wahrzunehmen. Gewisse Fragen über Kraniche lassen sich über Kaninchen gar nicht angemessen formulieren – und umgekehrt. Da auch kein dritter Erfahrungsbereich existiert, von dem aus beide Denkstile oder Weltbilder ohne entscheidenden Gehaltsverlust zugänglich wären, besteht eine *Inkommensurabilität* der Erfahrungen und Fragen der Denkstile oder Weltbilder.

Wenn sich aber die Erfahrungen und die Probleme des einen Seh- oder Denkstiles nicht von einem anderen aus erfassen lassen, so argumentieren manche Theoretiker, dann ist es sogar angemessener, von unterschiedlichen Welten zu sprechen als von unterschiedlichen Weisen, die Welt zu sehen. Diese These sieht durch das Phänomen der Inkommensurabilität unser Verständnis von der Existenz einer einheitlichen Realität untergraben. Das scheint jedoch eine zu radikale Deutung zu sein. Man kann vollkommen kohärent an eine einheitliche physische Realität glauben, deren unterschiedliche Aspekte sich gleichwohl nur in teilweise untereinander inkommensurablen Theorien oder Denkstilen erschließen. Das gilt selbst dann, wenn es keine *theoriefreie Beobachtung* dieser einheitlichen Realität gibt und scheint überdies die natürlichste Weise zu sein, den «Gestaltwechsel» zwischen Kranichen und Kaninchen und alle anderen einschlägigen Beispiele zu deuten. Es gibt dann nach metaphysischer (wenn auch der Metaphysik des Alltags entsprechender) Annahme eine Einheit realer Phänomene aber keine Einheit der darauf gerichteten Denkstile oder Wissenschaften.

Doch selbst dann, wenn man an der These einer einheitlichen Realität (der Existenz DER WELT) festhält, scheint eine Unvergleichbarkeit der «Denkstile» oder «Weltbilder», die sich in Theorien niederschlagen, ziemlich radikale Folgerungen zu haben. Denn man kann dann anscheinend überhaupt nicht mehr *argumentativ* dafür eintreten, daß eine Theorie T «mehr» erklärt als eine Theorie T'. Das gilt jedenfalls dann, wenn die eigentlichen Vergleichseinheiten nicht mehr Theorien im Sinne sprachlicher Einheiten sind, sondern die «Weltbilder». Und die lassen sich gerade nicht vergleichen.

Theoriesprachen können nur mehr eine untergeordnete Rolle spielen. Die Deutung der Theoriesprachen und damit deren Bedeutung gerät in eine nahezu vollständige Abhängigkeit von dem sozialen Hintergrund eines Denkkollektivs oder einer Wissenschaftlergemeinschaft und deren Praktiken. Wo die einen dieses sehen, sehen die anderen jenes; was in der einen Gemeinschaft eine Tatsache ist, ist es für die andere nicht etc. Eine bedeutungstreue Übersetzung ist nicht möglich, denn die Bedeutung kann sich nur dem erschließen, der sich auf den Boden des betreffenden Weltbildes begibt. Man muß das betreffende Spiel mitmachen und akzeptieren, d.h., einen internen Standpunkt zu den betreffenden Praxisregeln einnehmen, um die Bedeutung zu erfassen. Wenn man dies aber tut, dann «sieht» man die Welt auch mit den Augen der betreffenden Praktiken und kann deshalb keinen von solcher Sicht unabhängigen Vergleich mehr vornehmen.

Der Unterschied ist etwa der, der sich ergeben würde zwischen einem Zug im Damespiel und einem Zug im Schachspiel. Was die Züge für die beiden Spiele bedeuten, läßt sich immer nur vom Standpunkt des jeweils akzeptierten Spiels aus beurteilen. Es kann nicht im Stil des jeweils anderen Spiels verstanden werden. Die Regeln des einen Spiels sind nicht in die des anderen übersetzbar. Was im Damespiel ein guter Zug ist, ist im Schachspiel, selbst wenn die gleichen Felder berührt werden und selbst dann, wenn man Dame einfach mit Schachfiguren und auf dem gleichen Brett spielt, möglicherweise ein schlechter – wenn man überhaupt soweit gehen will, die Züge des einen mit einem Sinn aus der Sicht des anderen Spiels zu unterlegen.

So betrachtet könnte man nun argumentieren, die Aristotelische Physik ist ein Spiel, die Newtonsche ein anderes. Keines kann in das andere übersetzt werden. Der Theoretiker, der nach den aristotelischen Regeln verfährt, hat in seinen Tatsachenfeststellungen, sofern er die Regeln der Aristotelischen Physik korrekt einhält, ebenso Recht wie der Newtonanhänger mit seinen Feststellungen. Das gleiche gilt für den Vergleich von Newtonscher und Einsteinscher Physik usw. Im Prinzip ist Astrologie dann auf der gleichen Ebene mit Astronomie. Es kann jedenfalls nicht argumentiert werden, daß die eine besser als die andere mit «‹den› Tatsachen» übereinstimmt. «‹Die› Tatsachen» gibt es nicht. Es gibt nur «Tatsachen der Theorie A» und «Tatsachen der Theorie A'». Die Astrologie erschließt andere Tatsachen als die Astronomie. Gewisse Tatsachen oder, wie Fleck gesagt hätte, «passive Kopplungen» kann man nur mittels der Astrologie, gewisse andere nur mittels der Astronomie und den entsprechenden denkstilgebundenen aktiven Kopplungen erkennen. Methodisch hat dies alles anscheinend eine zentrale Konsequenz: *Es gibt keine eindeutigen Kriterien für wissenschaftlichen Fortschritt. Deshalb gibt es auch keine Möglichkeit, den Wissenschaftsfortschritt durch eine methodologische Ausrichtung an solchen Kriterien zu fördern.* Die Wissenschaftstheorie als normative Disziplin, die durch geeignete Normvorschläge den Fortschritt fördern will, entbehrt jeder Grundlage. Der Forscher, der in methodischer Reflexion seiner Tätigkeit um Rat sucht, könnte sich ebenso gut an irgendeinen Astrologen wenden. – Das sind starke Thesen. Obschon sie aus der Sicht der meisten Einzelwissenschaftler mit Recht als abstrus erscheinen müssen, erfreuen sie sich dennoch einiger Popularität. Ihre stringente Widerlegung ist tatsächlich schwieriger, als jene Einzelwissenschaftler das wahrhaben möchten.

2.3.2 Kuhnscher Paradigmenwechsel

Wenn, wie es die Thesen von der Inkommensurabilität nahelegen, keine rationalen Vergleichskriterien für den Übergang von einem Denkstil zu einem anderen existieren, dann scheint sich der Wunsch nach rationaler Leitung durch methodologische Vorschläge der Wissenschaftsphilosophie insoweit von selbst zu erledigen. Es gibt keine strikt argumentativen Kriterien. Ein Denkstil kann einen anderen nur deshalb ablösen, weil es einem Denkkollektiv gelingt, ein anderes, welches über einen anderen Denkstil verfügt, zu verdrängen. Was bleibt ist ein Verdrängungswettbewerb, der dem der naturwüchsigen Evolution oder der Konkurrenz zwischen Religionsgemeinschaften oder gar Parteien gleicht. Es geht in ihm nicht um Argumente, sondern um den werbenden Gewinn von möglichst vielen Anhängern.

Diese «radikale Inkommensurabilitätsthese» samt ihren Konklusionen sucht man heute häufig auf die wissenschaftshistorischen und – philosophischen Auffassungen von Thomas S. Kuhn zu stützen. Weit mehr noch als die Berufung auf Kuhn wäre zwar hinsichtlich dieser radikalen Variante der Inkommensurabilitätsthese der Verweis auf Paul K. Feyerabend angemessen. Doch ist es eine Tatsache, daß auch und gerade Kuhn in entsprechender Weise gedeutet wird. War Kuhns Vorgänger Fleck noch durch die politischen Umstände der Zeit bedingt – aber auch deshalb, weil die Zeit für seine Ansichten einfach noch nicht «reif» war –, weitestgehend ignoriert worden, so muß man von Kuhn das Gegenteil behaupten. Insonderheit sein Buch «Die Struktur wissenschaftlicher Revolutionen» fand nahezu umgehend weiteste Beachtung. Es führte selbst zu einer Art Revolution der wissenschaftstheoretischen Diskussion. Auch für jene Theoretiker, die ihm nicht zustimmten oder sein Werk moderater als üblich interpretierten, war die Welt der Wissenschaftsphilosophie hinfort eine andere. Die Diskussion wandte sich allgemein ab von der apriorischen und erkenntnistheoretisch motivierten Begründung von Normen korrekten wissenschaftlichen Vorgehens zu einer Betrachtung aktueller oder vergangener wissenschaftlicher Praxis einschließlich deren sozialer Aspekte. Man ist nun allgemein bereit, eine gewisse normative Kraft des faktischen wissenschaftlichen Vorgehens anzuerkennen und damit das normative methodologische Denken dem Test der Übereinstimmung mit realen Methoden und Praktiken der Wissenschaften auszusetzen.

Das Kuhnsche Bild von der Wissenschaft läßt sich sehr knapp skizzieren. Die meisten seiner Thesen sind ohnehin aus dem vorangehenden vertraut. Sein Kernbegriff ist der eines «wissenschaftlichen Paradigmas». Es sind bei Kuhn (das ist jedenfalls die höchste mir bekannte Zahl) bis zu 22 verschiedene Bedeutungen des Paradigmabegriffes gezählt worden (wozu später noch der Begriff einer disziplinären Matrix hinzutrat). Für unsere Zwecke ist es jedoch nicht erforderlich, hier in eine längere Exegese einzutreten. Fundamental sind nämlich ohnehin nur zwei Konzepte eines Paradigmas.

Zum einen versteht Kuhn unter einem Paradigma eine herausragende wissenschaftliche Leistung, zum anderen ein wissenschaftliches «Überzeugungssystem». Ein Paradigma im ersten Sinne besteht grundsätzlich in einer beispielhaften ersten Anwendung und Entwicklung einer Theorie, in einem Erfolg, der mit bestimmten Methoden errungen wurde. Daran können sich nachfolgende Forscher orientieren. Flecks Beispiel der Wassermannreaktion, die als exemplarischer Erfolg weiterer serologischer Forschung als «Paradigma» diente, bietet hier Anschauungsmaterial genug. Die Entwicklung der anschließenden Forschung zu einem System gemeinsamer Überzeugung und Werte eines ganzen Denkkollektivs hingegen bildet ein Beispiel für ein Paradigma im zweiten wesentlichen Kuhnschen Sinne. In dieser Verwendung entspricht «Paradigma» ziemlich genau dem Fleckschen Begriff «Denkstil».

Charakteristisch für die Akzeptierung eines Paradigmas in der zweiten Begriffsbedeutung ist es nach Kuhn, daß man dazu nicht durch im engeren Sinne argumentative Überzeugung gelangt. Man erhält, wie Fleck gesagt hätte, eine «Einführungsweihe» (Fleck 1980, 74). Das kann nach partiell unterschiedlichem Ritus erfolgen, doch am Ende hängen alle (ein-)geweihten Individuen dem gleichen Denkstil an und gehören durch Teilung gleicher Standards dem gleichen Denkkollektiv zu. Eine solche Wissenschaftlergemeinschaft beschäftigt sich, solange das Paradigma (im zweiten Sinne) intakt ist, damit, verbleibende Rätsel des Gegenstandsgebietes zu lösen. Dabei orientiert man sich an den Lösungswegen, die von (im ersten Sinne) paradigmatisch erfolgreicher Forschung der großen Gründergestalten vorgegeben sind. An diesen Exempeln wird ebenso dogmatisch festgehalten wie an dem System von Überzeugungen, welches das Paradigma als Denkstil konstituiert.

Diesen Prozeß des Rätsellösens beschreibt Kuhn als *Normalwissenschaft*. Er geht davon aus, daß während der normalwissenschaftlichen Phase der Wissenschaftsentwicklung die Wissenschaftler im wesentlichen an ihrem Denkstil festhalten, während Fleck, obschon auch er die Denkstilgebundenheit allen Forschens betont, diesen in einem steten, wenn auch *kontinuierlichen* Wandel begriffen sieht, indem sich die Begriffe fortwährend umdeuten etc. Kuhn sieht demgegenüber den Wandel gleichsam konzentriert. Er geht von starken Diskontinuitäten im Wissenschaftsprozeß aus. Jedes Paradigma hat von Beginn mit Anomalien und Resträtseln zu kämpfen. Daß es zu lösende Rätsel bietet, die eine erfolgreiche Anwendung seiner Methoden versprechen, macht gerade seine Attraktivität für die Forscher aus. Wenn jedoch nach und nach hartnäckige, über das lösbare Rätsel hinausgehende Anomalien auftreten, wie etwa in der Physik der Jahrhundertwende, dann gerät das Paradigma, wie damals die Newtonsche Physik, in eine Krise. Das eröffnet jungen Revolutionären die Chance, eine wissenschaftliche Revolution durchzusetzen, die versucht, das alte durch ein neues Paradigma zu ersetzen.

Wenn die älteren Theoretiker sich dieser Revolution meist besonders hartnäckig widersetzen, dann liegt dies jedoch keineswegs einfach an einer bedauerlichen Konservativität des Alters, sondern daran, daß sie in der Regel weit besser als die nachwachsenden Revolutionäre die Schwierigkeiten des neuen Ansatzes sehen. Sie neigen dazu, den Wert der neuen Lösungen des neuen Programms geringer zu veranschlagen und die alten Lösungen des alten Programms höher zu bewerten. Wenn sich dennoch schließlich ein neues Paradigma durchzusetzen vermag, dann siegt dieser Denkstil nach – und hier nimmt er eine Formulierung M. Plancks auf – Auffassung Kuhns nicht, weil die Anhänger des alten überzeugt werden, sondern weil sie aussterben.

Über der Freude an solchen pointierten Formulierungen sollte man allerdings nicht vergessen, daß Kuhn – jedenfalls in der radikaleren Lesart seiner Theorie – meint, daß die Anhänger eines etablierten Paradigmas keinen guten Grund haben, sich argumentativ überzeugen zu lassen. Bei der Revolution treffen eben zwei unterschiedliche Weltsichten aufeinander. Der Wechsel von einem Denkstil zum anderen kann sich nur in Form eines Gestaltumsprungs vollziehen. In der Revolution werden die Kaninchen zu Kranichen. Warum, wann und wie man diesen Wechsel vollziehen soll, wann er rational war oder ist und wann nicht, dafür gibt es keine wissenschaftsphilosophischen Kriterien. An diesen Bruchstellen kann man so wenig nach einem festen Kanon argumentieren wie ein Richter am Tage nach einer Revolution, die ein altes Rechtssystem gestürzt hat.

Nun hat man Kuhn häufig dahingehend fehlinterpretiert, daß er angesichts des Versagens unserer üblichen Kriterien für «gute» Wissenschaft in der wissenschaftlichen Revolution den Wert solcher Kriterien gänzlich bestreiten möchte. Dieses Mißverständis hat vermutlich wesentlich zur Popularität seines Werkes beigetragen. Von Obskurantisten aller Couleur wurde es als willkommener Freibrief für eine eigene Revolte gegen die unangenehmen Fesseln wissenschaftlicher Disziplin begrüßt. Aber auch gewisse Sozial- und Geisteswissenschaftler, deren Disziplinen es noch gar nicht zu einem eigenen Paradigma gebracht hatten, setzten diesen Mangel an methodischer Bindung gleich mit einem Zustand permanenter Revolution und folgten freudig der Maxime von Rabelais «tut, was ihr wollt!».

Mag auch – wie bereits angedeutet – der große Methodenskeptiker (Dadaist, wie er sich selbst nennt) und wirklich bedeutende Wissenschaftstheoretiker Feyerabend (vgl. etwa die im kommentierten Literaturverzeichnis angegebenen Titel) derartige Prinzipien aufgrund eigenständiger, Kuhn partiell voraufgehender Einsichten in das Inkommensurabilitätsproblem propagiert haben, mit Kuhns eigenem Werk – jedenfalls bei ausgewogener Gesamtbetrachtung – hat diese Sicht wenig zu tun. Denn Kuhn hält sehr wohl an den traditionellen Tugenden wissenschaftlichen Arbeitens fest, indem er dafür eintritt, daß wissenschaftliche Theorien klar formuliert werden sollten, daß sie im großen und ganzen mit den Daten übereinstimmen, intern und mit anderen Theorien konsistent, möglichst allgemein und im Einzelergebnis intersubjektiv prüfbar sein sollten. Er verlangt, daß Theorien eines Denkstiles möglichst voraussagekräftig, fruchtbar, durchsichtig etc. sein sollten (vgl. dazu auch Hacking 1983, 13). Diese formalen Ideale gelten allerdings nur für jeden Denkstil je für sich, tragen jedoch nicht den Vergleich zwischen Denkstilen. *Wenn* bereits ein bestimmtes Paradigma als Denkstil akzeptiert wurde, sind sie verbindlich. Für die Frage, ob man ein bestimmtes Paradigma akzeptieren sollte oder nicht, reichen sie nach Kuhn jedoch nicht aus.

Das ist der eine Eckpfeiler seiner Konzeption. Der andere besteht in nichts anderem als in der These, daß die Annahme eines Paradigmas dem Erlernen einer natürlichen Sprache gleicht. Man wird – etwa durch das Lösen von Übungsaufgaben – in den betreffenden Denkstil hineinsozialisiert. Man akzeptiert eine neue Theorie nicht durch einen «Punkt-für-Punkt-Vergleich» mit ihren Konkurrenten, sondern lernt, stilgemäß zu sehen und zu denken. Selbst dann, wenn man zwei Theorien beherrscht, wechselt man zwischen ihnen wie ein geübter Dolmetscher zwischen dem Englischen und dem Spanischen, ohne in einen Übersetzungsprozeß einzutreten. (Zweisprachig aufwachsende kleine Kinder zeigen ein ähnliches Verhalten, wenn sie sich in beiden Sprachen zurechtfinden, ohne doch begriffsweise übersetzen zu können.)

Die grundsätzliche Entscheidung für ein Paradigma oder einen Denkstil ist ein nicht gänzlich rational zu rechtfertigender Prozeß. Die Entscheidungen innerhalb wirklich erfolgreicher derartiger Rahmenwerke sind hingegen weitestgehend rational zu treffen nach den jeweils vorgegebenen Standards. Ob man Kraniche oder Kaninchen sehen will, das ist in gewisser Weise eine Sache des «Glaubens» und der «Entscheidung». Wenn man sich jedoch einmal entschieden hat, dann kann man sich z.B. intersubjektiv und rational über die Länge der Kaninchenohren verständigen.

Wenn die Entscheidung für ein wissenschaftliches Weltbild oder Paradigma als Denkstil nicht danach getroffen werden kann, wie gut die Regeln der rationalen Methodologie eingehalten werden, dann scheint sie nach alledem weitgehend einer Art religiöser Grundentscheidung zu entsprechen. Hierauf kann man allerdings zu antworten versuchen, indem man den Charakter einer Konversion anerkennt, jedoch spezifische Unterschiede zu religiösen Konversionen herauszuarbeiten sucht. Das Vorgehen von Lakatos ist das vermutlich bedeutendste Beispiel einer derartigen Reaktion auf Kuhn. Wie kritisch man dem von Lakatos gewiesenen Weg auch im einzelnen gegenüberstehen mag, im Grundsatz reagierte er jedenfalls bemerkenswert konsequent und richtig auf die Kuhnsche Herausforderung. Die fundamentale Einsicht, daß Wissenschaftsphilosophie deskriptive und normative Aspekte besitzen muß, daß sie sich in ihren Vorschlägen nur in Einzelheiten jedoch nicht gänzlich von der prima facie Verbindlichkeit der Wissenschaftspraxis abheben, sondern im wesentlichen nur ein reflektiertes Selbstbildnis dieser Praxis geben kann, arbeitete niemand klarer heraus als Lakatos. Das bleibt in jedem Falle von höchstem Wert, wie immer man seine konstruktive Antwort auf das Inkommensurabilitätsproblem und Kuhn im einzelnen bewerten mag. Anderen Reaktionen auf Kuhns Herausforderung werden wir uns nun zuwenden. Beides zusammen bildet den angemessenen Rahmen, um später bestimmte Anwendungen Kuhnscher Gedanken auf die Pharmakologie einschätzen zu können.

2.3.3 Vergleichskriterien

Bei nüchterner Betrachtung scheinen Überlegungen wie die von der Unvergleichbarkeit von Astronomie und Astrologie, von der fehlenden Überlegenheit heutiger gegenüber früherer Physik, Chemie, Medizin etc. nicht gerade selbstevident zu sein. Es ist jedoch selbst aus Sicht des Einzelwissenschaftlers kaum angemessen, nur das Argument der augenscheinlichen Absurdität vorzubringen. Daß die Erde eine annähernde Kugelgestalt besitzen sollte, war auch einmal «offenkundig» lächerlich und absurd, wurde aber, nachdem man in die belegenden theoretischen Erwägungen eintrat, immer überzeugender. Deshalb sollte man es sich nicht zu einfach machen mit dem Verweis, es sei doch «klar», daß heutige Theorien besser als vergangene seien, und daß es einen eindeutigen theoretischen Fortschritt gegeben habe. Wenn die moderne Wissenschaftstheorie überhaupt etwas zeigt, dann, wie schwer es ist, diese Intuition argumentativ abzusichern. Jedenfalls kann auch derjenige, der die Inkommensurabilitätsthese intuitiv für absurd hält, von einer expliziten Einsicht in die Begründung dieser These profitieren. Denn sollte «sich diese als falsch erweisen, so werden vielleicht doch infolge der Untersuchung neue Tatsachen entdeckt oder alte bekräftigt», wie man in Übertragung der Worte Prouts sagen könnte (vgl. oben 2.2.2). Bis zu einem abschließenden Urteil ist es jedoch mit Sicherheit noch ein weiter Weg. Die Skizze einiger alter informeller, praktischer und einiger eher formaler, recht junger Argumente theoretischer Art zum vergleichsweisen wissenschaftlichen Fortschritt muß als Hinweis hier genügen.

2.3.3.1 Praktische Vergleichskriterien

In einer Hinsicht scheint eine klare «Fortschritts-Ordnung» zwischen heutigen und früheren Theorien zu bestehen. Diese ergibt sich, wenn man zunächst Fragen der theoretischen Bewährung vernachlässigt und sich Fragen der praktischen Bewährung in «technischen» Anwendungen zuwendet. Es läßt sich schlechterdings nicht bestreiten, daß hinsichtlich menschlicher Naturbeherrschung ein Fortschritt mit den Wissenschaften verbunden ist. Wenn heute jemand zum Mond fliegen möchte und er die finanziellen und politischen Spielräume dazu besitzt, dann gibt es die technischen Mittel, diesem Wunsch zu entsprechen. Diese Mittel gab es zu früheren Zeiten nicht.

Damit ist ein ebenso eindeutiges wie triviales Kriterium zur Unterscheidung früherer von heutigen Wissens- und Wissenschaftsstufen gegeben. Der Unterschied resultiert aus akkumulierten Fähigkeiten, bestimmten Wünschen technisch zu entsprechen. Technische Fähigkeiten und Fertigkeiten früherer Zeitalter sind heute möglicherweise partiell zwar in Vergessenheit geraten. Regelmäßig geschah das jedoch nur deshalb, weil im Prinzip überlegene, zielführendere Einrichtungen und Techniken erfunden wurden. Damit ist auch eine «Asymmetrie» vorhanden (es wird weit weniger «ver-» als «gelernt»), die «formal» eine Fortschrittsrichtung bestimmt.

Ob unsere gewachsenen Möglichkeiten nach diesem oder jenem Wertsystem sämtlich begrüßenswert sind oder nicht, ob die de facto vorgetragenen Wünsche alle auf wirklich wünschenswerte Ziele gerichtet sind, das kann dahingestellt bleiben. Es läßt sich jedenfalls nicht bestreiten, daß immer mehr Dinge, die früher nicht realisiert werden konnten – einschließlich der Vernichtung der Menschheit in wenigen Stunden – heute, sollte jemand, der die entsprechende Verfügungsmacht besitzt, dies wünschen, realisiert werden können.

Disziplinen, die wie die Astrologie unserem heutigen Wissenschaftsbild nicht entsprechen, tragen zu diesen Techniken – aber auch zu anderen Wissenschaften – nichts bei. Das zeigt eine praktische Bewährung der Wissenschaft in unserem modernen Sinne und wenigstens ein mögliches Ordnungskriterium für Theorien an. Dieser Verweis impliziert auch keineswegs die Auffassung, daß Wissenschaft nur ein Mittel zu externen, technischen Zielen ist. Er gibt zu einer Gleichsetzung von Übereinstimmung mit den Tatsachen und praktischem oder technischem Erfolg keinen Anlaß, sondern benutzt letzteren nur als externen Indikator. Deshalb kann sich der Wissenschaftler wissenschaftsintern andererseits auch nicht an diesem Indikator als Kriterium des eigenen Vorgehens orientieren. Das führt zu der Frage einer nicht nur technisch-praktischen, sondern theoretisch-systematischen Vergleichbarkeit von Theorien oder Theoriesystemen nach Fortschrittskriterien. (Die nachfolgenden Bemerkungen 2.3.3.2 kann der an technischen Details – und sei es in informeller Darstellung – nicht interessierte Leser überspringen. Andernfalls wäre es, falls bei erster Lektüre übersprungen, nun ratsam, die Lektüre des Kapitels 1.2. nachzuholen. In die strukturalistische Theorieauffassung kann an dieser Stelle nur informell eingeführt werden. Zusammen mit früheren Überlegungen zum Modellbegriff sollte dies jedoch neben dem gebotenen Überblick ausreichen, um dem an Details interessierten Leser die im kommentierten Verzeichnis angegebene etwas «technischere» Literatur zur strukturalistischen Wissenschaftsauffassung problemlos zugänglich zu machen.)

2.3.3.2 Strukturalistische Vergleichskriterien

Die Inkommensurabilität zwischen Theorien beruht wesentlich darauf, daß wir wissenschaftlichen Begriffen theorieabhängige unterschiedliche Bedeutungen zuordnen. Sie ist insoweit systematisch verknüpft mit der sprachorientierten Sicht auf Theorien. Es liegt deshalb nahe zu fragen, ob nicht eine modellorientierte Perspektive und damit die «strukturalistische Wissenschaftsauffassung» hier hilfreich sein könnte.

In der Tat ist es so, daß die meisten Anhänger der strukturalistischen Wissenschaftsauffassung einen zentralen Vorteil ihres Ansatzes in der Behandlung des Inkommensurabilitätsproblems sehen. Sie erkennen dabei an, daß Beobachtungen «theoriebeladen» sind und bestehen nicht auf der Existenz einer theorieunabhängigen Beobachtungssprache. Dem sogleich entstehenden Einwand, daß dann sämtliche Terme theoretisch und damit sowohl wesentliche Unterschiede innerhalb jeder Theoriebildung als auch ein Vergleich von Theorieleistungen an einer gemeinsamen Basis von vornherein unmöglich werden könnten, begegnen sie in zweifacher Weise: Zum einen wird ein neuer Begriff von «Theoretizität eines Termes» eingeführt, sodann eine spezifische Zuordnungsrelation zwischen «erklärenden» und «reduktiv erklärten» Modellen und (in der Folge davon) Theorien eingeführt.

Zunächst zum neuen Konzept der «Theoretizität». Dieses relativiert die Theoretizität auf eine gegebene Theorie. Das bedeutet, daß selbst dann, wenn es keine von *jeder* Theorie freie, denkstilungebundene Beobachtung gibt, ein Unterschied zwischen den relativ zu einer gerade in Rede stehenden Theorie «theoretischen» Termen und den im Bezug auf *diese* Theorie nicht-theoretischen Termen gemacht werden kann. Grob formuliert, schlagen die Strukturalisten folgende Definition vor: Ein Term heißt genau dann theoretisch im Bezug auf eine Theorie T, wenn er nicht unabhängig von der erfolgreichen Anwendung der Theorie selbst bestimmt werden kann.

Da der Erfolg der Anwendung einer Theorie gerade davon abhängt, wie die theoretischen Terme bestimmt wurden, und die theoretischen Terme zu ihrer Bestimmung wiederum eine erfolgreiche Anwendung verlangen, scheint dies in einen Zirkel zu führen. Die strukturalistische Theorieauffassung liefe damit auf den universellen Vorwurf hinaus, daß jede Wissenschaft, in der im strukturalistischen Sinne theoretische Terme eine Rolle spielen, sich zirkulär gegen Kritik immunisiert.

Wer an der «Rationalität» der Wissenschaften festhalten möchte, hat hier offenkundig im wesentlichen drei Auswege: (a) der Rationalitätsbegriff wird allgemein so abgeändert, daß Zirkularitäten in Argumentationen mit rationalem Vorgehen vereinbar werden; (b) es wird nachgewiesen, daß theoretische Terme der geschilderten Art keine Rolle in wissenschaftlichen Theorien spielen; (c) es wird ein nicht-zirkuläres Verfahren zur Bestimmung «theorierelativ theoretischer» Terme aufgezeigt.

Die Alternative (a) wird nicht nur jedermann, der an einem Minimum von Prüfbarkeit in den Wissenschaften festhalten will, ablehnen. Sie muß von unserem Gesamtkonzept rationaler Argumentation her zurückgewiesen werden. Ohne Not wird sie jedenfalls niemand akzeptieren wollen. Die Alternative (b) steht den wissenschaftstheoretischen Gegnern der Strukturalisten offen, um diese Lehre zu erschüttern, den Strukturalisten jedoch begreiflicherweise nicht. Es bleibt also im gegenwärtigen Kontext allein die Alternative (c).

Strukturalisten schlagen hierzu vor, in ihrem Sinne theoretische Terme – vorläufig – aus der Theorie zu entfernen. Das kann jedoch nicht durch eine «übersetzende» Anbindung an eine theoriefreie Beobachtungssprache geschehen. Dieses – wie bereits skizziert – früher angestrebte Verfahren wäre nicht nur nicht vereinbar mit dem Anerkenntnis einer generellen «Theoretizität aller Tatsachen». Es würde auch dem strukturalistischen Theoretizitätskonzept, welches mit der allgemeinen

Theoriebeladenheit der Sprache primär nichts zu tun hat, in keiner Weise gerecht. Die Elimination theoretischer Terme wird dadurch vorgenommen, daß mit Theorien die Behauptung verbunden wird, es *gebe* Werte für die theoretischen Terme derart, daß die als Anwendungen der Theorien intendierten, ohne Verwendung theoretischer Terme gebildeten «partiellen Modelle» zu «vollständigen» Modellen ergänzt werden können. (Das entspricht grob einer Behauptung wie der, es gebe reelle Lösungen der Gleichung $x \cdot x - 4 = 0$.)

Das ergibt ein Bild von der Wissenschaftspraxis als einer *Anwendung* von Theorien, in der man an den Theorien selbst festhält, während man nach geeigneten Werten der theoretischen Terme sucht. Dieses Bild trägt zugleich der bereits mehrfach geschilderten Tatsache Rechnung, daß Wissenschaftler keineswegs mit einer allgegenwärtigen Bereitschaft, ihre Theorien fallenzulassen, an die Prüfung von Theorien herangehen. Daß sie während ihrer Suche nach geeigneten Belegungen theoretischer Terme hartnäckig an Theorien festhalten, erscheint nun als vollkommen natürlich. Es geht um bislang nicht gefundene Lösungen von «Aufgaben» der Termbestimmung. Der erfolgreiche Wissenschaftler ist typischerweise der, der erfolgreich geeignete theoretische Werte bestimmt und nicht derjenige, dem dies nicht gelingt.

Mit dieser Sicht vom «Erfolg» ergibt sich sogleich ein erstes einfaches Kriterium für Wissenschaftsfortschritt: Solange an einer Theorie T festgehalten wird, bildet jede weitere erfolgreiche Anwendung (insbesondere durch Bestimmung passender theoretischer Werte) einen Fortschritt. Auch das «Auf-» oder gar «Er-»finden neuer Anwendungen, an die die Begründer der Theorie bei Angabe ihrer paradigmatischen Beispiele und der Basisgesetze nicht gedacht hatten, bildet einen Fortschritt. Dies gibt eine recht gute theoretische Beschreibung jenes Prozesses, den man gemeinhin mit Kuhn als Normalwissenschaft beschreibt. Man erhält den Eindruck einer Kumulation von Erfolgen durch Aufstellen und Lösen der theoretischen Rätsel, geeignete Werte für theoretische Terme zu finden.

Neben diesen klaren Fällen normalwissenschaftlichen Fortschrittes kommt jedoch die Elimination bestimmter ursprünglich angenommener Anwendungen ebenso vor, wie auch die «Ergänzung» einer Theorie um spezialisierende Gesetze. Das erste widerspricht augenscheinlich dem einfachen Kumulationsgedanken, das zweite scheint im Grenzfall nur schwer von Ad hoc-Strategien unterscheidbar. Kann man dem zweiten Einwand noch leicht begegnen, indem man von Spezialisierungen verlangt, mit der ursprünglichen Theorie vereinbare spezialisierte Anwendungen dieser Theorie zu sein, so verlagert dies dennoch nur um so mehr Gewicht auf den ersten Einwand.

Die mögliche Elimination intendierter Anwendungen läßt den normalwissenschaftlichen Fortschritt nach dem strukturalistischen Kriterium weniger eindeutig werden, als es die ursprüngliche Vorstellung einer einfachen Kumulation erfolgreicher Anwendungen nahelegen könnte. Das ist jedoch allenfalls dann von Gewicht, wenn man mit Lakatos die «Progressivität» eines «Forschungsprogrammes» *insgesamt* beurteilen möchte. Denn nur dann kommt es darauf an, die Erfolge gleichsam gegen die Mißerfolge aufzurechnen. Andernfalls könnte man durchaus als Fortschritt sowohl eine neue Anwendung als auch die Elimination einer ursprünglich intendierten Anwendung ansehen. Bestimmte ursprünglich gehaltene Modelle auszuschließen, kann ebenso als Erfolg gewertet werden wie der Nachweis eines neuen Modelles. Damit wird das Fortschrittskriterium für *einzelne* Ergebnisse im Umgang mit einer Theorie wiederum ziemlich eindeutig.

Das läßt sich an dem früheren Beispiel unterschiedlicher Schiffsmodelle leicht veranschaulichen. Man findet heraus, daß das Schiff für Pygmäen den Mast zwischen Rumpf und Kajüte montiert erhielt und damit kein Modell der Struktur ist, während man andererseits noch ein weiteres Schiff in einer Flasche auffindet, das sich überraschend als Modell der gleichen Struktur erweist, wie die Schiffe für Normalwüchsige und die Harlem Globetrotters. Diese Veranschaulichung ist allerdings noch sehr unpräzise. Bevor wir uns nun dem unter dem Gesichtspunkt der Fortschrittskriterien weit heikleren Problem des nicht normalwissenschaftlichen, sondern revolutionären wissenschaftlichen Wandels zuwenden, mag deshalb ein weiteres elementares Beispiel die bisherigen Überlegungen dieses Abschnittes erläutern (vgl. zu dem Beispiel speziell Stegmüller 1983, 1036ff. und die klare, wiewohl letztlich unzutreffende Kritik von Gadenne 1984, 160f.).

Man betrachte eine «Theorie ‹T› der Gleichgewichtssysteme» folgender, in Abbildung 4 wiedergegebener Form.

Die Gegenstände a_i für $i = 1, 2, 3$ (generell bis $n > 0$) können in ihrem Abstand d mit einer reellwertigen Funktion vom Drehpunkt D gemessen werden. Die Werte dieser Meßfunktion hängen in ihrem Vorzeichen zwar von der Richtung bezüglich des Drehpunktes ab, sind jedoch unabhängig von der Theorie T nach den üblichen Verfahren der Längenmessung bestimmbar. Ähnlich verhält es sich mit dem gleichgewichtsbestimmenden Winkel zur Stützachse. Das Basisgesetz der Theorie lautet nun, daß es für im Gleichgewicht befindliche Gegenstände in

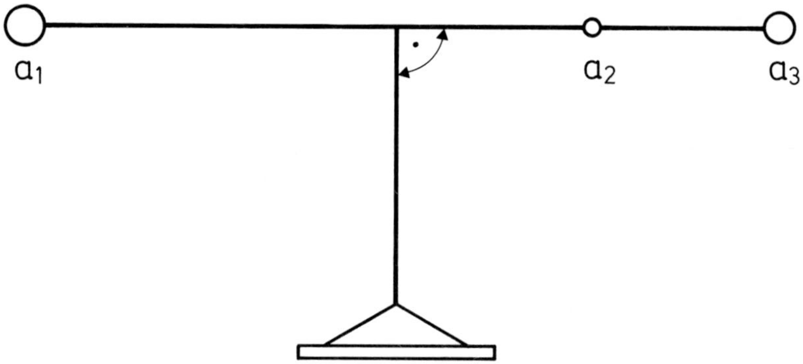

jedem solchen System eine Funktion g in die positiven reellen Zahlen gibt, die solche Werte annimmt, daß die folgende Relation erfüllt wird:

I: $d(a_1) \cdot g(a_1) + d(a_2) \cdot g(a_2) + d(a_3) \cdot g(a_3) = 0$

Das bislang Gesagte könnte man nun noch genau in der Form axiomatisieren und in ein mengentheoretisches Prädikat «ist ein Gleichgewichtssystem» überführen, wie man das in solchen Fällen wie «ist die Menge der natürlichen Zahlen» oder «ist eine Gruppe» zu tun pflegt. Dann kann man wiederum nach Modellen Ausschau halten wie einer Kinderwippe (genau wie bei den Apfelsinenkistenbildern als Modellen einer Progression) usw.

Diese Ausschau wird zunächst nur bestimmt durch solche Konzepte wie Drehpunkt, starrer Stab, waagerechte Stellung etc. Die Funktion g spielt hierbei noch keine Rolle. Die Funktion g ist ein T-theoretischer Term (genauer die Extension von g), solange man keine anderen Verfahren – wie etwa Federwaagen – für die Gewichtsbestimmung besitzt. Insbesondere eine Gewichtsbestimmung nach *anderen* Theorien sei hier fiktiv ausgeschlossen, um ein einfaches Beispiel zu besitzen. Als Anwender der Theorie kann man sich dann nur damit beschäftigen, entsprechende Werte von g zu finden, so daß die Relation I den Wert «0» annimmt.

Die geeignete Festlegung von g in I wird jedem Theoretiker (und jedem Kind spätestens ab dem dritten Schuljahre) gelingen, da es auch nach Messung von d stets genügend Freiheitsgrade für die Wertfestlegung gibt. Diese Freiheitsgrade werden erst eingeschränkt, wenn Querbezüge entstehen. Solche Bezüge ergeben sich typischerweise daraus, daß die gleichen Objekte a_i in verschiedenen Modellen auftreten. Wenn etwa nacheinander Paare von Kindern auf eine Wippe gesetzt werden, mit der Maßgabe, daß immer ein Kind in jedem Paar mit einem Kind aus einem anderen Paar identisch ist, dann ergibt sich eine kettenmäßige Überlappung aller dieser Theorieanwendungen von Paaren von Kindern. In jeder Anwendung ist g gleichsam eine Variable, die man durch eine «Lösung» g', g'', g''' «festlegen» kann. Diese Freiheiten reduzieren sich jedoch, wenn man überlappende Ketten von Anwendungen betrachtet, in denen g für gleiche Objekte jeweils gleich bestimmt werden soll.

Ein Beispiel einer solchen Kette wäre:

$(a, b)\ (b, c)\ (c, d)\ (d, e)$.

Hier könnte man etwa voraussagen, wie das Modell

(a, e)

beschaffen sein wird. Das überlegt man sich leicht, indem man für jedes Paar (x, y) von der Bedingung I Gebrauch macht. Denn es muß dann ja stets gelten:

$g(x) \cdot d(x) = g(y) \cdot d(y)$.

Wenn man nun verlangt, daß die an sich in jeder Anwendung «freien» Funktionen $g'(.)$, $g''(.)$, $g'''(.)$ so gewählt werden müssen, daß sie über identischen Objekten in jeder Anwendung übereinstimmen, dann sieht man sogleich, wie die Freiheitsgrade reduziert werden. Durch elementare Umformung ergibt sich, daß die Längenverhältnisse so festliegen, daß man aus der Kenntnis des Abstandes nur des einen Kindes den des anderen bestimmen (voraussagen oder erklären) kann.

An den letzten Bemerkungen erkennt man, welch zentrale Rolle überlappende Anwendungen in der strukturalistischen Theoriekonzeption spielen. Man darf diese keinesfalls vernachlässigen. Die zentralen Aussagen über Theoretizität beziehen sich insoweit immer auf das «Gesamtnetz» einer Theorie. Man ist durch die Überlappungen beschränkt und prüft insoweit die um die Nebenbedingungen erweiterten Theorien in jeder Anwendung. Die Nebenbedingung etwa, daß die Gewichtsfunktion für gleiche Objekte in jeder Einzelanwendung den gleichen Wert annehmen muß, ist einzuhalten. Man muß nicht für jedes mögliche Modell erneut in die Bestimmung von g eintreten, sondern kann auf bereits erreichte Ergebnisse zurückgreifen und von hier aus «fortschreiten». Weitere Formen des Fortschrittes sind Spezialisierungen – indem für bestimmte Klassen von Modellen weitergehende Strukturen festgelegt werden – und Anwendungserweiterungen – indem bestimmte neue Anwendungen, die im Rahmen der bisherigen bleiben, hinzugefügt werden.

Für alle normalwissenschaftlichen Kontexte ist für die Fortentwicklung der Theorie die zuvor gewonnene Menge von Anwendungen mit den damit einhergehenden Nebenbedingungen ausschlaggebend. Das paßt sehr gut zu unseren sonstigen Vorstellungen eines evolutionären Prozesses. Die spätere Entwicklung wird von der vorangehenden bestimmt. Immer feinere Spezifizierung ist ein Kennzeichen. Es gibt gleichsam immer mehr Äste im Theoriebaum. Das führt dazu, daß das Problem der Bestimmung theoretischer Terme in Abhängigkeit von der Theorie im wissenschaftlichen Alltag kaum eine bewußt wahrgenommene Rolle spielt. Man kann immer schon auf frühere Anwendungen und Nebenbedingungen zurückgreifen.

Betrachtet man jedoch eine Theorie insgesamt – also mit allen Nebenbedingungen und Vernetzungen –, dann bekommt man das Grundsatzproblem der theoretischen Terme erneut in den Blick. Die Theorie behauptet aus dieser Gesamtperspektive im wesentlichen, daß es zu allen – ohne Zuhilfenahme eines theoretischen Termes beschreibbaren – «partiellen potentiellen Modellen» «theoretische Ergänzungen» gibt, so daß vollständige, die betreffenden Relationen erfüllende Modelle entstehen. Entscheidend für die Theoretizität relativ zur Theorie ist, daß «irgendwann» oder «irgendwo» in der Theorieanwendung die Theorie bereits vorausgesetzt werden muß. Und dies vererbt sich dann gleichsam auf alle weiteren Anwendungen; wobei der Fall simultan theoretischer Terme, die sich insoweit «wechselseitig beerben» eine besondere Bedeutung besitzt.

Die Behauptung über die Bestimmbarkeit der theoretischen Terme ist vom Typus «für alle – es gibt». Da die intendierten Anwendungen nur durch im ersten Kuhnschen Sinne «paradigmatische» Beispiele gekennzeichnet sind und deshalb eine (potentiell unendlich mächtige) «offene Menge» bilden, kann man die Behauptung niemals durch abschließende Prüfung *aller* intendierter Anwendungen verifizieren. Man kann sie in der Regel auch nicht falsifizieren, da man niemals weiß, ob man nicht doch noch Werte der theoretischen Terme finden kann, die das partielle Modell in ein vollständiges Modell der Theorie überführen. Es bleibt immer möglich, daß man einfach nicht lange genug gesucht hat.

Ungeachtet der Tatsache, daß weder Falsi- noch Verifizierbarkeit als nach früherer Auffassung unerläßliche Forderungen gehaltvoller Rede erfüllt sind, liegt dennoch eine praktisch keineswegs sinnlose Anweisung vor. Es wird nämlich genau das beschrieben, was den Glauben, das

Vertrauen des Wissenschaftlers in seine Theorie ausmacht: Wenn er nur lange genug daran arbeitet, wird er sie erfolgreich anwenden können. Solange dies nicht gelingt, garantiert ihm der «für alle – es gibt» Satz, daß seine Suche nicht vergeblich sein wird. Ein Versagen ist immer vorläufig und auf die Unzulänglichkeiten des Wissenschaftlers und nicht der Theorie zurückzuführen. Die Annahme eigenen Versagens ist entgegen dem ersten Anschein für den einzelnen Wissenschaftler ganz sicher auch tröstlicher als die Befürchtung, das ganze Unternehmen, an dem er teilnimmt, könnte sinnlos sein oder hinsichtlich der Lösung wesentlicher Probleme in eine Sackgasse führen. Wenn sich diese Befürchtung allerdings dennoch einmal bei einer größeren Anzahl von Wissenschaftlern einstellt, dann gerät ein Paradigma oder Denkstil in die Krise.

Revolutionärer Wandel findet statt, sobald ein neuer Denkstil akzeptiert wird. Hier hatten nun Anhänger der Inkommensurabilitätsthese argumentiert, daß es keine Kriterien dafür gebe, wann der eine Denkstil fortschrittlicher als der andere sei. Es gebe einfach eine sprachliche Unübersetzbarkeit und damit eine Unvergleichbarkeit zwischen Vorgänger- und Nachfolgerstil.

Die Strukturalisten akzeptieren diese augenscheinliche Konsequenz der sprachlichen Inkommensurabilität nicht. Sie greifen die Wendung «und damit» an. Sie argumentieren zunächst, daß die Diskussion um die Inkommensurabilität von Theorien nur von Interesse ist, falls ein Bezug auf im groben gleichartige Realitätsbereiche vorliegt. (Daß etwa volkswirtschaftliche Theorien mit chemischen nicht vergleichbar sind, ist nicht gerade aufregend.) Der entscheidende Schritt besteht dann darin, die Idee einer Zuordnungsbeziehung zwischen partiellen Modellen auszunutzen. Dies entspricht in groben Zügen dem, was in früheren Überlegungen zum Modell-Konzept bereits gesagt wurde. Dort wurde ebenfalls eine Funktion eingeführt, mittels derer man Modelle einander zuordnen konnte, um dann die Urbildmodelle durch ein Studium der Bildmodelle untersuchen zu können. Während man über die Bildmodelle sprach, sagte man zugleich etwas über die Urbildmodelle aus, ohne jedoch jemals *in der Sprache der Bildmodelle* über die Urbildmodelle selbst reden zu müssen.

Bezogen auf Denkstile formuliert bedeutet dies, daß man *vollkommen in dem einen Denkstil verbleibend* dennoch über die «Tatsachen» des anderen reden kann. Obschon dieser Vergleich etwas schief liegt, kann man sich das etwa so verdeutlichen: Die Kaninchen oder Hasen sind den Kranichen «Teil für Teil» zugeordnet. Wenn man über Kaninchenohren spricht, deren Länge und Form etc., dann kann man das eindeutig bestimmten Längen und Formen von Kranichschnäbeln zuordnen. *Eine Übersetzbarkeit der einen Sprache in die andere ist dazu gar nicht gefordert.* Es mag weiterhin so sein, daß man von Denkstil zu Denkstil, was die Verständnisseite anbelangt, nur durch einen «Gestaltumsprung» wechseln kann. Entscheidend ist die Existenz einer entsprechenden Zuordnungsfunktion zwischen Modellen.

Das Verständnis für die einzelnen technischen Eigenschaften der Zuordnungsrelation läßt sich nur schwer informell vermitteln. Die Situation wird relativ komplex. Doch so viel kann man sich leicht vorstellen: Wenn die partiellen potentiellen Modelle der einen Theorie T unter der Zuordnungsrelation *jeweils* eine Vielzahl von Entsprechungen in den partiellen potentiellen Modellen der anderen Theorie T′ haben, dann ist die Theorie T′ offenkundig in einer klar angebbaren Weise feiner. Denn viele partielle potentielle Modelle von T′ haben unter der Umkehrung der Zuordnungsrelation jeweils nur ein Urbild und sind einander in dieser Weise äquivalent. Wenn man nun einen ähnlichen Gedanken für die intendierten Anwendungen I von T durchführt und dieser Menge eine Menge I′ aus T′ zuordnen kann, die zu den intendierten Anwendungen von T′ gehört, dann ist es möglich in T′ über I′ und dennoch indirekt über intendierte Anwendungen I von T zu reden.

Das bislang Gesagte kann nun zu einer einschneidenden Folgerung herangezogen werden. Da T′ eine feinere Theorie als T ist, aber mittels der Zuordnungsrelation dazu benutzt werden kann, über die Modelle von T zu «reden», kann man nun gleichsam in einer «genaueren» Theorie die «Aussagen» von T wiederholen. Bei ein-mehrdeutiger Zuordnungsrelation sind diese Verhältnisse nicht umkehrbar. Die eine Theorie muß als Verfeinerung der anderen angesehen werden, während das Umgekehrte nicht gilt. Das ergibt eine Asymmetrie und damit eine «Richtung» für die Relation zwischen den beiden Theorien T und T′. Dies wiederum kann als eine weitere Explikation für ein Phänomen theoretischen Fortschrittes angesehen werden: nämlich des *intertheoretischen* Fortschrittes.

Wenn Analysen wie die voranstehenden erfolgreich durchgeführt werden können, so hat man einen Theorienvergleich gewonnen, der auf den «Modell-Gehalt» von Theorien und damit nicht auf ein praktisches Erfolgskriterium abstellt, zugleich jedoch an der Inkommensurabilität der Begriffsbedeutungen und Denkstile festzuhalten erlaubt. Damit scheint aus Sicht des wissenschaftstheoretischen Strukturalismus das Problem, ein Kriterium des Theoriefortschrittes anzugeben, in Übereinstimmung mit unseren Intuitionen präzise lösbar. Untersuchungen zu verschiedenen konkreten Theorien sind angestellt worden. So wurde etwa eine Reduktion wesentlicher Elemente der Newtonschen auf die Einsteinsche Theorie im Grundzug angegeben. Ganz ähnliche Reduktionsrelationen werden generell für sehr viele Beziehungen zwischen «Mikro- und Makro-Theorien» angenommen. Die Beziehung zwischen Mendelscher und molekularbiologischer Vererbungslehre dürfte als mögliches weiteres Anschauungsmaterial ausreichen. Natürlich muß stets die Reduktionstheorie im Einzelfall erfolgreich angewandt werden, bevor man von einer Reduktion und einem reduktiven Vergleich der einen mit der anderen Theorie bzw. einem insoweit nachgewiesenen Theoriefortschritt sprechen darf. (Hinzu tritt selbstverständlich, daß die alten Theorien ja in der Regel nicht einfach vergessen werden, sondern häufig weiterhin als nützliche «Approximationen» in Kraft bleiben.)

Insgesamt ist das Fortschrittskriterium nur auf «fertige» Theorien anwendbar und somit grundsätzlich vergangenheitsbezogen. Das beschränkt seine direkte Übertragbarkeit auf zukunftsbezogene Entscheidungen über noch voll zu entwickelnde Theorien. Hier kann die Wissenschaftstheorie keine Reduktionsfunktionen, sondern allenfalls Faustregeln und orientierende Feststellungen angeben und so über potentiell relevante Bewertungsdimensionen von Theorien informieren. Aber auch dann, wenn das strukturalistische Vergleichskriterium als solches keine zukunftsbezogenen Wissenschaftsentscheidungen tragen mag, bleibt es geeignet, die radikale Inkommensurabilitätsthese zu unterminieren, indem es uns erlaubt, zumindest vergangenheitsbezogen einen klaren Fortschritt im Wechsel zwischen Theorien zu konstatieren und diesen mit *anderen* Eigenschaften der jeweiligen Theorien zu korrelieren. Letzteres liefert dann auch rationale Fingerzeige für die Zukunft.

Zusammenfassend ergibt sich: Nachdem wir wieder bei einer modellorientierten Betrachtung des Phänomens «Wissenschaft» angelangt sind, schließt sich – jedenfalls für diese Schrift – der Kreis theoretischer Überlegungen. Die strukturalistische Wissenschaftsauffassung scheint nach allem, was gesagt wurde, wesentliche Aspekte realer Wissenschaftsprozesse recht gut zu erfassen und insoweit zumindest als eine orientierende Landkarte für die Struktur wissenschaftstheoretischer Fragestellungen dienen zu können. Sie erlaubt es, die handlungsleitende Maxime wissenschaftlicher Theorieprüfung in Form eines «für alle – es gibt» Satzes in das Bild der normalwissenschaftlichen Tätigkeit problemlos einzufügen. Sie zeigt, wie das «störrische» Festhalten an einer

Theorie T bei der Suche nach passenden Werten für T-theoretische Terme in der theorieabhängigen Bestimmbarkeit der Terme verankert ist. Das gibt in der Sicht von der Normalwissenschaft Raum für Freiheit und Kreativität des Forschers, der den Fortschritt in der erfolgreichen Anwendung der Theorie durch geschickte Wertfestlegung sucht. Auch der wissenschaftspraktischen Beobachtung, daß der Eindruck eines «starren Wissensgebäudes» wesentlich durch Querbezüge und Einbettung in ein Netz von Theorien zustandekommt, trägt die strukturalistische Auffassung Rechnung. Damit wird sie sowohl den Freiheitsgraden als auch der Reduktion von Freiheitsgraden in der Forschungspraxis durch immer stärkere Vernetzung gerecht. (Das führt zu einem weiteren Fortschrittskriterium, indem eine stärkere Vernetzung ceteris paribus als Fortschritt gewertet werden muß.) Schließlich rekonstruiert die strukturalistische Theorieauffassung auch, wie es dazu kommt, daß sich im revolutionären Paradigmenwechsel der Eindruck eines Glaubenswechsels einstellt. Sie leistet dies, indem sie das Konzept eines «für alle – es gibt» Satzes sinnvoll zu integrieren erlaubt. Ein «alter» derartiger Satz kann zu Gunsten eines «neuen» aufgegeben, jedoch weder veri- noch falsifiziert werden. Zugleich gelingt es ihr dabei, die Inkommensurabilitätsthese insoweit zu umgehen, als sie eine auf Klassen von Modellen und funktionalen Zuordnungen beruhende Konzeption der Theoriereduktion einführt, die auf bedeutungsmäßige Übersetzung reduzierter in reduzierende Theorien verzichten kann und damit in einem bestimmten Sinne nicht denkstilgebunden ist. Über dieser modellorientierten Betrachtung von wissenschaftlichen Theorien sollte man jedoch die traditionellere, doch ebenso wichtige, sprachorientierte Sicht auf Theorien nicht vernachlässigen. Die beiden Perspektiven schließen sich nicht aus, sondern sind einander jeweils notwendige Ergänzungen.

3 Praktische Aspekte von Wissenschaft

3.1 Zwei neuere deutsche Studien über Medizin, Pharmakologie und Arzneimittelforschung als praktische Wissenschaften

Der Zugang zu den beiden nun zu behandelnden Studien erschließt sich vermutlich am leichtesten von den Zielen ihrer Autoren her. Beiden Studien ist gemeinsam, daß sie ihren Gegenstand als eine spezifische Praxis auffassen möchten. Beide gehen überdies davon aus, daß das Selbstverständnis der Partizipanten einer Praxis selbst eine praktische Rolle spielt und damit wesentlicher Bestandteil der Praxis wird.

Wolfgang Wieland stellt die Praxis des individuellen Mediziners in den Vordergrund, während Sigurd v. Ingersleben Pharmakologie von Beginn unter dem Aspekt kollektiver Praxis betrachtet. Dem entspricht, daß sich Wieland, indem er vorschlägt, Medizin als eine «Kunst» aufzufassen, an antiken Vorbildern und Überlegungen der klassischen Philosophie – seinem philosophischen Spezialgebiet – orientiert, während für v. Ingersleben die von Kuhn ausgehende neuere wissenschaftstheoretische Diskussion – überraschenderweise nicht die für seine Zwecke noch weit besser geeignete Untersuchung Flecks – und der sogenannte «Positivismusstreit in der deutschen Soziologie» die Ausgangsbasis bilden. Darüber hinaus unterscheiden sich die beiden Untersuchungen jedoch auch darin, daß sie an den Versuch, den praktischen Charakter ihrer Gegenstandsdisziplinen aufzuweisen, ganz verschiedene Folgerungen knüpfen. Beschränkt sich Wieland darauf, innerwissenschaftlich für ein nach seiner Auffassung gegenüber dem vorherrschenden angemesseneres Selbstverständnis des Mediziners zu werben, so verbindet v. Ingersleben mit den von ihm in Anspruch genommenen Ergebnissen weitreichende Forderungen nach der Veränderung der pharmakologischen Praxis selbst.

Beide Studien bilden wissenschaftstheoretisch aufschlußreiche und für die deutsche Diskussion um das Wissenschaftsverständnis von Arzneimittelforschung und Medizin auch typische Beispiele. Der Leser wird sich vor dem Hintergrund der bislang entwickelten Skizze wissenschaftstheoretischer Entwicklungen auf der Basis seiner eigenen Fachkenntnisse selbst ein Urteil bilden. Die in den folgenden Kapiteln zusammengestellten Überlegungen verstehen sich insoweit nur als eine Anregung. Sie beziehen allerdings um der Klarheit willen recht deutlich Position. Es wird dargelegt, daß Wieland der modernen Wissenschaftstheorie zu wenig zutraut, indem er glaubt, deren begriffliches Instrumentarium lasse sich nicht fruchtbar auf eine praktische Disziplin wie die Medizin anwenden (vgl. Wieland 1975, 5). V. Ingersleben hingegen erwartet viel zu viel von der Wissenschaftstheorie, indem er meint, vor allem auf die Ergebnisse Kuhns weitreichende praktische, ja politische Forderungen der Wissenschaftssteuerung gründen zu können. – Doch zunächst zu den beiden Studien selbst und dann zum Problem der Wissenschaftssteuerung.

3.1.1 Die Diagnose als Handlung – Wieland über Medizin als praktische Wissenschaft

Vor der Hintergrundannahme, daß das Selbstverständnis der Teilnehmer einer Praxis selbst von praktischer Bedeutung ist, untersucht Wolfgang Wieland die Praxis der Medizin. Sein Ziel ist eine Rekonstruktion und Kritik des medizinischen Selbstverständnisses, die dessen legitime und illegitime Ansprüche voneinander trennt. Ausgehend davon, sucht er sodann, gewisse eigene Deutungsvorschläge zur Reform des Selbstverständnisses zu machen. Diese Deutungsvorschläge lassen sich letztlich auf eine Grundüberzeugung zurückführen: Medizin ist eine «Kunst» im klassischen Sinne und damit zugleich eine Wissenschaft *und* gestaltendes Handeln.

Medizin ist also Wissenschaft, jedoch nicht im Sinne der herkömmlichen Natur- bzw. Sozialwissenschaften. Das liegt aus Sicht Wielands nicht – wie etwa v. Ingersleben zu meinen scheint (s. u. 3.1.2) – daran, daß sie eine spezifische Interdisziplinarität aufweist, die Natur- und Sozialwissenschaften miteinander verbindet. Es rührt auch nicht daher, daß die Medizin eine Anwendung von Wissenschaften darstellt. Der Wissenschaftscharakter der Medizin verhält sich nach dieser Sicht keineswegs nur «parasitär» zu anderen Wissenschaften. Medizin muß vielmehr als spezifische Praxis und damit als eine Form des Handelns aufgefaßt werden. Das unterscheidet sie von theoretischen Wissenschaften einschließlich ihrer eigenen Grundlagen- und Hilfswissenschaften. Wer die Hilfswissenschaften der Medizin betreibt – von Pathologie über Psychologie bis u. U. hin zu Soziologie – handelt dadurch nur in dem Sinne, in dem jede Wissenschaft Handeln einschließt. Als praktischer, insonderheit klinischer Mediziner betreibt man jedoch eine «wissenschaftliche Disziplin, die Handlungen nicht nur zum Gegenstand hat, sondern sich selbst in Handlungen realisiert.» (Wieland 1975, 84)

Die medizinische Wissenschaft richtet sich nach Wieland aufgrund ihres praktischen Charakters im Unterschied zu theoretischen Wissenschaften weder auf allgemeine noch auf singuläre Aussagen. Sie gründet sich nicht auf *Aussagen*, sondern auf einzelfallorientierte *Beurteilungen*, die dem Handeln voraufgehen. Nur wer dies erkennt, kann zu einem adäquaten Verständnis der Medizin gelangen. «Eine grundlagentheoretische Betrachtung der Medizin hat also mit der Tatsache Ernst zu machen, daß sie eine praktische Wissenschaft ist, das heißt, daß ihr Ziel nicht in der Aufstellung von Theorien, sondern allein in der Ermöglichung eines an Prinzipien orientierten vernünftigen Handelns liegt.» «Praktische Disziplinen von der Art der Medizin bedürfen nicht nur wissenschaftstheoretischer, sondern auch handlungstheoretischer Überlegungen, wenn es um die Erörterung ihrer Grundlagenprobleme geht.» (Wieland 1975, 11, 6)

Solche Thesen über die Medizin im allgemeinen und ihre Grundlagenprobleme bleiben schwer prüfbar, wenn nicht anhand konkreter Gegebenheiten der Medizin exemplifiziert wird, was sie im einzelnen beinhalten sollen. Dabei ist es wünschenswert, als Exempel ein möglichst zentrales und für das wissenschaftliche Selbstverständnis des Mediziners charakteristisches Konzept zu wählen. Hinsichtlich der Medizin fällt es leicht, diese Wahl zu treffen. Denn aus der Sicht des Mediziners stützt sich die Wissenschaftlichkeit seiner Praxis offenkundig darauf, daß er sich in seinem Handeln von Diagnosen leiten läßt. Deshalb versucht Wieland, die entscheidenden Punkte an der Analyse des Diagnosekonzeptes der Medizin zu verdeutlichen. Nach dem bislang Gesagten erfordert dies zum ersten eine Rekonstruktion und Kritik der faktischen Rolle der Diagnose im Selbstverständnis des Mediziners und zum zweiten den Entwurf einer angemessenen Diagnoseauffassung.

3.1.1.1 Zu Wielands Rekonstruktion des vorherrschenden Diagnoseverständnisses

Eine Diagnose darf weder mit dem Vorgang der Diagnostik noch mit dem Krankheitsprädikat verwechselt werden, das in der Diagnose einem Patienten zugeschrieben wird. Sie ist nach traditionellem Verstande eine Aussage von der Form: «Der Patient a ist ein Fall von K». In dieser Singuläraussage wird ein allgemeines Prädikat K einem individuellen Patienten a zugeordnet. Man kann nun in einem weiten Sinne des Begriffes jede derartige zustandsbeschreibende Zuordnung als eine Diagnose bezeichnen. Wenn Mediziner Begriffe wie «Verdachtsdiagnose», «Einweisungs- bzw. Überweisungsdiagnose» verwenden, dann nehmen sie implizite auf diesen weiten Diagnosebegriff Bezug. Wieland spricht in diesem Zusammenhang auch von einem «Diagnosoid». Man darf dabei jedoch nicht verkennen, daß es sich bei den erwähnten Termini für Wieland um bloße Derivate des eigentlichen oder engeren Diagnosebegriffes handelt. Dieser verlangt, daß die Zustandsbeschreibung des Patienten *ausschließlich* durch Prädikate vorgenommen wird, die sich aus dem System der Krankheitseinheiten herleiten.

Wieland beschränkt sich zunächst und im wesentlichen auf eine Diskussion des engeren Diagnosebegriffes. Wenn er von «Diagnose» spricht, dann meint er die klassische Zuordnung von Krankheitseinheit und Patient. In etwas ungebräuchlicher Redeweise könnte man Wielands Diagnosebegriff charakterisieren als Diagnosoid, das sich in der Zustandsbeschreibung des Patienten auf die Zuschreibung von Krankheitsbegriffen beschränkt, die sich aus dem System der Krankheitseinheiten herleiten. Dabei ist die Zusatzforderung zu erfüllen, daß es sich um eine «positive» Zuschreibung der betreffenden Prädikate (Begriffe) handelt. Eine «Ausschlußdiagnose» kann es im Gegensatz zur Ausschlußdiagnostik für Wieland nicht geben. Als Ergebnis aller Diagnostik einschließlich der Ausschlußdiagnostik (etwa im Rahmen der differentiellen Diagnostik) verlangt die klassische Diagnose die Subsumtion des individuellen Falles unter einen allgemeinen Krankheitsbegriff aus dem System der Krankheitsbegriffe. Eine Diagnose im klassischen Sinne beinhaltet für Wieland somit eine positive Singuläraussage, für deren Bildung nur eine fixe Menge von Krankheitsbegriffen als Prädikat zugelassen ist und die sich auf einen bestimmten Patienten zu einer bestimmten Zeit bezieht. Nur Beurteilungen, die zu solchen Aussagen führen, werden im folgenden als Diagnose bezeichnet, während ansonsten der weitere Begriff des Diagnosoids Verwendung findet.

Das System der Krankheitsbegriffe enthält nach dieser für Wieland «klassischen» Auffassung das zuverlässige allgemeine medizinische Wissen gleichsam in geronnener Form. «Die einzelne Krankheit, die sogenannte Krankheitseinheit wird ... zu einem Gebilde vom Typus der Naturkonstante und des Naturgesetzes. Damit ist es möglich geworden, allgemeine Nosologie als theoretische Wissenschaft zu betreiben, die diese Naturkonstanten aufsucht und genau bestimmt.» (Wieland 1975, 108) Aus dem Wissen um Krankheitseinheiten heraus erklärt sich der Arzt den Zustand des Patienten und kann zugleich aufgrund der in den Krankheitseinheiten erfaßten nosologischen und pathologischen Gesetzmäßigkeiten Prognosen über die weitere Zustandsentwicklung machen.

Nach klassischer Auffassung stellt diese *Anwendung* von wissenschaftlichen Ergebnissen allerdings nicht nur *eine* Möglichkeit der wissenschaftlichen Erklärung und Prognose in der Medizin dar, sondern die einzig zulässige. «Das System der ärztlichen Erklärung geht nämlich von der Voraussetzung aus, daß jedes Beschwerdebild auf eine und nur eine Weise durch eine Diagnose erklärt werden kann.» «Eine Diagnose wird immer durch den Nachweis begründet, daß sie und nur sie – zusammen mit einer nosologischen Gesetzesaussage – die am Patienten gebotenen Einzelsymptome zu erklären vermag.» (Wieland 1975, 64, 93)

Somit scheint klar, daß eine Diagnose wissenschaftstheoretisch als Antezedens- oder Randbedingung in einer deduktiv-nomologischen Erklärung betrachtet werden muß. Zusammen mit den allgemeinen nosologischen Gesetzen bildet sie das Explanans zu den im Explanandum erfaßten Symptomen (vgl. ausführlich zu diesem Diagnosekonzept, Westmeyer 1972). Dies ist zugleich der Rechtfertigungszusammenhang der Erkenntnis. Der Terminus Diagnostik beschreibt demgegenüber den Entdeckungszusammenhang der Randbedingungen, während der Terminus medizinische Forschung auf den Entdeckungszusammenhang der im Explanans auftretenden allgemeinen Gesetze abstellt.

3.1.1.2 Wielands Kritik am vorherrschenden Diagnoseverständnis

Wolfgang Wieland trägt seine vielfältige Kritik am herrschenden Diagnoseverständnis nicht immer in klarer Trennung der Einzelargumente vor. Er kommt auf einzelne Punkte immer wieder zu sprechen, beleuchtet sein Thema von verschiedenen Seiten, kombiniert seine kritischen Argumente neu und mischt sie auch mit seinen eher rekonstruktiven Anliegen. Um die Darstellung insoweit abzukürzen, ist es notwendig, auf Details zu verzichten und den Versuch einer Systematisierung unter generellen argumentativen Leitgesichtspunkten zu unternehmen. Dabei geht es in dem gesamten nachfolgenden Abschnitt jedoch keinesfalls darum, Auffassungen des Verfassers dieser Einführung wiederzugeben, sondern allein um eine möglichst straffe Darstellung von Thesen Wielands.

Die darstellungsleitenden Gesichtspunkte folgen der bereits erwähnten, von Wieland kritisierten Kernthese des traditionellen Medizinverständnisses, daß sich der wissenschaftliche Anspruch der Medizin zentral auf als wissenschaftliche Aussagen verstandene Diagnosen stützt. Wenn der wissenschaftliche Anspruch der Medizin also darauf beruht, daß sie sich zentral auf Diagnosen im engeren Sinne richtet und wenn man Diagnosen als wissenschaftliche Aussagen interpretiert, dann kann sich Kritik grundsätzlich gegen die «Zentralität», die «Wissenschaftlichkeit» oder den «Aussagecharakter» von Diagnosen wenden. Diese drei Ansatzpunkte, welche natürlich kombiniert werden können, legen folgende Argumentationslinien nahe:

a. Unter der Prämisse, daß es sich bei Diagnosen um Aussagen mit systematisch zentraler Stellung handelt, sucht man nachzuweisen, daß diese für «Wissenschaftlichkeit» – jedenfalls im Sinne theoretischer Wissenschaft – charakteristische methodologische Regeln verletzen.

b. Man gesteht zu, daß es sich bei Diagnosen um wissenschaftliche Aussagen handelt, bezweifelt jedoch, daß diese Aussagen eine so zentrale Stellung innerhalb der Medizin einnehmen, daß sich deren Wissenschaftscharakter insgesamt darauf stützen könnte.

c. Die These vom Aussagecharakter von Diagnosoiden und damit a fortiori von Diagnosen wird zurückgewiesen.

(ad a) Gerade auch aus Sicht der traditionellen Methodologie ist Kritik am System der Krankheitseinheiten zu üben. Die betreffenden Krankheitsbegriffe erzeugen keineswegs eine disjunkte und erschöpfende Zerlegung ihres Gegenstandsbereiches. Es wird, technisch gesprochen, keine vollständige Äquivalenzrelation erzeugt. Weder sind die Krankheitseinheiten scharf abgegrenzt, noch überdecken sie erschöpfend das Gesamtgebiet jener Phänomene, die wir vom praktischen Interesse her als krankhaft bezeichnen würden. Darüber hinaus ist das System der Krankheitseinheiten im Widerspruch zu medizinischen Idealvorstellungen keineswegs ätiologisch zentriert, sondern es besteht eine so große Heterogenität von Gesichtspunkten (morphologische, therapeutische etc.; vgl. Wieland 1975, 121), daß die Rede von einem System überhaupt vermessen wird. Aus diesen methodologischen Gründen ist der Übergang zu andersartigen taxonomischen Systemen notwendig. Diese müssen vor allem von der Annahme disjunkter Klassen abrücken – (Wieland verweist hier (1975, 126f.) auf Feinstein (1967); Taylor (1979) ist elementarer und ebenfalls einschlägig; für den deutschen Leser mag auch Opitz, 1980, nützlich sein).

Dieser methodologischen Kritik an den Grundlagen des herkömmlichen Diagnosekonzeptes stellt Wieland eine weitere, wissenschaftstheoretisch motivierte zur Seite. Medizin kann danach keine Wissenschaft im üblichen Sinne einer erkenntnisorientierten Disziplin sein. Denn Wissenschaft, insbesondere Naturwissenschaft geht auf das Allgemeine.

Die Diagnose richtet sich jedoch auf den Einzelfall. «Der Fundus naturwissenschaftlicher Erkenntnisse in der Welt wird durch noch so viele Diagnosen nicht erweitert.» (Wieland 1975, 44)

Da Diagnosen nur Singuläres umfassen, können sie zur allgemeinen Erkenntnis nichts beitragen. Die Diagnose ist nicht Erforschung und Korrektur der Krankheitsbegriffe selbst. Der Diagnostiker formuliert in seinen Einzelurteilen auch keine auf die Prüfung von Theorien gerichteten experimentellen Beobachtungen (vgl. Wieland 1975, 60). Hier läge es natürlich nahe, vom Begriff der Anwendung wissenschaftlicher Ergebnisse Gebrauch zu machen, doch Wieland beharrt darauf, daß es in der Medizin weder um Anwendung allgemeiner Erkenntnisse noch um deren Gewinnung geht, daß die Medizin jedoch gleichwohl Wissenschaft ist. – Davon wird in der Diskussion des Falles c und in der allgemeinen Würdigung von Wielands Thesen noch zu reden sein, zunächst jedoch zur Bedeutung der Diagnose für die ärztliche Praxis.

(ad b) Die Stellung einer Diagnose i.e.S. spielt in der medizinischen Praxis überhaupt nicht die zentrale Rolle, die ihr nach dem Selbstverständnis des Mediziners gemeinhin zugewiesen wird. Deshalb kann sich, selbst wenn Diagnosen honorige wissenschaftliche Aussagen wären, der wissenschaftliche Anspruch der Medizin nicht insgesamt davon herleiten, daß sie sich auf wissenschaftlich fundierte Diagnosen stützt. Das gilt nach Wielands Auffassung für Diagnosen, die den engen oder traditionellen Diagnosebegriff als Zuordnung eines Krankheitsbegriffes zum konkreten Patienten akzeptieren, in ganz offenkundiger Weise. Im Handlungszusammenhang wird eher ein Diagnosoid – etwa aufgrund sogenannter berufstheoretischer Begriffe – verlangt (vgl. Wieland 1975, 137; unter Berufung auf Braun, 1970). Der Arzt zielt überhaupt nicht auf eine kunstgerechte Diagnose und damit auf eine Zuordnung zu einer und nur einer Krankheitseinheit ab, sondern geht diagnostisch nur so weit, wie dies noch zur Entscheidung weiterer therapeutischer Alternativen beiträgt. Zweckrationales ärztliches Handeln ist ohne Diagnose (im engeren Sinne!) möglich und vollzieht sich im Regelfall auch ohne eine solche, indem es sich etwa auf die Zuordnung zu einer ganzen Klasse von Krankheitseinheiten stützt.

Historisch kann Wieland hier auch auf die Tradition der Semiotik (Symptomatologie) als Lehre von den Krankheitszeichen verweisen (vgl. Wieland 1975, 27) und gerade in der heutigen Zeit ist aufgrund erweiterter therapeutischer Möglichkeiten zweckrationales Handeln ohne Diagnose typischerweise möglich. Häufig ist eine symptomatisch ausgerichtete Therapie deshalb indiziert.

Wieland hebt weiterhin hervor, daß das Ideal der kausalen Therapie, die nach diagnostischer Feststellung auf eine Ursachenbeseitigung abzielt, ohnehin nur von beschränktem Wert sein kann, weil a) die Rede von *«der»* Ursache nur davon ablenkt, daß es therapeutisch nur darum gehen kann, eine aus einem ganzen Komplex für das Bestehen des Krankheitszustandes notwendiger Bedingungen – mag diese nun in dem diagnostizierten Krankheitsbild selbst enthalten sein oder nicht – in einer zielgemäßen Weise zu beeinflussen, weil überdies regelmäßig b) die auslösenden Bedingungen eines Krankheitszustandes bei Fortdauer dieses Zustandes ohnehin nicht mehr greifbar sind und es deshalb therapeutisch überflüssig wird, sie zu diagnostizieren.

Schließlich betont Wieland, daß Diagnosen im traditionellen Verstande nicht nur nicht notwendig für die Wahl einer Therapie, sondern auch nicht hinreichend dafür sind. Über die Feststellung einer Diagnose hinaus wird eine Individualisierung der Therapie notwendig. Mit einer Diagnose sind keinesfalls einfache Handlungsmaximen verbunden, die für alle Individuen, auf die eine Diagnose zutrifft, eine Therapie im Sinne einer allgemeinen Implikation vorgeben. Therapeutische Maximen oder Regeln von der Form: «Für alle menschlichen Individuen x gilt: wenn x Krankheit y aufweist, dann ist dieser mittels Handlungen vom Typ z zu begegnen» gibt es nur beschränkt. Es überwiegen orientierende Empfehlungen oder Orientierungsgesichtspunkte (vgl. Wieland 1975, 129). Wenn aus diesen Konsequenzen zu ziehen sind, dann geht es nicht mehr um Erkenntnis, die sich in Aussagen manifestiert, sondern um Beurteilungen, die sich in Handeln umsetzen wollen. Das führt zu dem dritten Komplex der von Wieland vorgebrachten kritischen Argumente.

(ad c) Diagnosoide und damit alle Diagnosen und deren Derivate sind keine Aussagen. Denn die Phänomene, die man ihnen gemeinhin zuordnet, besitzen nicht nur einen Handlungsbezug, sondern sind selbst wesentlich Handlungen und somit keine Aussagen.

Die Tatsache, daß sprachliche Äußerungen eine Handlungsdimension aufweisen, ist dem Alltagsdenken durchaus vertraut. Als philosophisch signifikantes Phänomen wurde es zwar bereits von Denkern wie David Hume bemerkt, wirklich in das moderne philosophische Bewußtsein gehoben wurde es allerdings erst durch John L. Austins Sprechakttheorie (vgl. dazu etwa sehr knapp 1975, 245ff. und auch das ebenso kurze, ausgezeichnete Nachwort des Übersetzers J. Schulte). Wenn etwa jemand sagt «Hiermit verspreche ich x», dann beschreibt er damit nicht in einer Aussage, was er tut, sondern das Äußern des Satzes ist selbst eine spezifische Versprechenshandlung. Diese Handlung reduziert sich nicht auf die Lippenbewegungen und andere Aktivitäten der Schallerzeugung. Sie macht nicht nur von den Konventionen der Grammatik Gebrauch, sondern darüber hinaus von denen der Versprechensinstitution als handlungsverpflichtender gesellschaftlicher Selbstbindungspraktik. Ähnlich verhält es sich, wenn etwa der Richter sagt «Hiermit ergeht folgendes Urteil ...» oder die englische Königin äußert «Hiermit schlage ich ... zum Ritter» etc. Die Äußerung von Worten dient hier ganz bewußt der Durchführung einer Handlung.

Neben einer solchen expliziten Ausführung von Handlungen durch Sprechakte ist jedoch zu beachten, daß grundsätzlich jeder sprachlichen Äußerung eine pragmatische Dimension zukommt. Hier entscheidet sich, ob eine bestimmte Äußerung etwa als Befehl, Bitte, Erklärung oder Zustandsbeschreibung verstanden werden will. Man denke nur an eine Äußerung wie «Ich erwarte, daß Du xy tun wirst». Darin kann eine Beschreibung der Erwartungen des Sprechers zum Ausdruck kommen, ein Wunsch geäußert oder ein Witz gemacht werden etc. Welche Interpretation zutrifft, hängt von den außersprachlichen Konventionen und von den Rollen und Erwartungen von Sprecher und Hörer in einer konkreten Sprechsituation ab. Dieses Verständnis kann deshalb niemals vernachlässigt werden, wenn man einen zutreffenden Eindruck von der Funktion bestimmter Sprechakte gewinnen will.

Einen analogen Gedanken versucht nun Wieland, wenn auch ohne Bezug auf die insoweit klarere Lehre Austins, unter Rückgriff auf antike Denkmuster in die Medizintheorie einzuführen. Gleichgültig, ob der Mediziner sich um eine Diagnose im engen Sinne oder ein Diagnosoid im allgemeinen bemüht, stets geht es um eine Handlung. Diese Handlung kann mangelhaft sein, wenn sie zu spät erfolgt, während der Äußerungszeitpunkt für die Richtigkeit der zugrundeliegenden Aussage keine Rolle spielt. Wenn man sagt, daß die Symptomatik des Patienten x zum Zeitpunkt t durch das Vorliegen der Krankheit K zu erklären ist, dann trifft dies unabhängig vom Äußerungszeitpunkt zu oder auch nicht zu und kann deshalb insbesondere auch zu jedem Zeitpunkt revoziert und korrigiert werden. Die Diagnose hingegen, argumentiert Wieland, ist ein Akt in Raum und Zeit, der als solcher unzeitig erfolgen und auch nicht mehr revoziert werden kann. Eventuelle Korrekturen können sich nur auf die Handlungsfolgen beziehen. «Wenn es sich herausstellt, daß man zu einem bestimmten Zeitpunkt eine falsche Diagnose gestellt hat, dann kann man den vergangenen Irrtum als solchen auf keine Weise mehr ungeschehen machen.» (Wieland 1975, 75)

Nun könnte man bezweifeln, daß diese Hinweise von Wieland große Bedeutung für ein angemessenes Verständnis ärztlicher Praxis insgesamt haben können. Er richtet seine Argumente auf die Diagnose im engeren Sinne. Da er zuvor selbst bestritten hat, daß die klassische Diagnosestellung für die medizinische Praxis insgesamt charakteristisch ist, hat er damit an sich seinem Argument die Schärfe genommen. Zumindest bezieht es sich nur mehr auf einen eher unbedeutenden Unterbereich ärztlicher Tätigkeit.

Diesem Mangel kann jedoch leicht abgeholfen werden, indem man zugesteht, daß sich das grundsätzliche Argument Wielands natürlich auf «diagnostische Äußerungen» jedweder Art beziehen läßt und damit allgemein auf Diagnosoide beliebiger Form. Das räumt jedoch keineswegs schon den Verdacht aus, daß die Reichweite von Wielands Argument möglicherweise recht gering ist. Denn welcher Arzt würde bestreiten, daß seine diagnostischen Äußerungen neben ihrer (zustands)-beschreibenden Komponente eine praktische Funktion besitzen. Der Philosoph wiederum könnte ebenfalls den Verdacht der Trivialität äußern; denn der ganze Begriff eines Sprechaktes bringt zum Ausdruck, daß Sprechen, eine Aussage, einen Befehl etc. äußern, einen «Akt» darstellt.

Wieland kann dem entgegenhalten, obschon er sich mit dieser Frage nicht explizit auseinandersetzt, daß eine Diagnose zu stellen, gerade nicht den Akt beinhaltet, den wir mit unseren Konventionen für «das Machen von (wissenschaftlichen) Aussagen» verbinden, sondern eine andere Art von Akt, mit der sich andere Konventionen und Erwartungen verbinden als mit (wissenschaftlichen) Aussageakten. Wenn nun, so kann er weiter folgern, die Wissenschaftlichkeit einer Praxis im Sinne der theoretischen Wissenschaften zentral auf Aussageakte abstellt, dann kann die ärztliche Praxis, jedenfalls soweit sie aus der Äußerung von Diagnosoiden (und erst recht von Diagnosen) besteht, keine Wissenschaft im üblichen Sinne sein.

Wie bereits mehrfach betont, beharrt Wieland gleichwohl darauf, daß es sich bei der ärztlichen Praxis um Wissenschaft handelt. Inwieweit diese These zutrifft, ist natürlich abhängig vom Wissenschaftskonzept, welches man zugrundelegt. Und selbst dann, wenn es kein einheitliches Kriterium für Wissenschaftlichkeit gibt, muß diese These immer noch durch den Aufweis von Familienähnlichkeiten zu dem, was wir herkömmlicherweise als wissenschaftlich begreifen, untermauert werden. Es muß paradigmatischen Fällen von Wissenschaft ähnlich sein.

Nach Meinung Wielands zeichnet für die vom Aussagecharakter abweichenden Eigenschaften diagnostischer Äußerungen verschiedenes verantwortlich. Daß eine diagnostische Äußerung nach den herrschenden Praxis-Konventionen für Fehlerhaftigkeit und Richtigkeit schon deshalb fehlerhaft sein kann, weil sie unzeitig erfolgt, wurde bereits erwähnt. Der Unterschied zu den Konventionen, die die Praxis einer theoretischen Wissenschaft bestimmen, scheint klar erkennbar. Diagnostische Äußerungen haben häufig Eigenschaften, die sie in die Nähe solcher Akte rücken wie dem Fällen eines gerichtlichen Urteiles. Das zeigt sich etwa am Beispiel der Feststellung von Invalidität oder von verminderter Erwerbsfähigkeit etc. – von gerichtlicher Gutachtertätigkeit ganz zu schweigen. Hier werden, wie manchmal vom (Sprech-)Akt des Ritterschlages auch, Lebenschancen dessen berührt, auf den sich die diagnostischen Äußerungen richten. In diesen Zusammenhang fällt auch ein Teil der Diskussion um die «Verbindlichkeit der medizinisch-diagnostischen und therapeutischen Aussage» (vgl. Deutsch, Kleinsorge, Scheler 1983).

Neben diese Einzelargumente stellt Wieland ein allgemeines, das nach seiner Meinung den spezifischen Charakter der Medizinwissenschaft erweist: Die wissenschaftliche Praxis dieser Disziplin muß vom Ziel der Therapie her verstanden werden. Dieser generelle Punkt wird dann anschließend wiederum in einzelne Argumente aufgelöst, die zum Teil auf früheren, im engeren Sinne methodologischen beruhen. Allen diesen Argumenten ist jedoch gemeinsam, daß sie die Medizin als eine vom Therapieziel bestimmte Praxis verstehen wollen. Diese Zielgerichtetheit unterscheidet Medizin zusammen mit der Beschränkung auf singuläre Deskriptionen von theoretischen Wissenschaften.

Beide Spezifika der Medizin konvergieren bei Wieland in dem Konzept der «Beurteilung». Diese charakterisiert er als eine Singuläraussage, die dazu dient, «die Verbindung zwischen dem individuellen Fall und ... allgemeinen Gesichtspunkten herzustellen, aus denen das Handeln gerechtfertigt werden kann. ... Es ist zweckmäßig, solche Beurteilungen in den praktischen Disziplinen von den eigentlichen Erkenntnissen, wie sie in theoretischen Wissenschaften gewonnen werden, zu unterscheiden. Denn es wird viel Verwirrung ... angerichtet, ..., wenn man glaubt, die für den Umgang mit Erkenntnissen geltenden Regeln auch auf den Umgang mit Diagnosen anwenden zu können.» (Wieland 1975, 89–90)

Diagnosen richten sich auf den Einzelfall. Erkenntnisse hingegen sind immer allgemeiner Natur. Deshalb werden Erkenntnisse auch veröffentlicht, Diagnosen jedoch nicht, da ihnen das allgemeine Interesse, das wir an Erkenntnissen nehmen, abgeht (vgl. Wieland 1975, 90). Das gleiche gilt, wie man hier wiederum ergänzen muß, für jede Art von Diagnosoid. «Die Sicherung einer Diagnose führt also nicht zu einer ein Erkenntnisinteresse befriedigenden Einsicht, sondern zu einer mögliches Handeln bestimmenden Beurteilung des Einzelfalles.» (Wieland 1975, 90)

Diese Beurteilung wird immer nur so weit getrieben, wie sie zu vernünftigem, gegenüber dem Therapieziel zweckrationalem Handeln beiträgt. Dieses Therapieziel kann allerdings nur unter gewissen zusätzlichen Nebenbedingungen, die von weiteren Zielen, wie der Vermeidung von Schmerzen und Kosten gesetzt werden, verfolgt werden. In diesem Zielhorizont die richtige Beurteilung zu finden, ist nicht Sache unseres Erkenntnisvermögens, sondern der Urteilskraft, die sich als Vermögen zur Singularsubsumtion von Verstand und Vernunft unterscheidet (vgl. Wieland 1975, 96).

Durch den Schritt in das «Reich der Urteilskraft» hat man jedoch aus Wielands Sicht den Bereich der «Kunst» (als wissenschaftlicher Praxis) betreten. Diese Kunst bedient sich spezieller Techniken, insonderheit der Topik und der Semiotik (vgl. Wieland 1975, 95). Solche Techniken leiten die Praxis in einer Weise, die man gerade nicht als von (festen) Regeln bestimmt begreifen kann. «Überall, wo sich die Urteilskraft zu betätigen hat, kann man ihr nur Gesichtspunkte als Entscheidungshilfen anbieten, jedoch keine sicheren Regeln. Denn die Anwendung von Regeln ist der einzige Bereich, der selbst nicht mehr endgültig durch Regeln determiniert werden kann. Die Urteilskraft kann in der Praxis immer nur an Beispielen eingeübt werden; man kann das Gesetz ihrer Betätigung jedoch nicht an Hand von allgemeingültigen Sätzen erlernen.» (Wieland 1975, 96–97)

Nun könnte man meinen, die resultierende Praxis sei keine wissenschaftliche. Wenn das auf Erkenntnis gerichtete und gegründete Handeln sich auf allgemeines richtet bzw. stützt, während alles andere Handeln, allein weil ihm die allgemeine Ausrichtung abgeht, als nicht auf Erkenntnis zielendes und gestütztes angesehen wird, dann könnte man gerade diesen Punkt zum Kriterium für «wissenschaftliche» bzw. «nicht-wissenschaftliche Praxis» erheben. Dies wünscht Wieland jedoch zu vermeiden. Eines seiner Motive scheint dabei die Kritik an einer in der Praxis der Medizin häufig zu beobachtenden Überstrapazierung des Ethischen zu sein.

Das Selbstverständnis jener Praktiker, die Medizin als angewandte Wissenschaft begreifen, läuft nach Wielands Auffassung auf offenkundig unhaltbare Simplifizierungen hinaus. Denn nach diesem Selbstverständnis bezieht der Mediziner sein Wissen um das, was der Fall ist oder sein könnte, aus der theoretischen Wissenschaft, während ihm die Ethik sagt, wie er handeln soll. Nun muß man Wieland unbedingt zustimmen, wenn er dieses – zugegebenermaßen sehr holzschnittartig charakterisierte – Selbstverständnis für eine Fehldeutung hält. Denn menschliche Praxis kann eine Vielzahl von Regeln enthalten, die bestimmen, was man als Teilnehmer der Praxis zu tun oder zu unterlassen hat, ohne daß diese Sollensforderungen deshalb schon nach ethischen Maßstäben bestimmt wären. Darin unterscheidet sich die Medizin in nichts von solchen Disziplinen wie der praktischen Jurisprudenz. Auch in diesen Disziplinen hat die unterschiedslose Klassifikation aller von Regeln ausgehenden Anforderungen als «ethisch» einige Verwirrung gestiftet (vgl. ausführlicher dazu Baurmann und Kliemt 1985). Und deshalb könnte man ohne weiteres auf sie Wielands Hinweis übertragen, daß es nicht angehe (ärztliches, juristisches) Handeln im Rahmen einer solchen Praxis einfach in (wertfreies) Erkennen und ethisches Engagement auseinanderzudividieren (vgl. Wieland 1975, 11). Dies würde den Bereich des Ethischen, wie gesagt, ungebührlich ausdehnen. «Wenn man einmal von den seltenen echten, ethischen Konfliktsituationen absieht, reduziert sich das Ethische im Handeln des Arztes auf die Verpflichtung, die Regeln der ärztlichen Kunst stets gewissenhaft zu befolgen» (Wieland 1975, 10).

Allerdings bleibt natürlich die Frage bestehen, inwieweit ärztliche Kunst wirklich minimale Kriterien von Wissenschaftlichkeit erfüllt. Zumindest scheint hier erforderlich zu sein, daß die Praxis von gewissen intersubjektiv zugänglichen und in ihrer Einhaltung prüfbaren Regeln ausgeht. Mit seiner zuletzt erwähnten Rede von den «Regeln der ärztlichen Kunst» scheint Wieland eine solche Regelleitung nicht auszuschließen. Andererseits betont er auch, wie im vorangehenden bereits zitiert, daß das Wesen der medizinischen Praxis vom Beurteilungskonzept her begriffen werden muß und daß dieses für ihn gerade nicht auf eine Anwendung von Regeln hinausläuft. Sein in diesem Kontext stehender Verweis auf Topik (insonderheit auf Viehweg 1974, wo es etwa auf S. 41 gar heißt, das topische Problemdenken sei «bindungsscheu») macht seine Skepsis gegenüber einer Bindung an Praxisregeln ebenfalls deutlich. Es ist klar, daß sich hier zumindest der Anschein einer Inkohärenz der Argumentation ergibt. Daß dies nicht nur einen kontingenten Argumentationsfehler anzeigt, sondern auf tiefere Probleme für Wielands Auffassungen hindeutet, wird sich in der nachfolgenden Würdigung und methodologischen Einordnung seiner Argumente zeigen.

3.1.1.3 Zur Gesamteinschätzung von Wielands Argumenten

Die vorliegende Schrift ist, das wurde bereits einleitend erwähnt, keine medizintheoretische, sondern stellt wissenschaftsphilosophische Überlegungen für medizin- und wissenschaftstheoretisch interessierte Fachwissenschaftler dar, die über eine eigenständige, insoweit über die des Verfassers hinausgehende Sachkompetenz in ihrer Disziplin verfügen. Deshalb kann an dieser Stelle auch nur eine Anregung zur Würdigung von Wielands Argumenten aus Sicht der Wissenschaftstheorie gegeben werden. Von diesem Standpunkt aus ergibt sich die natürlichste Sicht des Diagnoseproblems in dem weiten, auch Diagnosoide einschließenden Sinne zweifelsohne durch Rückgriff auf das Konzept der wissenschaftlichen Erklärung. Die medizinische Theorie stellt danach die Kenntnis allgemeiner Gesetzmäßigkeiten zur Verfügung. Diese verbindet sie zu Krankheitseinheiten oder, allgemeiner, Krankheitsbildern, die gemeinsam mit bestimmten Annahmen über vorliegende Randbedingungen eine Erklärung der vorliegenden Symptome ergeben.

Grundsätzlich kann man nun entweder nur die Randbedingungen oder Randbedingungen und krankheitsbeschreibende Gesetzeskenntnisse gemeinsam (also das Explanans als Ganzes) als Diagnose betrachten. Im Gegensatz zu manchen anderen Vorschlägen (vgl. etwa oben 3.1.1.1 und Westmeyer 1972) scheint hier die zweite Konvention die naheliegendere zu sein. Selbstverständlich stellt zwar der praktizierende Mediziner nicht selbst die Gesetzmäßigkeiten auf. Er formiert seine Krankheitsbilder nicht in seiner Praxis. Seine Praxis besteht gerade darin, passende Randbedingungen für eine Wirkung der Gesetze zu finden, derart daß die in Frage stehenden Symptome zu erwarten sind. Insoweit fügt der Praktiker in der Tat «nur» die Randbedingungen hinzu. Andererseits gibt es für einen Satz häufig unklarer Symptome in der Regel mehrere potentielle Erklärungen. Randbedingungen R1

S1 ... SL ergeben. Doch Randbedingungen R'1 ... R'H und Gesetze G'1 ... G'I erklären ebenfalls S1 ... SL usw.

Es scheint das geordnete Paar aus einem bestimmten Tupel von Randbedingungen und einem bestimmten Tupel von Gesetzen zu sein, auf das es ankommt, und nicht nur auf «die» Randbedingungen. Das sieht Westmeyer selbstverständlich auch. In seiner «Logik der Diagnostik» versucht er deshalb, einen Algorithmus anzugeben, der aus dem gegebenen Korpus der Erfahrung zu einem Zeitpunkt t die relevanten Gesetzmäßigkeiten und Randbedingungen auszuwählen erlaubt. Dem liegt die Vorstellung zugrunde, daß letztlich alle Gesetzmäßigkeiten explizit angegeben und in einer Art Liste gespeichert werden können. Aus dieser Liste können dann die relevanten rein mechanisch ausgewählt werden, indem bestimmte logische Umformungen vorgenommen und dann alle jene Gesetzmäßigkeiten, die die betreffenden am Patienten zu beobachtenden Symptome Si in der «Dann-Komponente» aufweisen, bestimmt werden. Es werden dann – und nur hier bedarf es der empirischen Prüfung durch den Diagnostiker – die Bedingungen der «Wenn-Komponenten» am Patienten geprüft. Je nach Vorliegen bzw. Nicht-Vorliegen führt das zu weiteren Prüfungen bzw. zur Elimination jeweils der Gesetze, die logisch (oder induktiv-statistisch) nicht mit den geprüften Bedingungen verträglich sind.

Man kann – jedenfalls für den deterministischen Fall – relativ leicht einsehen, daß das Verfahren bei einer endlichen Anzahl von Gesetzen in einer endlichen Anzahl von Schritten jeweils zu einem definitiven Ergebnis führt. Im Prinzip müßte es sich in Form eines diagnostischen Superexpertensystems auf einem Computer implementieren lassen. Ist dieser mit hinreichendem Speicherplatz versehen und hinreichend schnell, dann sollte es nach dieser Logik möglich sein, das zu einem jeden Zeitpunkt t vorhandene Wissen jeweils zu repräsentieren und verfügbar zu halten. Nach Eingabe eines Befundes von Symptomen (einschließlich Vorgeschichte etc.) würde eine solche Maschine dann weitere zu prüfende Bedingungen angeben. Diese müßte der Praktiker prüfen und die Antworten wiederum eingeben. Dieses Verfahren wäre so lange fortzusetzen, bis eine gesicherte Diagnose vorläge.

Manche heutige Expertensysteme nähern sich dem geschilderten Verfahren allmählich an. Die KI-Forschung (Künstliche Intelligenz-Forschung) ist in aller Munde. Auch Wieland setzte zur Zeit der Niederschrift seines Buches, wie sich aus mehrfachen Hinweisen ergibt, Hoffnungen auf die Anwendung des Computers. Doch sein zentraler Vorbehalt wird sich nicht durch mehr und schnellere Rechenkapazitäten ausräumen lassen. Aus seiner Sicht macht es wenig Sinn, einfach zu argumentieren, daß alle zu einer Zeit t bekannten Krankheitsbilder hinsichtlich der in ihnen formulierten Gesetzmäßigkeiten etwa in einer Konjunktion zu einem Supergesetz zusammengefaßt werden können und es deshalb nur auf die Randbedingungen ankomme, da der Mediziner nur insoweit eine Entscheidung zu treffen habe. Wieland selbst beruft sich hier zwar, wie skizziert, im wesentlichen auf die Handlungsaspekte der Medizin, daß diese immer praktisch und auf Heilung bezogen sei etc. Diese Art der Argumentation scheint nicht sonderlich überzeugend zu sein. Man darf jedoch vermuten – wofür auch der

Rekurs auf Topik spricht –, daß diese Argumente nur Ausdruck einer ganz grundlegenden Intuition über die Wurzeln rationalen Verhaltens in komplexen Handlungssituationen sind. Diese Intuition läßt sich keineswegs apriori von der Hand weisen. Sie geht davon aus, daß der menschliche Experte aufgrund seines Trainings einen unmittelbaren Zugang zu Situationen hat, in denen er sich aufgrund *impliziten* Wissens in einer Weise orientiert, die sich nicht «algorithmisch» in einzelne Analyseschritte zerlegen läßt. Er muß eine Entscheidung darüber treffen, was er für relevant oder irrelevant hält, und entsprechend wählen etc. und er tut dies in einer Weise, die dem Vorgehen jedenfalls der heutigen Computerprogramme überlegen ist.

So wie der Schachspieler ein «Gefühl für Schachsituationen» entwickelt, indem er eine Vielzahl von Partien (nach-)spielt, so entwickelt der Mediziner in der Praxis ein Gefühl für diagnostische Situationen. Dabei können beide auf einen Fundus von Theorien zurückgreifen, ohne jedoch in der Lage zu sein, alle von ihnen herangezogenen Kenntnisse explizit angeben zu können. Diese Kenntnisse gehen überdies über das rein theoretisch in Regeln zu gießende Wissen hinaus. (Wieweit hier nur der Entdeckungs- und nicht der Rechtfertigungszusammenhang der Erkenntnisse betroffen ist, das muß ebenso offenbleiben, wie die mannigfachen Möglichkeiten, sich in diesem Zusammenhang auf Kritiker der heutigen KI-Forschung zu berufen; vgl. aber einige Hinweise des kommentierten Literaturverzeichnisses).

Die relevanten Gesetzmäßigkeiten sind häufig ohnehin in der Form von Regeln mit Ausnahmen formuliert. Sie haben etwa die Form «wenn R, dann S, es sei denn Q». Sie gleichen damit weitgehend sogenannten prima facie Prinzipien. Ähnlichkeiten zu Beweislastregeln sind ebenfalls evident. Das macht erneut deutlich, wie es für Wieland zu Bezügen zur Topik in der Jurisprudenz kommen kann. Auch seine Auffassung von der Beurteilungskunst, die sich in der Diagnose niederschlägt, wird vor diesem Hintergrund nachvollziehbar. Es geht in der Tat nicht um eine «mechanische» subsumierende Anwendung «fertiger» deduktiver Systeme.

Aber alles das stützt kaum die zentralen Thesen Wielands vom besonderen Charakter der Medizin, der sie von normaler angewandter Wissenschaft unterscheiden soll. Denn natürlich erfordert jede Anwendung einer Theorie immer ein gewisses Maß an Urteilsvermögen. Das gilt nicht nur für die Umsetzung von Theorien in technischen Kontexten, sondern bereits für die Frage, ob bestimmte «Realitätsbereiche» Modelle von Theorien sind. Es ist nicht so, daß sich die Wissenschaftstheoretiker der Naturwissenschaft notwendig ein zu einfaches Bild von der medizinischen Theorieanwendung machen müßten, wenn sie ihre Konzepte von theoretischer Erklärung und Deduktion aus dem im engeren Sinne naturwissenschaftlichen auf den medizinischen Bereich übertragen wollen. Daß das Bild der naturwissenschaftlichen Theorieanwendung oder Erklärung Wieland als zu einfach erscheint, liegt vermutlich umgekehrt daran, daß er sich als Medizintheoretiker ein zu einfaches Bild von der naturwissenschaftlichen Erklärung und Theorieanwendung macht. Würde er eine adäquate Beschreibung der komplexen Praxis des Anwenders von Naturwissenschaft und des Naturwissenschaftlers formulieren, dann würde er vermutlich kaum mehr Unterschiede zu seinem Bild der medizinischen Praxis ausmachen können.

Ohne damit endgültig eine Entscheidung für die strukturalistische Wissenschaftsauffassung treffen zu wollen, lassen sich diese Überlegungen recht gut an dieser Wissenschaftskonzeption illustrieren (jedenfalls im Grundzug – Details mag der interessierte Leser selbst ausfüllen, während derjenige, der die einschlägigen Abschnitte zuvor überschlagen hat, sogleich zu 3.1.2 fortschreiten mag). Nach strukturalistischer Auffassung sind die intendierten Anwendungen einer Theorie nur pragmatisch durch paradigmatische Beispiele charakterisiert. Im Prinzip handelt es sich hierbei um typische «Fälle». So wie der Jurist und der Mediziner «Fälle» lösen, so suchen alle Theoretiker nach neuen Anwendungen für ihre Theorien. Wie die Mediziner und Juristen lassen sie sich dabei von paradigmatischen «Lehrbuchfällen» leiten. Diese Fallbeschreibungen enthalten neben der eigentlichen «empirischen Beschreibung» in der Sprache der partiellen potentiellen Modelle möglicherweise auch eine Reihe relativ zur betreffenden theoretischen Struktur theoretische Terme usw.

Wenn nun ein Mediziner beispielsweise eine Anamnese aufnimmt und potentiell symptomatische Phänomene beschreibt, dann entspricht das in vollkommen selbstverständlicher Weise der Formulierung eines partiellen potentiellen Modelles in der strukturalistischen Wissenschaftstheorie. Nachdem diese Fallbeschreibung vorgenommen wurde, wird nach geeigneten Werten für die theoretischen Terme gesucht. Das erfordert ein gutes Maß an Phantasie und Beurteilungsvermögen, zumal eine Vielzahl von theoretischen Bezügen aber auch möglicherweise konkurrierender Theoriestrukturen, die auf die gleiche Klasse partieller potentieller Modelle Bezug nehmen können, einbezogen werden muß.

Hier besteht eine vollkommene Entsprechung zu dem generell ebenfalls unser Beurteilungsvermögen in hohem Maße fordernden Auffinden neuer Modelle von Theorien. Die Diagnose ist so gesehen nichts anderes als die Feststellung, daß ein Modell einer bestimmten Theorie vorliegt. Identifiziert man Krankheitsbilder mit Theorien im Sinne des Strukturalismus, dann kann man nun auch in vollkommen natürlicher Weise zwei Kernpunkten von Wielands Überlegungen Rechnung tragen. Zum einen handelt es sich bei «x ist ein Modell von Krankheitsbild-(einheit) K» um eine singuläre Feststellung. Damit ergibt sich, was Wieland immer wieder betont, der singuläre Charakter von Diagnosen. Zum anderen beinhaltet das Auffinden eines Modells zu einer Theorie im engeren Sinne wissenschaftliche Tätigkeit. Die «Anwendungen» von Theorien fallen nicht vom «Himmel». Generell besteht der überwiegende Teil wissenschaftlicher Tätigkeit nicht nur in den sogenannten angewandten, sondern in *allen* Wissenschaften aus der Suche nach Theorieanwendungen oder – wie man nun auch sagen könnte – aus der «Diagnose von Modellen».

Insgesamt kann somit die rationale Praxis des Mediziners sehr wohl in der auf theoretische Wissenschaft bezogenen Wissenschaftstheorie als wissenschaftliche Tätigkeit beschrieben werden. Danach sucht der Mediziner wie jeder andere Wissenschaftler, theoretische Behauptungen von der Form «ist ein Modell von» zu bestätigen. Immer wieder wird er auch selbst gewisse Spezialisierungen vornehmen, gewisse Tests durchführen etc. und damit insgesamt patientenspezifische «Minitheorien» bilden (vgl. hierzu analog Baurmann und Mans 1985). Er ergänzt allgemeine krankheitserklärende deduktive Systeme um zusätzliche spezielle Prämissen und sucht so, die Symptome zu erklären. Er verfährt jedenfalls im öffentlichen Rechtfertigungszusammenhang seiner Erkenntnisse deduktiv, ohne *aus* dem System der Krankheitseinheiten deduzieren zu können. Was typischerweise nicht oder selten auftreten wird, ist die Fortentwicklung und Bestimmung von Krankheitsbildern oder generellen Krankheitstheorien etwa durch den praktizierenden Allgemein-Mediziner. Doch darin unterscheidet sich die Medizin wiederum nicht von anderen Wissenschaften. Salopp formuliert: nicht alle Physiker sind Newtons oder Einsteins.

Der einzige für Wieland wichtige Gesichtspunkt, dem in dem entworfenen strukturalistischen Bild von der Wissenschaftspraxis der Medizin bislang nicht Rechnung getragen wurde, ist das Therapieziel. Der Bezug auf den Wunsch nach Heilung, der das reine Theoretisieren um des Theoretisierens willen verhindert. Doch entsteht daraus ebenfalls keine Schwierigkeit. (Jedenfalls bietet Wieland in keinem Falle überlegene oder genauere Analysen an.)

Zum einen handelt es sich hier um ein Problem, bei dem in der Tat ein prinzipieller Unterschied zu solchen Fragen wie der einer optimalen ingenieurwissenschaftlichen Umsetzung allgemeiner wissenschaftlicher Kenntnisse im Rahmen menschlicher Ziele nicht mehr zu erkennen ist. Zum anderen kann man dies in der Sprache der Modelle grundsätzlich sehr einfach erfassen, indem man argumentiert, daß es hier um die Wahl eines im Rahmen der bestehenden Alternativen optimal bewerteten Modelles geht. Die dabei zentralen Wertgesichtspunkte lassen sich mit Sicherheit angemessener in einer auf dieser Sicht fußenden formalen Entscheidungstheorie und Optimierungslehre behandeln als mit den doch eher vagen traditionell-philosophischen Wielandschen Vorstellungen «rationaler Praxis» als «Kunst». So wie die Logik ein unangefochtenes präzises Explikat rationalen Schließens bietet, so bietet die Entscheidungstheorie präzise Explikate – wenn auch zugegebenermaßen weniger unangefochtene – des rationalen Entscheidens nach Maßgabe vorgegebener Ziele und Nebenbedingungen (vgl. hierzu mit Bezug auf «Diagnostik als Entscheidungshilfe» bspw. als knappen ersten Einstieg Tack 1982).

3.1.2 Arzneimittelforschung als kollektiver Suchprozeß – v. Ingersleben über die praktische Rolle des Wissenschaftsverständnisses der Pharmakologie

An der Schrift v. Ingerslebens ist zunächst zweierlei bemerkenswert: zum einen die Tatsache, daß sie in einer Schriftenreihe des Bundesgesundheitsamtes zur Veröffentlichung gelangte und zum anderen die Eindeutigkeit und Entschiedenheit, mit der sie wissenschaftstheoretische Ansätze einerseits und wissenschaftspolitische sowie allgemeinpolitische Zielsetzungen andererseits in Verbindung bringen will. Vor allem letzteres ist im gegenwärtigen theoretischen Kontext von Interesse, während ersteres im wesentlichen zu spezifischen politischen Erwägungen Anlaß geben kann, welche für das weitere bedeutungslos sind. Allerdings können allgemeine politische Überlegungen insofern nicht ausgeklammert werden, als v. Ingersleben sie wie gesagt selbst durch seine eigentümliche Verbindung von wissenschaftstheoretischen Gesichtspunkten und spezifischen politischen Zielsetzungen ins Spiel bringt.

v. Ingerslebens Rahmenargument läßt sich etwa wie folgt wiedergeben (alle Zitate und Verweise beziehen sich bis auf weiteres unter ausschließlicher Angabe der Fundseite auf v. Ingerslebens Schrift 1979):

1. «Politische Entscheidungen, die das Gesundheitswesen betreffen, bedürfen allemal der wissenschaftlichen Fundierung und Legitimation». (1)

2. Angemessene wissenschaftliche Fundierung und Legitimation kann sich nicht auf den Bereich politik- und wirtschaftswissenschaftlicher Theorienbildung beschränken, sondern bedarf der medizintheoretischen Ergänzung (vgl. 1).

3. Die herkömmliche Medizintheorie ist weitgehend durch medizinisch-therapeutische Erkenntnisdefizite gekennzeichnet (vgl. 2).

4. Folgerung: Die herkömmliche Medizintheorie ist deshalb für den Zweck einer wissenschaftlichen Fundierung von Entscheidungen, die das Gesundheitswesen betreffen, unzureichend.

Aus den Thesen 1–3 und der daraus hervorgehenden Folgerung 4 ergibt sich die Forderung nach einer verbesserten Medizintheorie – wenn auch zunächst nur aus dem sekundären Grund der verbesserten Politikvorbereitung. Es kann dann «analog zur ökonomischen auch die medizintheoretische Analyse vollzogen werden.» (1) Die Forderung dürfte ganz allgemein weitester Zustimmung gewiß sein. Denn wer wollte nicht eine bessere Medizintheorie und daraus erwachsende verbesserte Praktiken sowohl der Therapie als auch der gesellschaftlichen Organisation von Therapieformen begrüßen. (Das gilt selbst für denjenigen, der eine im engeren Sinne «wissenschaftliche» Politiklegitimation als unmöglich ansieht.)

Die Pharmakologie, die im Mittelpunkt von v. Ingerslebens Interesse steht, würde vom Fortschritt der allgemeinen medizinischen Theorie profitieren. Aber auch das ist natürlich eine weitestgehend triviale Konklusion. Sie gewinnt erst dadurch ein gewisses Interesse, daß v. Ingersleben suggeriert, ein sozialtheoretisch motiviertes neues «Verbesserungskonzept» zu besitzen.

Von diesem für eine gewisse Denkrichtung durchaus repräsentativen Konzept wird noch an späterer Stelle ausführlicher zu sprechen sein. Für den momentanen Kontext ist es aufschlußreicher, zunächst zu sehen, daß v. Ingersleben den Bezug zur Pharmakologie in ganz spezifischer Weise herstellt:

5. Die Erkenntnislücken der Medizintheorie bilden eine wesentliche wissenschaftliche Ursache der Dominanz der Pharmakotherapie. Die Pharmakotherapie stößt in diese Lücken. Denn sie dient, neben ‹legitimen kausalen Anwendungen›, regelmäßig als «Surrogat für medizinisch-therapeutische Erkenntnisdefizite». (2)

Der momentane Stand der Medizintheorie bereitet damit indirekt den Weg für die Vormachtstellung der pharmazeutischen Industrie und für deren spezifisches pharmakologisches Paradigma, welches gerade auf diese Surrogatfunktionen zugeschnitten ist. Eine etwaige normative Schlußfolgerung aus diesen Prämissen müßte sich deshalb auf eine Verbesserung der Medizintheorie richten. Das wäre eine «kausale Therapie». v. Ingersleben geht jedoch in seiner Argumentation ohne weiteres zur Pharmakologie und dem diese Wissenschaft seiner Meinung nach beherrschenden Paradigma über und setzt damit auf einer nachgelagerten Ebene der von ihm unterstellten Verursachungskette an (obschon er dabei in etwas merkwürdiger Begriffsverwendung den «metatheoretischen Erkenntnisstand der Medizintheorie» – was immer das sei – in das pharmakologische Paradigma selbst noch einzubeziehen scheint.)

«Das herrschende pharmakologische Paradigma konstituiert sich aus drei Faktoren:

a) dem erkenntnistheoretischen Postulat der Rationalität und deren bedingungsloser Identifizierung mit der Naturwissenschaftlichkeit pharmakologischer Forschung,

b) dem metatheoretischen Erkenntnisstand der Medizin, und zwar insbesondere dem biochemisch reduzierten Krankheitsbegriff und den ebenso reduzierten nosologischen Einheiten sowie

c) der Anwendung der Prinzipien der Wahrscheinlichkeitsrechnung auf die Prüfung von Arzneimitteln.» (11)

Daß dieses herrschende pharmakologische Paradigma unzureichend und deshalb durch ein anderes zu ersetzen ist, bildet die zentrale These v. Ingerslebens. «Hauptthese der vorliegenden Arbeit ist, daß das herrschende pharmakologische Paradigma sich in der praktischen Umsetzung als Arzneimitteltherapie bereits als überholte und teilweise gesellschaftlich untragbare, weil mit erheblichen Nachteilen und Risiken behaftete therapeutische Konzeption erweist. Deshalb erscheint eine Überprüfung des pharmakologischen Paradigmas unumgänglich und seine Ablösung notwendig.» (3)

Das «deshalb» mit dem der Folgerungssatz eingeleitet wird, bezieht sich grammatisch nicht auf das pharmakologische Paradigma, dessen Überprüfungsbedürftigkeit diagnostiziert wird, sondern auf dessen Umsetzung als Arzneimitteltherapie. Insoweit trägt die Prämisse nicht die Konklusion. Denn es könnte ja auch die «Umsetzung» unzureichend sein.

In einer Schrift, die gerade die Rolle des pharmakologischen Paradigmas als solchen gegenüber Fragen der «institutionellen Anwendung» thematisieren und zu normativen Folgerungen für das betreffende Paradigma selbst gelangen möchte, erscheint diese oberflächliche Schlußweise an zentraler Stelle als ziemlich irritierend. Dieser Art eher assoziativen als logischen Schlußfolgerns ist – nebenbei bemerkt – nicht untypisch für das Vorgehen des Verfassers. Das sollte jedoch nicht daran hindern, seine Schrift auf potentiell tragfähigere Argumente hin auszuloten und zu untersuchen, welche Folgerungen sich daraus für die Pharmakologie als solche ergeben könnten. Auf Fragen der «Umsetzung» kann im Anschluß daran um so besser eingegangen werden.

3.1.2.1 Unzureichendes Abstraktionsniveau der Pharmakologie

Arzneimittelforschung ist die aus der Pharmakologie abgeleitete Anwendungswissenschaft (vgl. 16). Anwendungswissenschaften beinhalten in der Regel eine starke Konkretisierung von einem problemfernen hohen Abstraktionsniveau zu einer unmittelbar auf praktische Problemstellungen bezogenen Anwendungsforschung. Anwendungs- und Grundlagenforschung, wie sie durch Arzneimittelforschung bzw. Pharmakologie repräsentiert werden, stehen sich jedoch näher als in anderen wissenschaftlichen Bereichen (vgl. 16), weil sich die Pharmakologie nicht von unmittelbaren Problembezügen gelöst hat.

«Das eingeschränkte metatheoretische Niveau von Pharmakologie und Arzneimittelforschung ist eine Tatsache» (16). Diese Tatsache wird vom Verfasser nicht näher belegt. Seine Feststellung ist aus dem Kontext als die Behauptung zu deuten, daß sich Pharmakologie und Arzneimittelforschung zu stark an praktischen, fallweise vorgegebenen Fragestellungen orientieren und sich damit auf einem zu geringen wissenschaftlichen Abstraktionsniveau bewegen. Dieser «Primat der Praxis» verhindert die Entwicklung einer übergreifenden Theorie auf höherem Abstraktionsniveau. Denn «der Primat der Praxis hat notwendig zur Folge, daß die gründlichere und weitertreibende Untersuchung der jeweiligen Ergebnisse und Erkenntniszusammenhänge unterbleibt und die Tendenz zu fallweisen Lösungen zum Konzept gerät» (16).

Da das relativ zu anderen Wissenschaften geringere Abstraktionsniveau der Arzneimittelforschung und Pharmakologie «eine erhebliche Verkürung der Transformationswege» (16) zwischen Grundlagen- und Anwendungsforschung nach sich zieht und damit eine von den gesellschaftlichen Interessen an wirksamen Arzneimitteln her an sich positiv zu bewertende Auswirkung besitzt, muß man die von v. Ingersleben vorgenommene negative Bewertung des mangelnden Abstraktionsniveaus auf eine andere, indirekte Weise rechtfertigen.

Ihm könnte dabei, obschon er darin nicht gerade deutlich argumentiert, folgendes nachgerade klassische Argument vorschweben: Auch wenn man eine möglichst weitgehende wissenschaftliche Erkenntnis und Welterklärung nicht als ein Ziel in sich ansieht, kann man eine möglichst grundlegende, wissenschaftsintern beurteilte Erklärung empirischer Sachverhalte als ausschlaggebende wissenschaftliche Zielsetzung aus anderen menschlichen Zielen und Werten (indirekt) ableiten. Man verweist dazu darauf, daß nach bisherigen Erfahrungen den übrigen individuellen und gesellschaftlichen Zielsetzungen gerade dadurch am besten gedient wurde, daß das gesellschaftliche Subsystem der Wissenschaft sich nicht an spezifischen externen Zielsetzungen sondern an dem ihm gleichsam «natürlich» innewohnenden Ziel der möglichst genauen oder guten Erklärung ausrichtete. Den außerwissenschaftlichen Zielen wurde gerade dadurch am besten gedient, daß man die Wissenschaften jedenfalls von der bewußten, explizit verbindlichen Orientierung auf solche Ziele freistellte und die Wissenschaftlergemeinschaft ihre Wertkriterien und Zielsetzungen selbst und insoweit «autonom» definieren ließ.

Selbstverständlich kann man unter allgemeinen Wertgesichtspunkten bezweifeln, ob die am Ziel des Erkenntnisfortschrittes orientierte Wissenschaft – gleichsam «sub specie aeternitatis» – wirklich ein Erfolg war und ist. Aber für eine metatheoretische Argumentation, die wissenschaftliche Abstraktion und möglichst grundlegende Theoriebildung für wünschenswerte Zielsetzungen hält und einen Mangel daran kritisiert, ist eine derartige wissenschaftsferne Bewertungsweise nicht sehr naheliegend. Wie es den wissenschaftsinternen Werten entspricht, will sie die Mitglieder einer Wissenschaftlergemeinschaft ja gerade auf möglichst weitgehende, grundlegende und zutreffende Erklärungen festlegen.

Mit seiner Kritik, die Arzneimittelforschung bzw. Pharmakologie bewege sich nicht auf einem hinreichenden Abstraktionsniveau, scheint v. Ingersleben auf eine solche oder eine nahe verwandte Argumentationsfigur hinauszuwollen. Denn für die Wertung, daß das Abstraktionsniveau nicht hinreichend sei, benötigt man Wertkriterien. Und wenn auch v. Ingersleben die Herkunft der seinen Werturteilen zugrundeliegenden Wertvorstellungen kaum einmal auch nur andeutungsweise offenlegt, so deutet doch sein Hinweis auf Physik und Chemie, die er im Vergleich mit der Pharmakologie für überlegene wissenschaftliche Disziplinen zu halten scheint, auf das Selbstverständnis dieser Disziplinen hin. Grundlagenforschung in diesen Bereichen mißt sich *selbst* jedoch gerade an den Zielen möglichst weitgehender, grundlegender und zutreffender Erklärung.

Das Argument v. Ingerslebens, daß Pharmakologie und Arzneimittelforschung ‹zu› eng liiert seien, zielt ziemlich zwangsläufig darauf ab, die Pharmakologie als Grundlagenforschung externen Wertsetzungen, wie sie von der Arzneimittelforschung an sie herangetragen werden, zu entziehen. Die Forderung nach «abstrakterer» Grundlagenforschung kann jedenfalls nur durch Abkopplung von den durch wissenschaftsfremde praktische Zielsetzungen bestimmten Problemvorgaben der «praktischen» Arzneimittelforschung erfüllt werden. Sie läuft damit zwangsläufig auf das Verlangen nach einer größeren Autonomie der pharmakologischen Grundlagenforschung gegenüber gesellschaftlichen Zielsetzungen hinaus. Andernfalls ergäbe die Argumentation v. Ingerslebens, sein Verweis auf Physik und Chemie als Vorbildern und seine Klage über ein mangelndes Abstraktionsniveau und zu enge Problembezüge der Pharmakologie wenig Sinn.

Überraschenderweise will v. Ingersleben die für die Konsistenz seiner Argumentation erforderliche Autonomieforderung jedoch nicht ausnahmslos gelten lassen. Es scheint, daß er die Autonomieforderung nur gegen die ‹schädlichen Einflüsse› der pharmazeutischen Industrie geltend machen würde, sonst jedoch durchaus eine an gesellschaftlichen Problemlagen ausgerichtete Forschung (auch Grundlagenforschung) bevorzugen würde.

Selbstverständlich *kann* man argumentieren, daß bestimmte Gruppen Einfluß auf die Forschungsorientierungen der Pharmakologie durch bestimmte Problemvorgaben haben sollen und bestimmte andere Gruppen nicht. Eine solche These läßt sich bei Einführung entsprechender Wertsetzungen konsistent vertreten. Man kann sich jedoch dabei *nicht* auf das *generelle* Argument berufen, die Pharmakologie sei gemessen an wissenschaftstheoretischen Standards (insbesondere solchen anderer Disziplinen) zu problemorientiert. Denn dieses Argument wirkt gegen *jede* Problemorientierung gleichermaßen und damit auch gegen die von v. Ingersleben gewünschte Orientierung an wissenschaftsfernen gesellschaftlichen Zielen. Insofern er sich auf das bei Anhängern reiner Grundlagenforschung zustimmungserzeugende *generelle* Argument berufen möchte, ist das Vorgehen v. Ingerslebens somit nicht kohärent. Überdies würden Anhänger einer Projektforschung, auf deren Sicht sich

v. Ingersleben ansonsten für eine Projektorientierung im Sinne seiner eigenen Zielsetzungen berufen muß, das Argument gerade generell für reife Wissenschaften bestreiten (vgl. «klassisch» dazu, Weinberg 1970).

Im Rahmen der bisherigen Überlegungen erscheint es auch keineswegs als ausgeschlossen, daß sich das geringe Abstraktionsniveau der pharmakologischen Forschung unter Beibehaltung der «drei Grundelemente des geltenden Paradigmas – exklusive Identifikation von Naturwissenschaftlichkeit mit Rationalität, biochemisch reduzierter Krankheitsbegriff und Prüfung von Arzneimitteln auf der Grundlage der Wahrscheinlichkeitsrechnung – (20)» heben lassen könnte. Ein Paradigmenwechsel wäre dann *aus Gründen des mangelnden Abstraktionsniveaus* nicht notwendig. Das bedeutet, daß *diese* im engeren Sinne methodologisch-wissenschaftstheoretische Begründung für einen Paradigmenwechsel ausscheiden würde.

Wenn v. Ingersleben immer wieder auf die mangelnde grundlagentheoretische Orientierung der Pharmakologie verweist, dann hat das jedoch eine weitergehende «Aufhängerfunktion». Es bildet als eine auf anscheinend tiefere wissenschaftstheoretische Einsichten gestützte Mangelfeststellung einem rhetorischen Vorhang Halt, der einen Schleier von Plausibilität über ganz andersartige inhaltliche Angriffe auf das pharmakologische Paradigma zu werfen sucht.

v. Ingersleben verfolgt, wenn auch vermutlich unbewußt, etwa die folgende Suggestivstrategie:

1. Die bisherige Pharmakologie ist weitgehend problemorientiert.

2. Es ist methodologisch wünschenswert, allgemeine Grundlagenforschung jenseits direkter praktischer Problemvorgaben zu betreiben.

3. Die herrschende Pharmakologie ist mangelhaft, indem sie bestimmten methodologischen Gesichtspunkten nicht gerecht wird.

Diesen Prämissen wird man möglicherweise zustimmen wollen. Es wird aber nun nicht nur gefolgert:

4. Es ist wünschenswert für die Pharmakologie, sich stärker in Richtung der abstrakten Grundlagenforschung zu orientieren.

Diese These könnte auf den Vorschlag einer veränderten Arbeitsteilung zwischen Pharmakologie und Arzneimittelforschung hinauslaufen, indem Pharmakologie sich stärker in Richtung Grundlagenforschung und Arzneimittelforschung noch stärker in den Bahnen der Projektforschung bewegt. Ob solche Vorschläge wirklich eine Verbesserung bringen würden, kann hier dahingestellt bleiben. Denn es entspricht zunächst nicht der Argumentationsweise v. Ingerslebens, so vorzugehen. Er zieht nicht die Folgerung 4., sondern führt eine weit stärkere Prämisse als Folgerung ein:

4'. Die bisherigen Säulen der pharmakologischen Forschung sind, wenn auch nicht gänzlich, so doch partiell durch andere zu ersetzen.

Diese Folgerung ist keinesfalls durch die Prämissen gedeckt. Es wäre dazu notwendig, eine Prämisse der folgenden Art zu besitzen.

P: Die Pharmakologie ist aufgrund eines oder mehrerer Grundelemente ihres Paradigmas daran gehindert, ein hinreichendes Abstraktionsniveau zu erreichen und der Ersatz durch ein oder mehrere andere Elemente würde zumindest berechtigte Hoffnung auf eine Mängelerhebung erwecken.

Für die letztere Prämisse P bringt v. Ingersleben jedoch keine Argumente vor. Er beklagt den Mangel an grundlegender Theoriebildung und gewinnt damit Zusammenhang für seine These, daß in der Pharmakologie jedenfalls verglichen etwa mit Physik und Chemie nicht alles zum besten bestellt ist. Hernach konstatiert er, wie wir noch sehen werden, ganz andersartige Mängel in Thesen, denen man keineswegs zustimmen muß, wenn man ausgeweitete Grundlagenforschung wünscht. Er demonstriert nicht, daß sich mit der Behebung der von ihm *zusätzlich* festgestellten Mängel auch eine verbesserte Grundlagenforschung im Hinblick auf den *ursprünglichen* Abstraktionsmangel einstellen wird. Ein Bezug auf die einschlägigen methodologischen, wissenschaftstheoretischer Rechtfertigung zugänglichen Wertvorstellungen ist insofern nicht gegeben, sondern wird bloß behauptet und hernach suggestiv ausgenutzt.

Sieht man von solchen inkonklusiven Ableitungen ab, so könnten die vermeintlichen oder wirklichen zusätzlichen Mängel für sich alleinstehend natürlich immer noch einschneidende Veränderungsvorschläge hinsichtlich der Pharmakologie rechtfertigen. Unabhängig von dem von ihm nur suggerierten Ableitungszusammenhang könnten bestimmte Einwände v. Ingerslebens aus sich heraus berechtigt sein. Das wird nun anhand einiger exemplarischer, für ihn typischer Überlegungen zu prüfen sein.

3.1.2.2 Über das unzureichende Abstraktionsniveau hinausreichende Mängel der Pharmakologie

3.1.2.2.1 Die Eingrenzung des herrschenden Paradigmas auf naturwissenschaftliche Fragestellungen

Immer wieder beklagt v. Ingersleben die Identifizierung von wissenschaftlicher Rationalität mit Naturwissenschaftlichkeit, welche sich historisch in Auseinandersetzung mit der romantischen Naturphilosophie durchgesetzt habe (vgl. 7) und sich dank erster unbestreitbarer therapeutischer Erfolge der darauf gegründeten Medizin und Pharmakologie endgültig etabliert habe. Damit hätten sich sowohl der mechanisch-physikalische Reduktionismus mit seinen modernen Nachfahren wie chemischer Variationsmethodologie, mechanistischer Rezeptortheorie und Wirkungs- und Unbedenklichkeitsprüfungsmethodologie als auch der naturwissenschaftliche Krankheitsbegriff fest in der Medizintheorie und Pharmakologie verankert.

«Zwar darf nicht übersehen werden, daß auf der Grundlage des naturwissenschaftlichen Krankheitsbegriffes die unbestrittenen Erfolge der Pharmakologie basieren.» (9) Doch «einerseits ist eine kausale Anwendung nicht die Regel, sondern überwiegend die Ausnahme, andererseits entzieht sich das gesamte Gebiet der psychosozial verursachten Beschwerden der Arzneimitteltherapie völlig.» (9) Dies führe zu einem «pseudo-wissenschaftlichen» Gebrauch von Arzneimitteln (9), der sich aus drei Ursachen speise: «1. Illusionen über die effektiven Möglichkeiten der Arzneimitteltherapie, 2. den ‹Pragmatismus der Leidenden› und 3. die Rationalisierungsfunktion von Arzneimitteln.» (9)

Die Zentralfrage für v. Ingersleben ist, wie die aufgezählten Faktoren und damit der pseudo-wissenschaftliche Gebrauch von Arzneimitteln – dessen Möglichkeit wiederum niemand bestreiten wird – auf das wissenschaftliche Selbstverständnis der Pharmakologie zurückgeführt werden können. Denn nur dann läge eine praktische Wirkung «des Wissenschaftsverständnisses der Pharmakologie» vor. v. Ingersleben behauptet, zeigen zu können, daß der naturwissenschaftliche, biochemisch reduzierte Krankheitsbegriff zumindest eine Teilursache der «über das wissenschaftlich ausgewiesene Maß hinaus dominanten Rolle der Arzneimitteltherapie» sei (10). Seine Argumente tragen diese Behauptung jedoch wiederum in keiner Weise.

Was die Illusionen über die effektiven Möglichkeiten der Arzneimitteltherapie anbelangt, so neigten Arzt und Patient «in Ermangelung anderer Interventionsmöglichkeiten» (9) «objektiv zu Überschätzung der

Arzneimittelwirkungen» (9). Das ist *psychologisch* ein plausibles Verhalten, wenn man als Arzt oder Patient ‹nichts unversucht› lassen und in irgendeiner Weise eingreifen möchte. Insofern gibt v. Ingersleben eine Erklärung für das betreffende Verhalten. Was diese Erklärung jedoch mit dem (natur)wissenschaftlichen Selbstverständnis der Pharmakologie zu tun haben soll, fragt man sich etwas ratlos, zumal naturwissenschaftliche Orientierungen – wie v. Ingersleben sogar selbst feststellt (vgl. 9) – mit ihrem Beharren auf legitimierten statistischen oder kausalen Gesetzmäßigkeiten tendenziell derartigen (teils spekulativen) Verwendungen von Substanzen gerade entgegenwirken.

Daß es einen «Pragmatismus der Leidenden» insofern gibt, als viele Individuen bei kleineren Beschwerden zur Selbstmedikamentation neigen, ist zwar ebenfalls eine Tatsache. Aber wiederum bleibt es unerfindlich, inwieweit damit eine Beziehung zum (natur)wissenschaftlichen Selbstverständnis von Medizintheorie und Pharmakologie gegeben sein könnte.

Schließlich mag es angesichts überlasteter Ärzte tatsächlich eine Tendenz geben, aufwendige diagnostische Verfahren durch weitgehend spekulativ begründete Arzneimittelverordnung zu umgehen. Aber auch dieser «Rationalisierungsfunktion» steht eine (natur)wissenschaftliche Orientierung als solche gerade entgegen und fördert sie in keinem Falle.

v. Ingersleben verfolgt hier ganz offenkundig wiederum die Argumentationsstrategie, nach allgemeinem Konsens negativ zu bewertende Tatsachen rein assoziativ in einen Zusammenhang mit einer Tatsache zu bringen, die nach allgemeinem Konsens keineswegs negativ zu beurteilen ist, welche er aber mit einer negativen Beurteilung versehen möchte. Die naturwissenschaftliche Orientierung von Medizintheorie und Pharmakologie wird so auf dem Behauptungs- nicht auf dem Argumentationswege für bestimmte negative Konsequenzen verantwortlich gemacht, welche sie augenblicklich nicht zu verantworten hat.

v. Ingersleben hält jedoch noch ein anderes Argument gegen die naturwissenschaftliche Orientierung der Pharmakologie bereit. «Die Fortschritte der Gesellschaftswissenschaften und ihre zunehmende Einbeziehung in andere medizinische Disziplinen wurden zumindest in der pharmakologischen Theorie nicht nachvollzogen, so daß sich der biochemische Krankheitsbegriff bis heute nicht halten konnte, während man in der pharmakologischen Methodologie ohne gesellschaftswissenschaftliche Methoden jedoch schon lange nicht mehr auskommt.» (12) Dies zeige sich «vor allem an der zunehmenden Bedeutung der schließenden Statistik beim Nachweis von Wirksamkeit und Unbedenklichkeit von Arzneimitteln.» (12) Diese sei «ein sehr gewichtiges gesellschaftswissenschaftliches Element, das zur Überwindung des geltenden pharmakologischen Paradigmas wesentlich beitragen kann.» (17)

Nun ist es zunächst einmal gelinde gesprochen überraschend, statistische Methoden generell als «gesellschaftswissenschaftlich» apostrophiert zu sehen. Denn solche Methoden berufen sich bekanntlich auf eine wahrscheinlichkeitstheoretische Fundierung, die als solche neutral ist gegenüber Gesellschafts- bzw. Naturwissenschaftlichkeit. Doch nach v. Ingerslebens Auffassung «implizieren die statistischen Grundlagen des Wirksamkeits- und Unbedenklichkeitsnachweises ebenso zwangsläufig und notgedrungen einen gesellschaftswissenschaftlichen Ansatz, dessen erkenntnistheoretische Durchdringung und Umsetzung folgerichtig den Übergang von der individuellen zur sozialen oder zumindest zur Populationspharmakologie einleiten muß.» (18)

Auf die Kurzschlüssigkeit des Argumentes hinsichtlich der Gesellschaftswissenschaftlichkeit der Statistik als solcher muß hier nicht weiter eingegangen werden. Sie ist offenkundig. Das läßt jedoch die andersartige Frage nach der Notwendigkeit einer ‹Sozial- oder Populationspharmakologie› nach wie vor offen. Kollektive Erscheinungen werden zwar aufgrund der bloßen Tatsache, daß an ihnen mehrere Individuen beteiligt sind, noch keineswegs zu naturwissenschaftlich unbehandelbaren Phänomenen – man denke nur an die statistische Theorie des Gasverhaltens (‹Kollektiven› von individuellen Gasmolekülen), Ansätze wie das Hardy-Weinberg-Gesetz in der Genetik etc. Doch es besteht selbstverständlich die Notwendigkeit, sich auf die Formulierung von kollektivbezogenen Aussagen methodisch einzurichten.

Aber auch dies entspricht naturwissenschaftlichem Brauch. Sätze von der Form ‹Alle x haben die Eigenschaft P.› oder ‹Die Wahrscheinlichkeit für das Auftreten des Phänomens A unter der Bedingung B in der Grundgesamtheit G beträgt P (A/B).› sind von jeher formuliert worden. Sie beziehen sich auf Grundgesamtheiten unterschiedlicher Individuen und müssen an Stichproben geprüft werden. Im ersten Falle gibt es hierzu Möglichkeiten strikter Falsifikation während im zweiten Falle stochastische Methoden, etwa zur Beurteilung von Signifikanzniveaus, heranzuziehen sind.

Die Angelegenheit wird erst dann weniger trivial, wenn man behauptet, daß sich durch die Einbeziehung von Populationsphänomenen neue Kausal- oder Erklärungsfaktoren erschließen, welche sich nicht auf rein individuelle Phänomene reduzieren lassen. Auch diese These, welche mit Fragen der Gesellschaftswissenschaftlichkeit und der Anwendung der Statistik als solchen nichts zu tun hat, scheint v. Ingersleben vertreten zu wollen. Er geht aus von einer «Einheitlichkeit und gegenseitigen Determination der Regelsysteme auf den verschiedenen biologischen Integrationsstufen. Darunter sollte die Interdependenz der Regelsysteme von der molekularen bis zur gesellschaftlichen Ebene der menschlichen Existenz verstanden werden. Nach den Begriffen des geltenden Paradigmas kommt diese Anschauung einem Sakrileg gleich, weil sie gegen die exklusive Identifikation der Naturwissenschaftlichkeit mit Rationalität verstößt.» (30)

Ein Biologe, der sich mit evolutionstheoretischen Fragestellungen befaßt, hat angesichts dieser Feststellungen keine Wahl: Er muß sich, weil die Einbeziehung der verschiedenen Integrationsstufen in seiner Disziplin zum Forschungsprogramm gehört, aufgrund der von ihm fortwährend begangenen Sakrilegien aus der Gemeinschaft der Naturwissenschaftler exkommuniziert fühlen. Allein dieses Faktum zeigt schon, wie absurd es ist, die Einbeziehung von Kollektivphänomenen höherer Integrationsebenen als solche zum Unterscheidungskriterium von gesellschaftswissenschaftlichen und naturwissenschaftlichen Fragestellungen zu wählen.

Da es sich bei den betreffenden Populationen allerdings um Populationen menschlicher Individuen mit deren spezifischer Traditions- und Kulturfähigkeit handelt, könnte sich daraus ein Argument für die Erweiterungsbedürftigkeit der naturwissenschaftlich orientierten Pharmakologie um gesellschaftswissenschaftliche Ansätze ergeben. Man fragt sich allerdings, wie man sie im konkreten Fall der Pharmakologie zu verstehen hat. Schlicht gesprochen, ist es ja notwendig so, daß Arzneimittel Individuen verabreicht werden. Die Wirksamkeit wird deshalb aus äußerst trivialen Gründen zunächst beim Individuum ansetzen müssen. Das gilt selbst dann, wenn man ganze Kollektive medikamentös behandeln wollte (z.B. Fluorzusatz zum Trinkwasser).

Man kann sich zwar vorstellen, daß bestimmte Krankheitsphänomene durch kollektive Bedingungen verursacht werden. Auch das subjektive Gesundheits- oder Krankheitsgefühl hängt unzweifelhaft von gesellschaftlichen Lebensumständen nicht immer erfreulicher Art ab. Wenn solche Umstände kausal verantwortlich sind für das Auftreten bestimmter Krankheiten, dann ist es ebenfalls vollkommen unstrittig, daß eine Ausräumung der Krankheitsursachen nur aufgrund gesellschaftlicher Veränderungen erfolgen kann. Virchows soziales Engagement bildet nur ein besonders herausragendes Beispiel für eine derartige – jedenfalls subjektiv so empfundene – Einsicht. Aber wer hätte dies je bestritten und wer hätte je in Zweifel gezogen, daß die medikamentöse Symptombehandlung hinsichtlich bestimmter sozial bedingter Krankheitssymptome fragwürdig sein kann und zum Mißbrauch geradezu einlädt?

Doch selbst «mothers little helper», die notorische Tablette für die «grüne Witwe», wird vom Individuum konsumiert und entfaltet ihre Wirkung zunächst einmal am Individuum. Das Wissenschaftsverständnis der Pharmakologie hat damit nur insoweit zu tun, als es diese eben nicht als eine Theorie gesellschaftlicher Umgestaltung begreift. Daß die Anwendung der Arzneimittel und damit die gesellschaftliche Gestaltung der Arzneimitteltherapie möglicherweise aufgrund allgemeiner gesellschaftlicher Zielsetzungen einer Reform bedürfen mag, steht auf einem anderen Blatt. Was jedoch von einem wissenschaftstheoretischen Standpunkt «Sozialpharmakologie» überhaupt heißen kann, wird dadurch nicht klarer, sondern erscheint nach wie vor als ziemlich schleierhaft.

Es kann also – um es zu wiederholen – die Entstehung bestimmter Krankheiten generell von gesellschaftlichen Bedingungen mitverursacht sein. Insofern mögen auch gesellschaftstheoretische Ergebnisse für die Erklärung der Krankheitsphänomene relevant sein. Besitzt man etwa die Kenntnis, unter welchen gesellschaftlichen Bedingungen eine bestimmte Krankheit häufiger auftritt, dann ergeben sich daraus u.U. Hinweise auf Strategien zur Vermeidung dieser Bedingungen. Diese Hinweise sind allerdings mit einiger Sicherheit rein gesellschaftspolitischer Natur und haben mit Pharmakologie – und sei es eine Sozialpharmakologie – von vornherein wenig zu tun; sagt doch v. Ingersleben selbst, wie bereits zitiert, daß «sich das gesamte Gebiet der psychosozial verursachten Beschwerden der Arzneimitteltherapie völlig» entzieht (9).

Selbstverständlich kann auch die Wirkungsweise von Arzneimitteln von sozialen Einflüssen abhängig sein. Wie ja gerade die umfänglichen Vorkehrungen zur Ausschaltung von Placeboeffekten zeigen, ist sich jedoch die Pharmakologie solcher Faktoren durchaus bewußt und kann sie sehr wohl in ihrem naturwissenschaftlichen Ansatz unterbringen oder doch zumindest mit ihm vereinbaren. Wenn sich die Pharmakologie mit kranken Individuen befaßt und nicht auf eine «kranke Gesellschaft» abzielt, dann verbirgt sich dahinter nicht mehr und nicht weniger als der unerläßliche Unterschied zwischen Therapie und Politik.

Nach alledem ist festzuhalten (wobei von nun an wieder die normale Zitierweise gilt), daß jede Arzneimitteltherapie fraglos ein am Individuum ansetzender Vorgang ist. Daß soziale Bedingungen für die individuelle Wirkungsweise von Arzneimitteln mitausschlaggebend sein können, steht ebenfalls außer Frage. Unzweifelhaft würde es auch einen Fortschritt darstellen, wenn man die Wirkungsweise von Arzneimitteln jeweils an großen Kollektiven prüfen und möglicherweise sogar hinsichtlich bestimmter sozialer Parameter spezifizieren könnte, so daß diese Information zusätzlich in die therapeutische Anwendung einbezogen werden könnte. Eine spezifischere – nämlich zusätzlich an sozialen Spezifikationen orientierte – Therapie könnte so ermöglicht werden.

Diese Vorgehensweise würde die Kenntnis von allgemeinen, möglicherweise stochastischen Gesetzmäßigkeiten der Form ‹Unter den sozialen Bedingungen x wirkt das Präparat P in der Weise a und unter den sozialen Bedingungen y wirkt das Präparat P in der Weise b etc.› erfordern und darüber hinaus die Fähigkeit des Arztes, die Antezedensbedingungen x, y ... diagnostisch festzustellen, um seine Therapie danach auszurichten. Gesellschaftswissenschaftliche Methoden kämen dann bei der Formulierung und Feststellung der Wirk- bzw. Anwendungsbedingungen zum Tragen.

Daß diese Sätze im «Irrealis» formuliert sind, entspricht dem wissenschaftlichen Kenntnisstand. Wenn uns eine derartige gesellschaftswissenschaftliche Ergänzung der pharmakologischen Theorie und erst recht deren Umsetzung in Arzneimitteltherapie als wissenschaftlich kaum realisierbar erscheint, dann liegt das jedoch keineswegs daran, daß sich die Pharmakologie aufgrund eigener Naturwissenschaftlichkeit gegen eine Erweiterung um derartige Fragestellungen sträuben müßte, sondern ganz einfach daran, daß die positiven Gesetzeskenntnisse und wissenschaftlichen Möglichkeiten der Gesellschaftswissenschaften nicht hinreichen, um derart ehrgeizige Zielsetzungen vernünftig verfolgen zu können. Das Problem liegt insoweit nicht in einer Unzulänglichkeit der Natur – sondern vielmehr der Gesellschaftswissenschaften begründet. Durch eine naturwissenschaftliche Orientierung der Pharmakologie muß deshalb nicht ‹künstlich› eine Barriere gegenüber nicht-naturwissenschaftlichen Erkenntnissen errichtet werden. Es ist vielmehr so, daß einschlägige Erkenntnisse gesellschaftswissenschaftlicher Art nicht existieren und in therapeutisch relevanter Form in absehbarer Zeit auch nicht existieren werden.

Die naturwissenschaftliche Orientierung der Pharmakologie als solche steht einer Ergänzung um Erkenntnisse vom Typ der vorerwähnten Gesetzmäßigkeiten systematisch nicht entgegen. Es mag allerdings sein, daß einzelne Naturwissenschaftler ein gewisses negatives Vorurteil gegen die Gesellschaftswissenschaften hegen und sich im Übermaß auf eine reduktionistische biochemische Sichtweise versteifen. Das tangiert jedoch die grundsätzliche systematische Vereinbarkeit positiver Gesetzeskenntnisse, gleichviel ob sie nun dem geisteswissenschaftlichen oder dem naturwissenschaftlichen Bereich entstammen, in keiner Weise. Dementsprechend haben die Väter der modernen empirischen Gesellschaftswissenschaften – allen voran David Hume (vgl. dazu vor allem 1978) – diese stets als Wissenschaften von der menschlichen Natur und der daraus erwachsenden Natur der Gesellschaft verstanden. Sie betrachteten sich ausdrücklich in der Nachfolge des Newtonschen Wissenschaftsverständnisses und gingen von einer Vereinbarkeit der wissenschaftlichen Methoden aus, welche ohne prinzipielle Schranken aufzuwerfen, sich sämtliche in ein übergreifendes Gesamtsystem wissenschaftlicher Erklärungsverfahren einordnen sollten.

Ob eine Gesellschaftswissenschaft in diesem ‹positiven›, gesetzesorientierten Geiste Erfolg haben und zur Aufstellung hinreichend allgemeiner deterministischer oder statistischer Gesetzmäßigkeiten führen kann, ist bis auf den heutigen Tag nicht unumstritten. In jüngerer Zeit mehren sich sogar wieder die Auffassungen, daß ein solches gesellschaftswissenschaftliches Unternehmen im Hinblick auf die Spezies Mensch zum Scheitern verurteilt sein könnte und letztlich nur eine allgemeine naturwissenschaftliche Soziobiologie mit der spezifisch menschlichen als Sonderfall übrig bliebe. Aber gerade dann, wenn die Mindermeinung zutreffen sollte, daß keine Aussicht auf eine nicht-biologische positive Gesellschaftswissenschaft besteht, die auf die von der menschlichen Kulturfähigkeit bestimmten spezifischen Verhältnisse zugeschnitten ist, scheint es sinnlos, auf eine solche wissenschaftliche Erweiterung naturwissenschaftlicher Ansätze irgendwelche Fortschrittshoffnungen zu gründen.

3.1.2.2.2 *Positive Wissenschaft ist nicht hinreichend*

Die prinzipielle Möglichkeit einer leistungsfähigen Gesellschaftswissenschaft zieht v. Ingersleben – und dies vermutlich zu Recht – jedoch nicht in Zweifel. Er suggeriert ganz im Gegenteil fortwährend, ohne dies allerdings je konstruktiv auch nur in Ansätzen plausibel zu machen, daß eine leistungsfähige, pharmakologisch dienstbar zu machende Gesellschaftswissenschaft bereits existiert. Die Hoffnungen v. Ingerslebens richten sich allerdings nicht auf eine positive Gesellschaftswissenschaft im herkömmlichen Verstande, sondern auf eine ganz andersartige nichtpositive Form der Wissenschaft. Das legt seine Schrift nahe und wird auch in der folgenden Passage deutlich, in der er sich selbst über seine

Arbeit in einer Replik auf Kritik an ihr äußert (vgl. zu dieser Kritik, Kiemle 1981).

«Die Erweiterung der pharmakologischen Theorie könnte man analog zu den Begriffen ‹Sozialpathologie› oder ‹Sozialmedizin› als ‹Populations-› oder ‹Sozial-Pharmakologie› bezeichnen. In diesem Zusammenhang hat das Bundesgesundheitsamt meine Dissertation über diese Frage vorgestellt.

Die Arbeit bezieht sich wesentlich auf den *Positivismusstreit* in den Sozialwissenschaften, der auch für andere Disziplinen insoweit von Interesse ist, als er Möglichkeiten und Modalitäten empirischer Forschung erörtert. Meine Arbeit setzt die Kenntnis dieses Streits offenbar in einem Maße voraus, ohne das selbst interessierten Wissenschaftlern aus anderen Disziplinen, z.B. Pharmakologen, deren Argumentation, Resultate und Vorschläge doch vielfach verschlossen bleiben.» (v. Ingersleben 1981, 177).

Dieser Verweis auf die Schlüsselrolle des Positivismusstreits in den Sozialwissenschaften kann aus dem Kontext heraus nur so verstanden werden, daß v. Ingersleben glaubt, mit seiner Schrift einen Vorstoß zur Erweiterung der Pharmakologie nicht nur um gesellschaftswissenschaftliche Methoden im allgemeinen unternommen, sondern darüber hinaus die Erweiterung um nicht-positive sozialwissenschaftliche Methoden zumindest wissenschaftstheoretisch vorbereitet zu haben. Vermutlich würde er überdies in Anspruch nehmen, sich selbst der Methodik nicht-positiver Sozialwissenschaft befleißigt zu haben.

Unabhängig von den Einzelheiten des sogenannten Positivismusstreites (vgl. dazu Adorno et al. 1969) kann mit einer nicht-positiven Methodik ganz grundsätzlich zweierlei gemeint sein: Zum einen kann man behaupten, daß sich hinter dem Konzept einer nicht-positiven Wissenschaft genauer die Vorstellung einer nicht *nur* positiven wissenschaftlichen Methodik verbirgt. Die Anhänger einer solchen Position nehmen in Anspruch, *zusätzlich* und über die üblichen wissenschaftlichen Methoden hinaus noch über andere nicht-positive Methoden und daraus hervorgehende weiterreichende Erkenntnisse zu verfügen, welche die übrigen positiv gewonnenen Erkenntnisse unangetastet lassen. Zum anderen kann mit dem Anspruch auf nicht-positive Methodik auch intendiert sein, die mit positiven Methoden gewonnenen Erkenntnisse und auch die Methoden selbst ganz oder teilweise zu verdrängen.

Die erste Alternative ist weniger radikal. Sie läßt das Gebäude positiv verfahrender Wissenschaft intakt. Die zweite hingegen verbindet sich potentiell mit dem Anspruch auf einschneidende Veränderungen positiver Wissenschaft. Sie will innerhalb der Wissenschaft selbst so etwas wie eine ‹höhere oder überpositive Gerichtsbarkeit› verankern, der die positiven wissenschaftlichen Ergebnisse unterworfen sind und wird damit dem Anspruch v. Ingerslebens, einen Paradigmenwechsel oder doch eine grundlegende Paradigmaveränderung als notwendig auszuweisen, weit eher gerecht. (In der Dissertation ist von Paradigmawechsel die Rede; später spricht er von Paradigmaveränderung).

Man geht nicht fehl darin, das Konzept positiver Wissenschaft weitgehend mit dem üblichen wissenschaftlichen Vorgehen zu identifizieren, welches sich nach eigenem Selbstverständnis an der Zielsetzung möglichst zutreffender empirischer Erfassung der Realität orientiert. Bei den im Wissenschaftsbetrieb notwendigen Entscheidungen kommen nach diesem Verständnis ausschließlich, sofern überhaupt, wissenschaftsnahe Wertsetzungen und Kriterien zum Zuge.

Das Konzept der nicht-positiven Wissenschaft erhebt hingegen weitergehende Wertungsansprüche. Sofern man es nicht in abwegiger Manier deuten will, darf es nicht etwa die Vorstellung beinhalten, sich durch bestimmte Wertungen veranlaßt, über beliebige Tatsachenfeststellungen wissenschaftlich hinwegsetzen zu können, weil eben nicht sein kann, was nicht sein darf. Insofern muß bei Gefahr der Absurdität im Sinne der weniger radikalen von den beiden vorgenannten Alternativen ein Kernbereich empirischer Forschung unangetastet bleiben. In diesem Kernbereich kann man sich Unterschiede zwischen positiver und nicht-positiver Wissenschaft kaum vorstellen. Es tritt jedoch die Auffassung hinzu, Wertsetzungen, die auch nach nicht-positiven Maßstäben als wissenschaftsfern anzusehen sind, in die wissenschaftlichen Grundorientierungen einzubeziehen. Damit ist in einem Punkte die Kompatibilität mit den Grundauffassungen positiver Wissenschaft regelmäßig durchbrochen: nämlich insofern, als die zur positiven wissenschaftlichen Orientierung gehörige Verpflichtung auf eine enggefaßte Wissenschaftlichkeit und Wissenschaftsnähe – welche selbst Wertcharakter trägt – aufgehoben wird. Sofern dies irgendwelche praktische Konsequenzen haben soll, müssen sich daraus entweder andere oder aber zusätzliche wissenschaftliche Ergebnisse zumindest außerhalb des wissenschaftlichen Kernbereiches ergeben.

Konkret ist dies allerdings nur schwer vorstellbar. Um ein virulentes Beispiel zu wählen: Sollen etwa Ethnologen und Biologen, welche Untersuchungen zum sexuellen Dimorphismus der menschlichen Spezies anstellen, bestimmte nach feministischen Werten unerwünschte Ergebnisse außer Betracht lassen, unterdrücken, umdefinieren oder verfälschen, nur um den nicht-positiven Wertvorgaben zu entsprechen? Das erinnert doch sehr an die Praxis der mittelalterlichen Kirche.

Die Auffassung, es könne eine der positiven Wissenschaft zumindest partiell widersprechende nicht-positive Wissenschaft geben, ist nach alledem wieder eine jener Thesen v. Ingerslebens, die abstrakt betrachtet nicht ganz unplausibel scheinen mögen, die sich jedoch konkreter Ausfüllung widersetzen. In der Schrift v. Ingerslebens finden sich auch keinerlei Hinweise darauf, wie er sich eine konkrete Ausfüllung seines vorgeblich praktisch heilsamen nicht-positiven Wissenschaftsprogrammes vorstellt, es sei denn, man rechnete seine vielfältigen intersubjektiv keineswegs ausgewiesenen politischen Präferenzäußerungen als einen einschlägigen Versuch.

Angesichts einer gewissen Ratlosigkeit, mit der man der These, eine nicht-positive Wissenschaft sei möglich und wünschenswert, vom Standpunkt herkömmlicher Wissenschaftstheorie begegnen muß, mag es nützlich sein, abschließend nochmals auf das Verhältnis von Wertungen, Normen und Wissenschaftlichkeit einzugehen. Das empfiehlt sich um so mehr, als wissenschaftstheoretische Argumente gerade in diesem Fragenbereich die größte praktische Durchschlagskraft auf die Wissenschaftspolitik im weiteren Sinne zu besitzen scheinen.

3.2 Die Wertfreiheit wissenschaftlicher Theoriebildung und die wertende Bildung wissenschaftlicher Theorien

Wie sich zumal in den letzten Beobachtungen zur Konzeption v. Ingerslebens gezeigt haben dürfte, reicht die Ablehnung des traditionellen Wissenschaftsmodelles der unvoreingenommenen Beobachtung heute sehr weit. Die traditionelle Sicht, daß die Bildung wissenschaftlicher Theorien dem objektiven Beobachter gleichsam aufgezwungen werde, wird nun sogar mit dem Argument angegriffen, daß sich Wissenschaftler als Wissenschaftler aktiv wertend mit der Realität auseinanderzusetzen haben. Das setzt einen um die Möglichkeit des Wertens erweiterten Theoriebegriff voraus. Darauf einfach mit dem Postulat der Wertfreiheit der Wissenschaft zu antworten, ist kaum angemessen. Man muß hier differenzierter vorgehen. Das gilt jedenfalls dann, wenn man die Abwehr illegitimer Wertansprüche an die Wissenschaftspraxis nicht dadurch schwächen will, daß man sie dem Verdacht aussetzt, vorschnell und dogmatisch zu sein. Das gilt insbesondere für solche Disziplinen, die wie die Arzneimittelforschung und Medizin im wesentlichen auf direkte praktische Nutzanwendungen ausgerichtet sind.

Dieses Thema betrifft generell das Verhältnis von Forschung und praktischer, insbesondere politischer Beeinflussung der Forschung. Es ist von zentraler Bedeutung für die Wissenschaftsphilosophie von Arzneimittelforschung und Medizin. Das gilt nicht zuletzt deshalb, weil die Arzneimittelforschung und Medizin ein so großes ökonomisches Gewicht gewonnen haben, daß ihnen zwangsläufig eine spezifische politische Aufmerksamkeit zuteil werden muß. Da das Thema jedoch von vollkommen allgemeinem Interesse ist, wird es im folgenden ohne ausdrückliche Hervorhebung der ohnedies offensichtlichen Bezüge zu Arzneimittelforschung und Medizin behandelt werden. (Auf das Verhältnis von Theorie und Technologie im engeren Sinne wird dabei, da es dazu umfangreiche Literatur gibt, nur am Rande eingegangen; vgl. dazu als ersten Einstieg etwa Lenk 1975, 268ff.).

3.2.1 Deskriptiv, analytisch, präskriptiv

Ein scharfes Kriterium dafür, wann mit einem Sprachsystem eine Theorie vorliegt, läßt sich nicht formulieren. Angesichts des weit verzweigten Gebrauchs, den wir im allgemeinen in Alltag und Wissenschaft vom Begriff der Theorie machen, kann man nur Familienähnlichkeiten zwischen den verschiedenen Verwendungen feststellen. Sogar die Inanspruchnahme einer Behauptung ergibt kein vom vorgängigen Gebrauch des Theoriebegriffes her unzweifelhaftes Kennzeichen. Denn man qualifiziert recht häufig bestimmte Überlegungen als «bloß theoretische», wenn man andeuten will, daß sich etwas in einer bestimmten Weise verhalten könnte, man jedoch nicht behaupten will, daß es sich tatsächlich in der geäußerten Weise verhält.

Dessenungeachtet stellt der Behauptungscharakter eine vornehme Eigenschaft von Theorien im allgemeinen Verstande dar. Das läßt sich zusätzlich dadurch belegen, daß man häufig bestimmte herausragende Behauptungen einer Theorie zur Benennung der gesamten Theorie benutzt. Zumindest kann man nicht immer klar angeben, ob es sich bei der Benennung der Theorie um einen Bezug auf den Gegenstandsbereich oder eine bestimmte Behauptung handelt. Die Phlogistontheorie etwa kann man als Theorie über das «Phlogiston», aber auch als eine Benennung ansehen, die auf die Behauptung Bezug nimmt, daß Verbrennung Phlogiston freisetzt. Hieran erkennt man überdies, daß als Theorien charakteristischerweise auch Teile – bis hinab zu einzelnen Hypothesen – von Wissenschaftssprachen bezeichnet werden, obschon es natürlich auch solche umfassenden Verwendungen wie in «Wissenschaftstheorie» selbst gibt.

Theorien benutzen wir allerdings, jedenfalls so wie wir im allgemeinen den Theoriebegriff verwenden, nicht nur dazu, die Realität «empirisch zu beschreiben». Wir sprechen auch in normativen Kontexten von Theorien. Die einschlägigen Theorien behaupten nicht, daß sich die «Dinge» in einer gewissen Weise verhalten, sondern daß sie sich in einer gewissen Weise verhalten sollen oder sollten. Das läuft in der Sprache der früher angestellten Überlegungen auf die Auszeichnung bestimmter in einem Sprachsystem charakterisierbarer Modelle als «gut» oder «wünschenswert» hinaus. Es ist «gut» oder «wünschenswert», daß die «Realität» ein Modell der ausgezeichneten Struktur sei. Unter den Modellen (oder möglichen Welten) soll man die als wünschenswert charakterisierten herbeiführen, *sofern* man dazu in der Lage ist und dem nicht andere Forderungen entgegenstehen. Als Theorie bezeichnet man hier in der Regel jene Gesamtheit von (deskriptiven wie normativen) Argumenten, welche die involvierten Bewertungen (Evaluationen) oder Vorschriften (Präskriptionen) rechtfertigen und damit gewisse Modelle oder deren Herbeiführung als wünschenswert auszeichnen.

Neben die beschreibenden und wertend-vorschreibenden bzw. normativ-rechtfertigenden Verwendungsweisen von Theorien tritt als dritte und letzte grundsätzliche Möglichkeit, Theorien zu analytischen oder formalen Untersuchungen heranzuziehen. Das typische Beispiel solcher Überlegungen bilden Mathematik und Logik. Diese beantworten Fragen, die aus den *Regeln des Sprachsystems* folgen. Die Frage etwa, ob ein bestimmtes Theorem aus den Axiomen einer mathematischen oder logischen Theorie folgt, ist nicht durch Empirie zu beantworten. Sie ergibt sich auch nicht allein daraus, daß es wünschenswert wäre, daß das Theorem gilt und wir es deshalb annehmen sollten. Die Frage ist vielmehr durch einen Beweis formal zu beantworten. Im Idealfall kann man diesen durch die strikt regelmäßige Erzeugung einer Zeichenfolge in einem Kalkül führen, ohne während der Erzeugung auf den Sinn der Ausdrücke Bezug zu nehmen (was natürlich nicht impliziert, daß man ihn zuvor auch mechanisch gefunden hat).

Allerdings kann es, zumal in der Abgrenzung zu deskriptiv-empirischen Problemen Schwierigkeiten geben. Wenn es etwa darum geht, die Frage zu beantworten, ob ein Junggeselle ein unverheirateter Mann ist, dann könnte man dies zunächst einer formalen Begriffsanalyse überantworten wollen. Diese Vorgehensweise wirft keine Schwierigkeiten auf, wenn der Begriff des Junggesellen zuvor explizit als «unverheirateter Mann» in dem zu untersuchenden Sprachsystem definiert oder implizit durch Axiome entsprechend charakterisiert wurde. Fehlt jedoch eine solche Definition oder Charakterisierung, dann werden die Grenzen zu empirischen Fragen zumindest fließend. Man kann zwar weiterhin behaupten, daß ein Junggeselle aus formalen oder analytischen Gründen ein unverheirateter Mann ist, *wenn* oder *sofern* die betreffenden Sprachregeln entsprechend beschaffen sind. *Unter dieser Voraussetzung* gibt es keine Probleme der Regelfeststellung und es ist damit klar, mit Bezug auf welche Regeln man die Frage nach der analytischen Beziehung klären muß. Diese besteht, wenn jedes Modell der durch die Regeln festgelegten «Struktur Junggeselle» auch ein Modell der «Struktur unverheirateter Mann» ist. Diese «Taktik», bestimmte Regeln als gegeben vorauszusetzen, läßt jedoch die Frage offen, *ob* die betreffenden Regeln etwa in einem bestimmten Sprachsystem, so wie es von einer Sprechergemeinschaft oder einem Denkkollektiv benutzt wird, auch wirklich existieren. Das gilt verstärkt für die Frage nach den regelunabhängigen realen Sachverhalten.

Wenn man der mit den letzten Bemerkungen angeschnittenen Problematik nachgehen wollte, so würde das tief in einige der Fundamentalfragen der Philosophie führen. Das kann und soll an diesem Ort nicht geschehen (vgl. dazu etwa Sinnreich 1972). Für die momentanen Zwecke reicht es aus, daß es jedenfalls gewisse klare und einfache Fälle von formalen oder analytischen Problemstellungen gibt und daß sich diese von deskriptiven und normativen abgrenzen lassen. Es läßt sich deshalb festhalten, daß sich Theorien entsprechend der drei grundsätzlichen Aktivitäten, die sich uns im Umgang mit Sprachsystemen eröffnen, unterscheiden lassen: Sie können Antworten auf Fragen deskriptiv-empirischer Art beinhalten, indem sie etwas darüber sagen, was de facto der Fall ist. Daneben gibt es Theorien, die analytisch-formale Probleme behandeln. Schließlich ist es möglich, daß präskriptiv-wertende Theorien darüber Auskunft geben, was der Fall sein soll.

Die ersten Typen von Theorien werden im allgemeinen als «wissenschaftlich unverdächtig» angesehen. Sie nehmen in allen Wissenschaften deshalb ganz selbstverständlich ihren Platz ein. Der Unterscheidung entsprechend werden bestimmte Disziplinen insgesamt als «Realwissenschaften» (Physik, Chemie, Arzneimittelforschung) beziehungsweise als «Formalwissenschaften» (Logik, Mathematik) bezeichnet. Der Ausdruck der «Normwissenschaften» oder «normativen Wissenschaften» ist dagegen weit weniger gebräuchlich. Das hat verschiedene Gründe, unter denen allerdings eindeutig die Auffassung vorherrscht, daß Wissenschaftlichkeit und Wertung sich kaum vereinbaren lassen. Das führt soweit, daß man den Ausdruck einer «normativen *Theorie*» vollkommen ablehnt.

3.2.2 Die Unterscheidung zwischen beeinflußbaren und nicht-beeinflußbaren Sachverhalten

Was den Begriff der wissenschaftlichen Theorie anbelangt, sollte man von einem bloßen begrifflichen Streit um das begehrte Prädikat der Wissenschaftlichkeit absehen. Es schadet hier vermutlich ebenso wenig wie hinsichtlich des Theoriebegriffes selbst, zunächst sogar normative Theorien solcher Disziplinen wie der juristischen Dogmatik und der Philosophie als «wissenschaftlich» zu bezeichnen. Dann sollte man jedoch in einem nächsten Schritt um so genauer auf der Unterscheidung von dem, was ist, und dem, was nicht ist, aber sein sollte, bestehen. Diese Unterscheidung wird nämlich, gleichgültig, welcher Art unsere Theorien sein mögen, ob sie nun *auch* normative Elemente *enthalten* oder nicht und unabhängig davon, was wir als wissenschaftlich ansehen und was nicht, in rationaler menschlicher Praxis stets vorausgesetzt.

Will man «Rationalität» des Vorgehens sichern, dann ist es genau dieser Unterschied, der sich als entscheidend erweist. Denn man kann nur dort rational handeln, wo man unterscheidet zwischen dem, was man beeinflussen kann und dem, was man nicht beeinflussen kann. Entscheiden heißt ja, eine Alternative aus einer Menge von mindestens zwei Elementen wählen und so das Ergebnis oder die Verteilung über den Ergebnissen beeinflussen zu können. Nur insoweit sich eine derartige Entscheidungsalternative stellt, kann auch im engeren Sinne rational gehandelt werden.

Rationales Handeln erfordert darüber hinaus, daß man sich genau darüber bewußt zu werden sucht, welche Alternativen man hat. Daß Unsicherheit über die Verhaltensweisen der Umwelt bestehen mag, bleibt dabei unbestritten. Doch man muß auch hier wiederum genau zu unterscheiden suchen zwischen Unsicherheiten, die man beeinflussen kann, und solchen, für die dies nicht möglich ist. Normative Vorstellungen lassen sich sinnvollerweise nur hinsichtlich der Wahl von alternativen Weltverläufen erheben, die der Adressat der Forderungen tatsächlich durch eigenes Handeln, also eigene Alternativenwahl beeinflussen kann. Die bekannte Redeweise, angesichts nicht wunschgemäßer Tatsachen «um so schlimmer für die Tatsachen!» zu äußern, ist wirklich nur ein Witz und nicht einmal ein guter. Denn dadurch wird, um es noch einmal zu betonen, die Grundunterscheidung zwischen dem, was man beeinflussen kann und dem, was man nicht beeinflussen kann, tendenziell verwischt.

Auf dieser Unterscheidung, die in jedem rationalen Handeln vorausgesetzt wird, bauen weitere bekannte Wendungen auf. Zu nennen sind in diesem Zusammenhang vornehmlich das Prinzip, «Sollen setzt Können voraus» (vgl. vor allem Albert 1969) sowie die sogenannte «Trennung von Sein und Sollen» (vgl. dazu vor allem Hoerster 1969 und Singer 1973). Das erste Prinzip bildet im Grunde nichts anderes als eine Reformulierung der Unterscheidung von handlungsmäßig Beeinflußbarem und Unbeeinflußbarem für solche Zwecke, wie die Zuschreibung von Verantwortung. Natürlich soll etwa der Arzt einen jeden Patienten am Leben erhalten. Er ist jedoch angesichts der Tatsachen des Lebens in letzter Konsequenz nicht für die Sterblichkeit als solche verantwortlich, sondern nur dafür, alles in «seiner Macht stehende» zu unternehmen. Ähnlich verhält es sich mit der Trennung von Sein und Sollen. Auch diese knüpft unmittelbar an die Unterscheidung zwischen dem an, was man beeinflussen kann, und dem, was man als Akteur nicht beeinflussen kann. Trifft man diese nämlich genau, dann wird es zumindest ziemlich merkwürdig, aus einer Faktenbeschreibung ablesen zu wollen, welche Alternative gewählt werden soll. Denn die Faktenbeschreibung erfaßt das Unbeeinflußbare. Sie grenzt damit zugleich ab, welche Handlungsalternativen wir de facto haben. Daß sie insoweit *zunächst* alle Möglichkeiten gleichbehandelt, ist Vorbedingung rationalen Handelns, welches sich vor dem Werten über den Möglichkeitsraum klar zu werden hat. Es gibt *zwei* wohlunterschiedene Filter, einen für die Möglichkeiten und den zweiten für die Wünschbarkeiten. Die sogenannte Ableitungsschranke, die die Unmöglichkeit behauptet, aus ausschließlich deskriptiven Prämissen eine wertend-präskriptive Konklusion abzuleiten, scheint deshalb, wenn schon nicht von der Logik diktiert, so doch von rationaler Praxis selbst vorgegeben zu werden.

Diese Unterscheidung gilt im übrigen sogar für jene, die davon ausgehen, daß es von unserem Wollen und Handeln unabhängige Wert- oder Normtatsachen gibt. Selbst wenn diese Tatsachen als solche existieren und von uns nicht zu beeinflussen sind, können wir in unserem konkreten Handeln immer noch gegen sie verstoßen. Andernfalls lägen nicht Normen oder Werte vor, sondern echte Naturgesetze. Um deren Einhaltung brauchte sich jedoch niemand zu sorgen (vgl. Mill 1985, Natur).

Sie wäre aus dem gleichen unendlich trivialen Grund garantiert, der dafür sorgt, daß jemand, der gerade aus dem zehnten Stockwerk eines Hochhauses gesprungen ist, zwar noch die Handlungsalternativen hat, kopfüber oder lieber mit den Beinen zu landen, nicht jedoch, wieder in sein warmes Zimmer zurückzukehren.

Zusammenfassend läßt sich feststellen: Die Norm, zwischen Beeinflußbarem und Unbeeinflußbarem zu unterscheiden, kann man als die Fundamentalnorm rationaler Praxis bezeichnen. Jedenfalls kann, wer gegen sie verstößt, nicht als «rational Handelnder» im üblichen Sinne angesehen werden. Warum man sie selbst noch befolgen sollte, läßt sich nur durch Rekurs auf weitere Normen und Werte begründen. Will man einen unendlichen Regreß oder Zirkel vermeiden, dann kommt man nicht umhin, diese Begründung auf irgendeiner Stufe abzubrechen. Eine Möglichkeit dies zu tun, besteht etwa darin, die Werte und Ziele des Begründungsadressaten – der man selbst sein kann – als gegeben anzunehmen. Ein anderer Ausweg ergibt sich durch Rückgriff auf eine Theorie, die selbst nicht mehr begründet, sondern vorausgesetzt wird. Diese Theorie muß dann – und damit schließt sich der Kreis – bereits Normen oder Werte enthalten. Auch von daher wäre es vermutlich eher unangemessen, normative Äußerungen apriori aus dem Bereich des Theoretischen auszuschließen. Das gilt selbst für wissenschaftliche Theorien und vermutlich sogar für das Konzept einer theoretischen Behauptung. Diese Liberalität erscheint jedoch solange als unbedenklich, wie Grundkategorien rationalen Umgehens mit Theorien und den darin enthaltenen Behauptungen beachtet werden: vor allem die Unterscheidung zwischen dem Handlungsbeeinflußbaren und dem handlungsmäßig Unbeeinflußbaren. Daß der moderne Mensch solches Gewicht auf die Erforschung der Tatsachen legt, daß er sie verglichen mit früheren Zeiten so gut erklären, voraussagen und beeinflussen kann, das alles ruht wesentlich auf dieser Unterscheidung, ebenso wie die Verabschiedung von Wunschdenken und Magie in der sogenannten technischen Zivilisation insgesamt.

Es dürfte damit klar sein, warum im vorangehenden etwas enervierend immer wieder die gleiche Zentralunterscheidung aufgegriffen wurde. Hätten wir nicht gelernt, diese Unterscheidung mehr und mehr für unser praktisches Handeln zu akzeptieren, dann hätte es vermutlich weder Wissenschaft noch jene Form von Zivilisation geben können, die heute zumindest in den entwickelten Gesellschaften vorherrscht.

3.2.3 Gesellschaftliche Steuerung der Forschung

Ganz offenkundig wird die wissenschaftliche Großforschung teilweise gesellschaftlich gesteuert (vgl. dazu wiederum aus der Sicht des beteiligten Wissenschaftlers grundlegend, Weinberg, 1970). Dieser häufig richtungsweisende Einfluß ist auch keineswegs eine Erscheinung der jüngsten Vergangenheit. Schon viel früher gab es so etwas wie politisch gesetzte Forschungsziele – und das nicht nur im militärischen Bereich. So berichtet Ludwik Fleck etwa in seiner bereits ausführlicher besprochenen Schrift über die Entwicklung einer wissenschaftlichen Tatsache darüber, wie die Politik direkt in die Entwicklung der Wassermannreaktion eingriff. «Wassermann selbst stellt diese Angelegenheit so vor: ‹Ministerialdirektor Friedrich Althoff ließ mich, als Neisser von seiner ersten Expedition zurückkam, und die französische Forschung einen großen Vorsprung in der experimentell-biologischen Syphilisforschung hatte, in das Ministerium kommen und bat mich, über diese Krankheit zu arbeiten, um der deutschen experimentellen Forschung ihren Anteil auf diesem Gebiet zu sichern.›» (Fleck, 1980, 90).

Die Politik wirkte nach diesem Bericht in Person eines veritablen Ministerialdirektors auf die Wissenschaft ein. Sie hatte zweifach «Erfolg» damit. Denn die Wissenschaft gab dem Begehren nach und führte zum gewünschten Ziel. Dennoch wird man einwenden, daß die Politik der Forschung nicht beliebig Richtungen weisen und damit Erfolg in beiden genannten Hinsichten haben kann. Fleck scheint hier allerdings selbst ziemlich optimistisch zu sein. «Der Nachdruck, die Bedeutung, die Entwicklungskraft, die durch spezielle moralische Betonung der Syphilis der Forschung gegeben wurden, sind nicht hoch genug einzuschätzen. Die Tuberkulose, die seit Jahrhunderten viel mehr Schaden stiftet, erhielt leider keinen so starken Nachdruck, weil sie leider nicht die ‹verfluchte entehrende Krankheit› ist, vielmehr oft als ‹romantische› angesehen wird. Keine lauen Vernunftsgründe, keine Statistik kann hier helfen: die Tuberkuloseforschung bekommt von der Gesellschaft keinen so starken Anstoß, keine soziale Spannung sucht hier in der Forschung Luft.» (Fleck 1980, 102f.).

Fleck scheint zu meinen, daß ein «stärkerer» Anstoß – gleichviel in welche Richtung er erfolgt – in aller Regel zum Erfolg führen würde. Das ist selbst eine ziemlich «starke» empirische These, die jedenfalls in dieser Generalität eher abwegig scheint. Doch ganz ähnliche Gedanken und Beobachtungen bewegen heute Theoretiker zu der Auffassung, Forschung solle oder müsse im gesellschaftlichen Interesse geplant werden. Zu nennen sind vor allem die beiden folgenden Überzeugungen:

1. Forschung wird beim heutigen Stand der Wissenschaftsentwicklung in jeder ihr gewiesenen Richtung grundsätzlich ertragreich sein können. Wenn man ihr von außen einen Auftrag erteilt, besteht deshalb kaum die Gefahr, sie aufgrund von Fehleinschätzungen von vornherein in wissenschaftliche Sackgassen zu zwingen. Insofern wird es zum sinnvollen Unternehmen, der Forschung «Soll-Vorgaben» zu machen.

2. Zumindest zu gewissen Zeiten der Wissenschaftsentwicklung – den Krisenzeiten – existieren keine wissenschaftsinternen, systematischen Kriterien für die Relevanz von Fragestellungen. Die innerwissenschaftliche systematische Bedeutung gewisser Problemlösungen scheidet als Kriterium für die Wahl der weiteren Forschungsrichtung aus. Die Wissenschaftler können nicht nach der inneren Logik eines etablierten Denkstiles vorgehen, da es gerade um die Wahl eines Denkstiles geht. Sie entscheiden deshalb notwendig nach wissenschaftsexternen Gesichtspunkten. Wenn aber externe Gesichtspunkte ohnehin eine Rolle spielen, dann ist nicht einzusehen, warum solche zentralen gesellschaftsrelevanten Entscheidungen den jeweiligen Denkkollektiven von Fachwissenschaftlern und deren wissenschaftlich gar nicht ausgewiesenen Präferenzen allein überlassen bleiben sollten. Die «Gesellschaft» ist legitimiert, ihre Interessen zumindest an zentralen Weggabelungen der Wissenschaftsentwicklung bewußt einzubringen.

In heutigen wissenschaftspolitischen Diskussionen – jedenfalls soweit sie von Fachwissenschaftlern und Wissenschaftstheoretikern geführt werden – spielen beide Thesen eine Rolle. Manchmal werden sie sogar – wie augenscheinlich auch durch v. Ingersleben – simultan vertreten. Das erscheint allerdings als ziemlich überraschend, da sie auf ganz entgegengesetzten Voraussetzungen fußen. Die erste These unterstellt die Existenz eines reifen, entwickelten theoretischen Paradigmas. Die Reife des Denkstiles erlaubt es, weitere Entwicklungsmöglichkeiten einigermaßen unstrittig planerisch abzuschätzen und Förderungsmittel intersubjektiv einzusetzen. Die zweite These hingegen setzt jene Unentschiedenheit voraus, die in einer Paradigmenkrise eintreten kann. Da hier die Bedingungen einer denkstilintern einigermaßen unstrittig abschätzbaren Entwicklungsperspektive gerade nicht vorliegen, scheidet jene Form folgenorientierter, gezielter Planung, die der ersten These entspricht, aus.

Um im folgenden nicht jeweils getrennt auf die beiden Thesen eingehen zu müssen, werden nun grundsätzlich Instrumente der Forschungssteuerung betrachtet, durch die konkret gesellschaftliche Interessen – gleichgültig, welcher der Thesen ihre Vertreter anhängen mögen – auf die Forschung Einfluß nehmen können. Drei Möglichkeiten scheinen hier von besonderer Bedeutung.

(a) *(Finanzielle) Globalsteuerung.* Die Wahl der generellen Forschungsrichtung erfolgt durch politische oder privatwirtschaftliche Instanzen, die insbesondere für die Finanzierung aufzukommen haben.

(b) *Wertimprägnierung von Denkstilen.* Die Steuerung vollzieht sich durch Einbringung gesellschaftlicher Werte in das wissenschaftliche Wert- und Überzeugungssystem selbst, also gleichsam durch «Internalisierung» gesellschaftlicher Werte in wissenschaftlichen Denkstilen.

(c) *Feinsteuerung durch Direktiven.* Wissenschaftliche Einzelentscheidungen werden zum Gegenstand kollektiven Beschlusses gemacht. Bestimmte Forschungsrichtungen werden gebotsweise gewiesen, während die Verfolgung anderer verboten wird.

ad a. – *(Finanzielle) Globalsteuerung.* – Den Überlegungen zur Globalsteuerung liegen fraglos zutreffende Beobachtungen zugrunde. Denn es läßt sich schlechterdings nicht bestreiten, daß vor allem die aus Steuermitteln finanzierte wissenschaftliche Großforschung etwa im Bereich der Astro- und der Elementarteilchenphysik allein schon durch ihre Finanzierungsart zum Gegenstand gesellschaftlicher Steuerung geworden *ist.* Zumindest eine implizite Steuerung vollzieht sich dadurch, daß de facto die öffentlichen Mittel für Empfangsstationen der Radioastronomie oder Elektronensynchrotone verwendet werden. Großrechner werden nicht für astrologische Forschung angeschafft, sondern für astronomische und sie werden auch nicht der Erforschung der parapsychologischen Umkehr von Raum-Zeitlinien gewidmet. Auch innerhalb des Systems der etablierten Wissenschaften wirken sich entsprechende Finanzierungsmechanismen steuernd aus. Eine Umwidmung der Mittel von der Physik etwa zur Chemie oder Informatik wäre denkbar und würde ebenfalls lenkend in den Wissenschaftsprozeß eingreifen etc.

Andererseits sind derartige globale Steuerungen zu unterscheiden von einer direkten Vorgabe von einzelnen Forschungszielen oder -aufgaben. Sie sind vollkommen mit der These vereinbar, daß der Fortschritt *innerhalb* eines Forschungsgebietes bevorzugt nach internen Kriterien bewertet werden und damit in die autonome Entscheidung von Denkkollektiven fallen soll und nicht nach den von außen gesetzten Maßstäben der gesellschaftlichen oder anderer Finanziers. Das relativ häufige Auftreten zentraler Doppelentdeckungen etwa (das auf ein noch weit häufigeres Auftreten auf der nicht bekannt werdenden trivialeren Ebene nicht-zentraler Entdeckungen schließen läßt) erscheint als ein recht deutlicher Beleg dafür, daß es wissenschaftsinterne Leitlinien für die systematische Dringlichkeit von Problemlösungen gibt. Es gibt so etwas wie eine «interne Logik» der Entwicklung innerhalb etablierter Denkstile oder Paradigmen. Wieviel Mittel zur Verfügung stehen, dieser «Logik» zu folgen, ist vermutlich im wesentlichen von Bedeutung für die Entwicklungsgeschwindigkeit und weniger für die Entwicklungsrichtung.

Alle diese zuletzt genannten Momente sprechen entweder nicht dagegen oder sorgen dafür, daß eine Wissenschaft, der etwa in Form von Forschungssubventionen allgemeiner Art externe Zielvorgaben gemacht werden, in der Verfolgung dieser Vorgaben weiterhin interne Kriterien zur Anwendung bringen kann. Allerdings muß man beachten, daß der Übergang von der Globalsteuerung zu feineren Eingriffen und damit zu Konflikten mit internen Steuerungsmechanismen fließend ist. Aber auch dann, wenn es keine scharfen Grenzen zwischen dem einen und dem anderen gibt, heißt dies noch lange nicht, daß kein Unterschied zwischen den grundsätzlichen Fällen besteht. Man sollte darüber hinaus beachten, daß ziemlich weitgehende Eingriffe immer noch mit einem Wissenschaft erlaubenden Forschungsspielraum einhergehen können. Das angeführte Beispiel der Syphilisforschung macht das ziemlich deutlich. Die Vorgabe, Syphilisforschung zu betreiben, war sogar mit detaillierten Wünschen, die sich auf einen «Bluttest» richteten, verbunden. Das bedeutet, daß in den Entdeckungszusammenhang der Resultate ein hohes Maß äußerer Eingriffe verwoben war. Gleichwohl wurden die Ergebnisse hernach in den allgemeinen wissenschaftlichen Rechtfertigungszusammenhang gestellt und damit in ihrer allgemeinen Substanz dem üblichen wissenschaftlichen Prüfungsverfahren unterworfen.

Die entscheidende Frage für die Wünschbarkeit solcher Interventionen ist allein, wie hoch der Grenzertrag zusätzlicher Steuerung ist, ob er stark abfällt, ob er gar in bestimmten Bereichen steigt, ob er an irgendeinem Punkt zu sinken oder gar negativ zu werden beginnt. Diese Zentralfrage rationaler Intervention stellt sich selbstverständlich nicht nur der staatlichen Forschungsförderung, sondern auch allen forschenden Unternehmen der Privatindustrie.

In diesem Zusammenhang sind stets verschiedene relevante Beurteilungsaspekte zu bedenken. Jedermann weiß, daß für Grundlagen- und Anwendungsforschung jeweils andere Ertragsgesetze der Steuerung zu gelten scheinen. Organisationsformen für die erstere mögen mehr Vertrauen in spontane Ordnungsfähigkeit erfordern, als dies für letztere der Fall ist. Es scheint jedoch ziemlich klar zu sein, daß weder die Maxime «Hände weg von der Forschung» noch die Maxime «Laßt uns alle an einem Strang ziehen» als einfache Lösung überzeugt. Gleichviel jedoch zu welcher Antwort man in welchen Situationen auch gelangen mag, in jedem Falle ist unter den bisherigen Prämissen in das wissenschaftliche Denken selbst nicht einzugreifen – zumal die Frage, wer Forschungsmittel in welcher Höhe für welche Zwecke erhalten soll, auch in der sogenannten angewandten Forschung rationalerweise nur unter Mitwirkung der denkstilgebundenen Wissenschaftler selbst erfolgen kann. Man braucht die Kriterien eines etablierten Denkstiles, um die Subventionierung angewandter Forschung etwa mit einem Anteil der für die Verfolgung von öffentlichen Aufgaben aufgewandten Mittel zu rechtfertigen. «Wie groß dieser Teil sein sollte, hängt von internen Kriterien ab, wie zum Beispiel: Ist ein Fortschritt wahrscheinlich?, oder: Finden wir genügend qualifizierte Mitarbeiter? Vielleicht sollte es auch davon abhängen, ob dieser bestimmte Bereich der angewandten Forschung für benachbarte Gebiete der Grundlagenforschung relevant ist?» (Weinberg 1970, 174).

Es gibt jedoch Strebungen, externe Wertungen in die Wissenschaft wenigstens dann einzubringen, wenn wissenschaftsinterne Kriterien nicht eindeutig sind. Das ist jene Situation, die typischerweise eintritt, wenn ein wissenschaftliches Paradigma oder ein Denkstil in eine Krise gerät. Die «forschungsinterne Logik» versagt. Es ist an solchen Verzweigungen unbestimmt, in welcher Richtung wissenschaftlicher Fortschritt liegen könnte. Eine Grundsatzentscheidung über das herrschende Paradigma selbst steht an. Diese sollte möglichst in gesellschaftlich erwünschte Bahnen einlenken. Um dies zu sichern, scheint es manchem angebracht, wissenschaftliche Denkstile gleichsam für alle Fälle oder von vornherein mit gesellschaftlichen Wertungen zu «imprägnieren».

ad b. – *Wertimprägnierung von Denkstilen.* – Wenn – wie manche Theoretiker behaupten – Wissenschaftstheorie als deskriptive Disziplin feststellen muß, daß die Entscheidung über alternative Paradigmen nicht nach systematischen wissenschaftlichen Kriterien erfolgt, und wenn sie normativ ebenfalls nichts über die «richtige» Wahl alternativer konkurrierender Paradigmen sagen kann, dann wird die Entscheidungsfindung anscheinend eine Sache der Wissenschaftspolitik oder allenfalls der Moraltheorie. Wenn die «Wissenschaftswissenschaft» dort, wo die innerwissenschaftlichen Kriterien versagen, keine Entscheidungshilfen bietet, dann gibt es augenscheinlich überhaupt keine Möglichkeit mehr, sich in Krisenzeiten auf *wissenschaftliche* Maßstäbe zu beziehen.

Die These (b) würde nun verlangen, die Wissenschaftspolitik zwar den Wissenschaftlern selbst zu überlassen, jedoch in den wissenschaftlichen Wert- und Überzeugungssystemen gesellschaftliche Werte zu verankern, die die betreffende Entscheidungslücke schließen. Diese Überlegungen liegen sehr vielen programmatischen Erklärungen über die Verantwortung des Forschers zugrunde. Die ersten Theoretiker der Kernspaltung hätten danach in ihrem Theoretisieren und Experimentieren ein Auge auf die möglichen Anwendungen und Folgen ihrer Experimente haben sollen. Heutige Forscher auf dem Gebiet der Mikrobiologie müßten die gesellschaftlichen Folgen ihres Handelns mitbedenken und möglicherweise bestimmte Formen der Forschung einstellen usw.

Charakteristischerweise beziehen sich die angegebenen, durchaus typischen Beispiele jedoch auf Phasen der Wissenschaft, die gerade nicht von innerwissenschaftlichen Krisen gekennzeichnet sind. Es handelt sich vielmehr um Abschnitte der Wissenschaftsentwicklung, die eine rasante Abfolge von Erfolgen zu verzeichnen haben. Die Umsetzung solcher theoretischer *Erfolge* in praktische Anwendungen ist es, die Besorgnis weckt und zur Forderung nach der besonderen gesellschaftlichen Verantwortung des Wissenschaftlers führt. Deshalb ist die Berufung auf die Krisen der Wissenschaft und eine etwaige Kriterienlosigkeit *hier* gerade nicht einschlägig. (Jene, die eine Wertkrise der Wissenschaft empfinden, können sich deshalb in der Regel gerade nicht auf die Kuhnsche Krisentheorie berufen.)

In der Phase der Krise kann man andererseits auch gar nicht absehen, welche technologischen Anwendungen ein neues Paradigma und ein neues Forschungsprogramm haben wird. Wenn in dieser Situation wissenschaftsinterne Kriterien nicht weiterhelfen, dann werden die gesellschaftlichen es ebenfalls nicht können. Hätte etwa Einstein seine Theorieentwürfe nicht veröffentlichen sollen wegen deren möglicher vollkommen unabsehbarer späterer Folgen? Welche gesellschaftlichen Werte der Folgenbewertung hätten ihm hierzu einen Leitfaden bieten können, wenn er doch selbst die Folgen gar nicht absehen konnte? Hätten Watson und Crick ihr Modell der sogenannten Doppelhelix nicht entwickeln oder verschweigen sollen, weil die Gentechnologie möglicherweise schlechte Folgen haben konnte? (vgl. dazu auch Kliemt 1979). In diesen Situationen hätten die beteiligten Forscher keine Möglichkeit einer *folgenorientierten* rationalen Wertentscheidung besessen. Weder hätten sie wissen können, was sie einmal wissen würden (vgl. Popper 1979, Vorwort), noch hätten sie irgendeinen Einfluß darauf nehmen können, was *andere* Forscher einmal wissen und tun würden, außer durch Publikation bzw. Nicht-Veröffentlichung ihrer Forschungsergebnisse.

Generell wird man sagen können, daß die an *gesellschaftlichen Werten* ausgerichtete individuelle Entscheidung über Forschungsprogramme entweder zu früh oder zu spät erfolgen muß. Entweder können weder Folgen noch Alternativen der eigenen Forschung rational eingeschätzt werden oder es gibt bereits ein nach eigener Logik fortschreitendes Forschungsprogramm, dessen Entwicklung vom *einzelnen* Forscher durch *wissenschaftliche* Tätigkeit oder Untätigkeit ohnehin nicht mehr aufzuhalten ist. Die Ergebnisse dieser progressiven Forschungsprogramme eröffnen immer neue Anwendüngen und damit Möglichkeiten, Nutzen oder Schaden zu stiften. Doch auf diese Anwendungen hat der Forscher individuell in seiner Rolle als Wissenschaftler so wenig Einfluß wie der Erfinder der ersten Steinäxte auf die unterschiedliche Verwendung ihrer Erfindung.

Selbst dann jedoch, wenn man die voranstehenden Argumente vernachlässigt, nutzt es schon wegen der Konkurrenz unter Forschern nichts, einen Denkstil insgesamt mit Wertungen zu imprägnieren, die etwa kollektive Forschungszurückhaltung durch individuellen Appell erreichen wollen. Der Gedanke einer besonderen «Moralität» der Wissenschaftler mag diesen zwar schmeicheln, hat aber über das Motiv hinaus, nach den Regeln der Kunst «gute Wissenschaft» zu treiben, wenig Überzeugungskraft.

Natürlich kann es eine moralische Frage sein, ob man – wie etwa die Teilnehmer am Manhattan-Projekt zur Entwicklung der ersten Nuklearwaffen – als Wissenschaftler an direkter Anwendung von Forschungsergebnissen mitarbeiten soll oder nicht. Zweifelsohne ist die Zahl solcher Entscheidungssituationen durch Verwissenschaftlichung der Forschungsanwendung gestiegen. Doch selbst dann, wenn man richtigerweise feststellt, daß die Grenze zwischen «angewandter» und «reiner» Wissenschaft fließend ist und möglicherweise immer fließender wird, zielt die moralische Frage nur auf eine Art «individueller Globalsteuerung der eigenen Forschungs- und Tätigkeitsrichtung». Wenn ein einzelner Forscher solchen Motiven für sich nachgibt, unterliegt er stets dem Dilemma, daß sein isoliertes Handeln für die Gesamtpraxis seines Denkkollektivs zu normalwissenschaftlichen Zeiten etwa so bedeutsam ist wie ein Tropfen Öl mehr oder weniger für den Verschmutzungsgrad eines ganzen Sees. Die Teilnahme bzw. Nicht-Teilnahme des einzelnen Forschers an einem wissenschaftlichen Großprojekt ist heute kaum je für den Erfolg ausschlaggebend. Vermutlich ist sie nur wenig entscheidender als die Tätigkeit eines bestimmten Schweißers, von dem man dann mit ähnlichem Recht eine Verweigerung der Schweißertätigkeit aus moralischen Gründen verlangen könnte.

Augenscheinlich treffen den Wissenschaftler besondere moralische Verpflichtung weit eher in jenen Rollen, die er *außerhalb* der Wissenschaft spielen kann. Denn innerhalb dieser außerwissenschaftlichen Rollen können seine Informationen als Wissenschaftler und seine einschlägige Fachkompetenz große Bedeutung erhalten. Insoweit mag es als fragwürdig erscheinen, daß sich so vergleichsweise wenige Naturwissenschaftler und Ingenieure politisch engagieren oder wenigstens, wie etwa viele Teilnehmer am Manhattan-Projekt, versuchen, die Öffentlichkeit über mögliche Folgen und Implikationen ihres wissenschaftlichen Handelns aufzuklären. Es könnte deshalb gerechtfertigt sein, innerhalb wissenschaftlicher Denkkollektive die Norm zu etablieren, als informierter Forscher *nach* außen auf die gesellschaftliche und politische Meinungsbildung und Entscheidungsfindung einzuwirken. Das wäre in gewisser Weise eine Umkehrung der ursprünglichen These b. Es liefe auf ein stärkeres politisches und gesellschaftliches Engagement von Wissenschaftlern *außerhalb* und gerade nicht innerhalb ihrer Disziplinen hinaus.

All dieses läßt jedoch die Wissenschaft als solche unberührt. Es ist sogar selbst dann, wenn man die These vom Fehlen im engeren Sinne forschungslogischer wissenschaftsinterner Kriterien im Zustand der wissenschaftlichen Krise akzeptiert, weiterhin möglich, daß die Entscheidungen nach in einem weiteren Sinne wissenschaftsinternen Kriterien erfolgen. Selbst dann nämlich, wenn man davon ausgeht, daß jede Forschung denkstilgebunden ist, bleibt es eine Tatsache, daß man den Wechsel zwischen zwei Denkstilen der physikalischen Theorie vornehmlich Physikern überantwortet, zwischen zwei Stilen der Chemie nur Chemikern usw. Es geht niemals darum, die gesamten Theorien der Physik, die gesamten Theorien der Chemie etc. mit einem Schlage durch eine neue Theorie zu ersetzen. Man versucht vielmehr, *eine* Theorie in einem Akt «revolutionären Wandels» durch eine andere auszutauschen, während man die anderen Theorien intakt läßt.

Der Wissenschaftler, der den Wechsel auf seinem Spezialgebiet möglicherweise nur durch einen nicht mehr strikt kriteriengeleiteten Entschluß, nun «Kraniche statt Kaninchen» sehen zu wollen, treffen kann, ist weiterhin mit anderen Wissenschaftlern in ein Netz gleicher Theorien eingebunden. Aus diesem Netz zieht er durchaus etwa durch Analogiebildung etc. innerwissenschaftliche Gesichtspunkte, die ihm eine Entscheidung ermöglichen können. Selbst wenn also Wertgesichtspunkte zur Entscheidung über fundamentale Theoriealternativen herangezogen werden müssen, ist es noch ein weiter Weg, bis man an die Grenzen der ohnehin im Fach einschlägigen Gesichtspunkte gelangt. Und es ist ein noch weiterer Weg, ehe man die Grenzen wissenschaftlicher Kriterien im allgemeinen überschreiten muß, um bei solchen gesellschaftlicher und politischer Art, für die die Experten in der Tat keine besondere Kompetenz reklamieren können, anzulangen.

Es bleibt bei alledem unbestritten, daß man sich in der Wissenschaft stets von wissenschaftsfremden Gesichtspunkten leiten lassen kann. Das ist aber ein trivialer allgemeiner Sachverhalt. Er bedarf keiner gesonderten Stützung durch die Lehre von den wissenschaftlichen Revolutionen oder der Theoriebeladenheit aller Tatsachen etc. Daß man stets so verfahren «kann», macht es überdies noch lange nicht einsichtig, daß man es auch sollte. Die bisherigen Verfahrensweisen der erfolgreichen wissenschaftlichen Praktiken legen das genaue Gegenteil nahe, indem sie darauf hindeuten, daß sich Wissenschaftler im revolutionären Wechsel zwischen Theorien zwar nicht auf ein einfaches eindimensionales Kriterium wie die größere Übereinstimmung mit «den» Tatsachen berufen, daß sie sich aber zugleich auf ihre Erfahrungen mit anderen Theorien als den zu vergleichenden und damit auf wissenschaftsinterne, wenn auch nicht «forschungslogische» Kriterien beziehen können.

ad c. – *Feinsteuerung durch Direktiven.* – Ungeachtet aller dieser Argumente hält sich der Wunsch, die Wissenschaft im gesellschaftlichen Interesse zu steuern. Man verlangt sogar, der Wissenschaft Direktiven zu geben. Es ist demgegenüber signifikant, daß die naturwissenschaftliche Grundlagenforschung fast überall und in ganz unterschiedlichen Gesellschaftssystemen annähernd gleich unter Einräumung bestimmter Freiräume organisiert zu sein scheint. Das gilt selbst für die Sowjetunion, nachdem die Lyssenkoschen Eskapaden überwunden wurden. Bezeichnenderweise lassen innovative Industrieunternehmen ihren forschenden Mitarbeitern ebenfalls besonders viel Spielraum in der Verfolgung vorgegebener Zielsetzungen; d.h. sie befleißigen sich im wesentlichen einer Politik der Globalsteuerung. Häufig unterstützen sie Universitätsinstitute sogar ohne derartige Vorgaben mit der alleinigen Maßgabe, an dem anfallenden wissenschaftlichen «know how» beteiligt zu werden usw.

Offenkundig scheint erfolgreiche Forschung, weil man im vorhinein nicht wissen kann, wohin sie führen und wie sie sich entwickeln wird, ein gewisses Maß an Selbstorganisation und Selbstlenkung in spontanen Ordnungsmustern zu erfordern. Detailentscheidungen «politisch» zu treffen, erscheint *demgegenüber* als sehr gefährlich, *wenn* man Wissenschaftsfortschritt will. Man denke nur – um ein konkretes Beispiel zu geben – daran, wie es Wassermann behindert hätte, wenn er auf einen auf Antigene gerichteten Test, wie er ihn zu Beginn seiner Forschungen im Auge hatte, «behördlich» festgelegt worden wäre.

Die Sachlage ändert sich allerdings, wenn man überhaupt keinen Wissenschaftsfortschritt anstrebt oder ihn sogar positiv verhindern möchte. Eine derartige Zielsetzung ist keineswegs absurd. Sie erkennt an, daß es Wissenschaftsfortschritt zumindest im Sinne erweiterter theoretischer Grundlagen immer größerer Naturbeherrschung gibt. Von daher leugnet sie keineswegs das Offensichtliche. Zugleich vertreten ihre Anhänger in der Regel die Auffassung, daß den Menschen die Kontrolle über die Folgen ihres innovativen Forschungshandelns entglitten ist und deshalb angesichts der unabsehbaren Gefahren zumindest bestimmter Forschungen Verbotsschranken gesellschaftlich errichtet werden sollten.

Dazu ist zu bemerken, daß noch niemals eine Kontrolle über die Innovationstätigkeit bestand. Wenn jemand die erwähnten Befürchtungen hegt, dann muß er auch angeben, wie eine derartige Kontrolle politisch erreicht werden *kann*. Isolierte Verbote, Direktiven, bestimmte Forschungen nicht anzustellen, erscheinen angesichts des öffentlichen Charakters menschlichen Wissens als nicht zielführend und damit als nicht sinnvoll. Das läßt sich am Beispiel der heutigen gentechnologischen Entwicklung recht gut illustrieren. Es gibt das Argument, daß die heutige biologische Forschung etwa auf dem Gebiet der Klonierung eingeschränkt werden sollte. Die Gefahren erscheinen selbst nach den neueren Forschungsergebnissen und unter Einbeziehung der neueren Sicherheitsvorkehrungen vielen immer noch als so bedeutsam, daß sie die einschlägigen Forschungen gern verboten wissen möchten. Sie möchten gern durch kollektiven Beschluß entsprechende Gesetze erlassen und hernach rechtlich durchsetzen.

Ein solcher Vorschlag ist apriori keineswegs abwegig oder «unmoralisch». Man kann einige Argumente dafür anführen, daß die Freiheit wissenschaftlicher Forschung nicht das höchste menschlicher Güter sein und deshalb um anderer Güter willen eingeschränkt werden kann und sollte. Wenn Wissenschaftlervereinigungen einen anderen Eindruck erwecken wollen, dann reagieren sie nur so wie andere Verbandsvertreter – etwa die der Bauern, Angestellten oder Unternehmer –, die gern die jeweiligen heiligen Kühe einer Gesellschaft als Schutzschild eigener Interessen vorschicken. Doch selbst dann, wenn man auf die wohltönende Allgemeinformel von der Freiheit der Wissenschaft als hohem, geradezu unantastbarem Gut verzichtet, gibt es genügend Argumente dafür, diese Freiheit um der Wahrung anderer Güter willen nicht einzuschränken. Vor allem aber ist es so, daß einseitige gesellschaftliche Forschungsverbote nicht zielführend sein können. Wenn etwa ein «Monsterbakterium» in einem südkoreanischen Laboratorium entsteht, dann ist das vermutlich für amerikanische Bürger kaum weniger bedenklich, als wenn dies in Houston geschieht. Wenn deshalb die Amerikaner als die auf diesem Gebiet fortgeschrittenste Nation ihre Forschungen durch gesetzliches Verbot einstellen würden, dann würde das allenfalls die Gefahrenbildung etwas verzögern. Der Preis dafür wäre aber, daß man dadurch auf Kenntnisse verzichten würde, die möglicherweise eine Abwehr der «Monster» erlauben würden. Diese Kenntnisse könnten unter sicheren Laborbedingungen, die man tatsächlich kontrollieren könnte, geschaffen werden.

Nun mag es den Amerikanern noch möglich sein, Süd-Korea massiv in ihrem Sinne zu beeinflussen, falls sie ein politisches Verbot der Genforschung anstreben sollten. Es wäre jedoch absurd anzunehmen, sie könnten dies weltweit erreichen. Selbst wenn es deshalb «gut» wäre, wenn «die» Menschheit generell auf Genforschung verzichtete, würde ein einseitiges gesetzliches Verbot der Genforschung etwa in den Vereinigten Staaten von Amerika nur erreichen, daß man auf einen etwaigen Katastrophenfall schlechter vorbereitet wäre. Das hindert nicht daran, daß die Amerikaner möglicherweise, sollte es denn «gut» sein, Gentechnologie zu unterbinden, eine moralische Pflicht träfe, auf ein weltweites Verbot hinzuwirken. Währenddessen wären sie vermutlich in gleichem Maße, in dem sie katastrophale Folgen aus dem Forschungshandeln anderer befürchten würden, aufgerufen, ihre eigenen Forschungen unter möglichst sicheren Bedingungen fortzutreiben oder gar zu verstärken.

Wenn man genau zwischen dem unterscheidet, was man handlungsmäßig beeinflussen kann und Dingen, die sich dem eigenen Einfluß entziehen, dann ergeben sich ganz unterschiedliche Interventionsebenen und dementsprechend zwiespältige moralische Pflichten. Diese Zwiespältigkeit muß man ertragen, mag das auch nicht immer leicht und die Versuchung zur kategorischen normativen Vereinfachung groß sein. Mit Bezug auf die Wissenschaften ist das nicht anders als in unserem übrigen gesellschaftlichen Leben.

Glossar

Vorbemerkung. Das Glossar beschränkt sich bewußt auf das Minimum an Erläuterungen zu den einzelnen Begriffen. Die beiden folgenden Lexika seien als ausführlichere Ergänzungen ausdrücklich empfohlen:

Braun, E. und Radermacher, H. (Hrsg.) (1978): Wissenschaftstheoretisches Lexikon. Graz, Wien, Köln.

Speck, J. (Hrsg.) (1980): Handbuch wissenschaftstheoretischer Begriffe. Göttingen (3 Bände – UTB. 966–968).

Ableitungsschranke: Ausdruck für die These von der Unableitbarkeit vorschreibender Konsequenzen aus ausschließlich beschreibenden Prämissen. Wenn man eine Wertung begründen will, benötigt man in den Prämissen der Begründung mindestens eine Wertannahme. Zwischen dem Sein und dem Sollen besteht eine Schranke.

Basissatz: In seiner allgemeinsten Bedeutung ist ein Basissatz ein grundlegender Satz zum Test einer Theorie. Man verlangt grundsätzlich von Basissätzen, daß sie «direkt» prüfbar, intersubjektiv zugänglich und frei von theoretischen Begriffen sein sollen. Auch wenn man heute ziemlich liberale Konzepte von Basissätzen verwendet, so muß doch nach wie vor die grundlegende Funktion solcher Sätze für alle erfahrungswissenschaftlichen Theorien erfüllt werden. Solche Theorien müssen in irgendeiner Weise in der Erfahrung verankert werden. Die dazu heranzuziehenden Sätze müssen der Erfahrung in weniger problematischer Weise zugänglich sein als die an ihnen zu prüfenden Theorien. Dennoch ist es schwierig, ein allgemeines, nicht nur intuitives Kriterium dafür anzugeben, was einen Satz leichter oder unproblematischer prüfbar werden läßt. Hier scheint ein insbesondere auch von Popper betontes konventionelles Moment in der Wahl der Basissätze unvermeidlich zu sein. Doch ungeachtet der konventionellen Wahl der Sätze gilt: Die Wahrheit oder Falschheit von Basissätzen selbst kann nicht mehr in Sätzen geprüft, sondern nur mehr konstatiert werden; wobei diese konstatierte Erfahrung allerdings selbst von Theorien geleitet sein kann, die von der zu prüfenden Theorie verschieden sind.

Beobachtungssprache: In der frühen wissenschaftstheoretischen Diskussion strebte man eine Beobachtungssprache an, die möglichst allen Wissenschaften gemeinsam sein sollte. In dieser «theoriefreien» oder theoretisch unvoreingenommenen Sprache sollten die einfachen Testinstanzen aller Theorien «protokolliert» werden. Diese Sprache sollte nur mehr einfache Prädikate wie «rot», «grün», «links», «rechts» etc. enthalten. Damit sollte zugleich garantiert sein, daß in der Beobachtungssprache formulierte Sätze einen klaren, intersubjektiv zugänglichen Sinn besitzen würden. Heute ist man von der Idee einer einheitlichen Beobachtungssprache abgerückt. Gleichwohl hält man an der Forderung fest, eine Verankerung von Theorien in der Erfahrung vorzunehmen, wenn man auch das konventionelle Element in der Wahl der Basissätze anerkennt.

Bestätigung: Die Bestätigung einer Theorie kann entweder durch das Scheitern eines Widerlegungsversuches bzw. Tests einer «unwahrscheinlichen» Implikation der Theorie eintreten (falsifikationistischer Ansatz) oder aber durch die Erhöhung der Wahrscheinlichkeit nach einer wahrscheinlichkeitslogischen Schlußregel, die die mit der Theorie übereinstimmenden gemachten Erfahrungen als Teil aller möglichen übereinstimmenden Erfahrungen aggregiert (induktivistischer Ansatz).

Denkkollektiv: Ausdruck Ludwik Flecks für die Gruppe jener Personen, die über eine bestimmte Theorie verfügen, nachdem sie durch ein Training in diese Theorie eingeführt wurden und sich nun in ihrer Erfahrung von der Theorie und den im Training erworbenen Fertigkeiten leiten lassen.

Denkstil: Ausdruck Ludwik Flecks für jene Art, die Welt zu sehen, die sich ergibt, wenn man in den Umgang mit einer Theorie durch ein praktisches Training eingeführt wurde. Der Denkstil bringt spezifische, pointierende Abstraktionen mit sich, die zu einer «theoriegemäßen» Sicht der Welt führen. Die Welt wird stilgemäß gesehen und nicht «wie sie ist». Die Beziehungen zum Begriff eines Paradigmas sind sehr eng.

Deskription: Eine Deskription ist eine Beschreibung. Ein beschreibender Satz wird deskriptiv genannt. Er gibt an, wie sich etwas de facto verhält, nicht wie es sich verhalten soll.

Entdeckungs-/Rechtfertigungszusammenhang: Unter dem Entdekkungszusammenhang (der Erkenntnis) versteht man in der empiristischen Tradition die Art und Weise, wie man zu bestimmten Hypothesen gelangt. Es wird davon ausgegangen, daß es für die Gültigkeit oder Richtigkeit der Hypothesen unbeachtlich ist, ob sie von einer bestimmten Person etwa durch genialische Einsicht im Traum oder Halbschlaf oder nach der Lektüre der Bildzeitung entwickelt wurden. Demgegenüber erfolgt die Prüfung der Hypothesen und der sie enthaltenden Theorien in getrennten Akten, die dem Rechtfertigungszusammenhang angehören. Wieweit sich die Trennung der beiden Zusammenhänge in letzter Konsequenz durchhalten läßt, ist traditionell strittig.

Erkenntnistheorie: Die Erkenntnistheorie ist jener Zweig der Philosophie, der sich mit der Natur und den Grenzen der Erkenntnis oder des Wissens befaßt. Dabei untersucht sie auch die Kriterien für die Abgrenzung und Zuverlässigkeit von Erkenntnis bzw. Wissen. Man kann die Wissenschaftstheorie als jene Unterdisziplin der Erkenntnistheorie betrachten, die sich mit der Natur und den Grenzen der wissenschaftlichen Erkenntnis befaßt.

Erklärung (äq. Explanation): Eine Erklärung im wissenschaftstheoretischen Sinne ist eine logische Ableitung. Ein zu erklärendes Ereignis oder Gesetz wird beschrieben. Dieses wird dann logisch gefolgert aus bestimmten Vor- bzw. Randbedingungen als speziellen Prämissen und mindestens einem «Gesetz» als allgemeiner Prämisse. Es ergibt sich ein sogenanntes Explanans für das logisch gefolgerte Ereignis bzw. Gesetz als Explanandum.

An die Erklärung werden bestimmte Adäquatheitsanforderungen gestellt. Man verlangt neben der Gültigkeit der zugrunde liegenden logischen Folgerung und dem Vorhandensein eines allgemeinen Gesetzes im Explanans, daß das Explanans empirischen Gehalt haben und empirisch wahr sein soll. Neben diesem Standardbegriff der Erklärung spielt in der Wissenschaftstheorie zunehmend ein auf vorherige Wissenssituationen relativierter Erklärungsbegriff eine Rolle. Der Adressat einer Erklärung erfährt etwas, das er zuvor nicht wußte. Zusätzliche Indizien werden angeführt, die es rational erscheinen lassen, bestimmte andere Tatsachen anzunehmen oder zu glauben. Diese wurden dann «erklärt».

Explanandum: Das in einer Erklärung zu Erklärende. Dies kann ein allgemeiner Sachverhalt (Gesetz) oder ein spezieller Sachverhalt sein (Ereignis).

Explanans: Der erklärende Teil einer Erklärung. Dieser erlaubt als Prämissenmenge die logische Ableitung des Explanandums.

Explikandum: Der zu erläuternde Ausgangsbegriff einer Begriffsexplikation.

Explikans: Der erläuternde und präzisierte Begriff in einer Explikation.

Explikation: Eine Explikation ist eine präzisierende Erläuterung eines für theoretische Zwecke der Philosophie oder Wissenschaft mangelhaften (vortheoretischen) Begriffes oder Explikandums. Hierzu wird zunächst der übliche Begriffsgebrauch beschrieben. Dann wird dieser in einem nächsten Schritt präzisiert. Dazu kann eine ganze, eigene Theorie erforderlich sein, in der der Begriff eingeführt und mit anderen Theoriebegriffen verknüpft wird. An das Resultat einer erfolgreichen

Explikation werden im allgemeinen vier Anforderungen gestellt: Einfachheit, Fruchtbarkeit, Ähnlichkeit mit dem Ausgangsbegriff und Präzision. (Manchmal, jedoch nicht im vorliegenden Text, wird «Explikation» auch im Sinne der «Explanation» benutzt – insbesondere im Französischen.)

Extension/Intension: Die Bezugsobjekte eines Begriffes (Extension) (Begriffsumfang) sind von seinem Sinn oder seiner Bedeutung (Intension) (Begriffsinhalt) zu unterscheiden. Der Sinn von «Lebewesen mit Nieren» ist ein anderer als der von «Lebewesen mit Herz». Dennoch ist die Extension dieser beiden intensional verschiedenen Ausdrücke gleich. Beide Bestimmungsweisen führen zu genau gleichen Klassen von Objekten, auf die die Begriffe zutreffen. Denn «x ist ein Lebewesen mit Nieren» ist genau für die Objekte x wahr, für die «x ist ein Lebewesen mit Herz wahr ist».

Falsifikation/Verifikation: Der Begriff der Falsifikation läßt sich näherungsweise als «Nachweis der Falschheit», der der Verifikation als «Nachweis der Wahrheit» erläutern. Für ein Verständnis der wissenschaftstheoretischen Diskussion ist es vor allem wichtig, sich der einschlägigen Begriffsgeschichte zu erinnern. Ursprünglich versuchten die Vertreter des sogenannten logischen Empirismus, sinnvolle von sinnlosen Aussagen abzugrenzen, indem sie auf der Verifizierbarkeit der Aussagen bestanden. Dieses empiristische Sinnkriterium mußte bald aufgegeben werden, da es eine Vielzahl von Aussagen gibt, die offenkundig sinnvoll aber nicht verifizierbar sind – vor allem alle generellen, über unendliche Bereiche laufenden Gesetzesaussagen. Deshalb schlug die Theorieentwicklung andere Wege ein. Das Bestreben, nach einem festen Kriterium Sinn von Unsinn zu scheiden, wurde zu einer allgemeinen Forderung nach klarer Sprache in der Philosophie. Die Theorie der Wissenschaft wurde mehr und mehr von realistischeren Studien der Wissenschaftspraxis und deren Methoden bestimmt. In diesen Zusammenhang gehört auch das vor allem mit dem Namen Poppers verbundene Falsifizierbarkeitsprinzip, das dieser gerade nicht als ein Sinnkriterium betrachtet.

Forschungsprogramm: Ein durch Imre Lakatos in der Wissenschaftstheorie prominent gewordener Begriff. Ein Forschungsprogramm umfaßt eine ganze Folge auseinander hervorgehender Theorien, bestimmte heuristische Vorstellungen und paradigmatische Problemlösungen. Forschungsprogramme müssen mit umfassenderen als nur sprachanalytischen und logischen Methoden untersucht werden. Dadurch erweitert sich die wissenschaftstheoretische Perspektive. Die Annahme oder Verwerfung eines solchen Programms ist von einem vielschichtigen Kriterium und nicht nur von einfacher Falsifikation oder Bestätigung einzelner Theorien abhängig.

Gehalt: Der Gehalt einer Satzmenge oder (spezifischer) einer Theorie T läßt sich mit der aus T zu folgernden Menge von Sätzen identifizieren. In der Wissenschaftstheorie wird die Forderung erhoben, Theorien so zu formulieren, daß sie einen möglichst hohen Gehalt haben. Bedeutsam war in diesem Zusammenhang vor allem Poppers Einsicht, daß eine Theorie T gehaltvoller wird, wenn die Theorie mehr «Fälle» als unvereinbar mit der Wahrheit von T ausschließt. Je mehr ausgeschlossen wird, desto mehr Testinstanzen gibt es.

Gesetz: Die Explikation des Gesetzesbegriffes gehört zu den Kernanliegen der Wissenschaftstheorie. Auf diesem Weg ist beachtliches geleistet worden, doch existiert keine handliche für alle Zwecke geeignete Begriffsbestimmung. Der Begriffskern enthält kaum mehr als die Forderung, daß die Formulierung eines Gesetzes eine allgemeine, empirisch bewährte Aussage über einen Gegenstandsbereich enthalten muß. In der Gesetzesformulierung wird also eine allgemein beschriebene Bedingung mit einer Konsequenz verbunden. Üblicherweise geschieht dies in den entwickelten Wissenschaften in Form einer Gleichung, wie etwa im Boyleschen Gasgesetz oder dessen van der Waalsscher Spezifikation. Die Wissenschaftstheorie verwendet die Form eines «Wenn-Dann-Satzes»; z.B. (für alle x) (wenn F(x) gilt, so auch G(x)). Wird diese Aussage unter Beiziehung von Begriffen der Wahrscheinlichkeitstheorie formuliert, so spricht man auch von einem «probabilistischen» Gesetz. In welcher Weise neben der Formulierung die Gesetze selbst existieren, ist strittig, was ein echtes Gesetz von einer einfachen Beobachtungsallgemeinheit bzw. einer nicht wirklich allgemeinen Aussage «wie alle Äpfel in diesem Korb sind Rot» unterscheidet ebenfalls.

H-O-Schema: Dieser Begriff wird zu Ehren von Hempel und Oppenheim für das manchmal auch D-N-Schema genannte «deduktiv nomologische» Grundmodell der Erklärung verwandt, welches den Begriff der Erklärung als eine logische Ableitung unter Beiziehung mindestens eines empirischen Gesetzes zu fassen sucht. Es läßt sich formal darstellen nach

$A_1, \ldots, A_n$	(Antezedenz- oder Randbedingungen)
$\underline{L_1, \ldots, L_k}$	(Gesetzeshypothesen)
- - - - - -	(logische Folgerung)
E	(Explanandum).

Induktion: Bei der Induktion handelt es sich um eine Verallgemeinerung von Einzelfällen auf eine größere Gesamtheit von Fällen. In den Frühzeiten der empirischen Wissenschaften wurden diese von Philosophen häufig als induktiv von der Erfahrung ausgehend angesehen. Einzelbeobachtungen sollten zur Gewinnung allgemeiner Hypothesen führen. Diese auf den Entdeckungszusammenhang der Erkenntnis bezogene Auffassung spielt heute kaum noch eine Rolle. Strittig in der Wissenschaftstheorie ist allerdings nach wie vor die Frage, ob es induktiv-logische Schlußformen gibt, die über die Beobachtung einer Vielzahl gleichgearteter Fälle die Zuschreibung von Wahrscheinlichkeiten zu Hypothesen rechtfertigen. Dieser Schule stehen die auf Popper zurückgehenden «Falsifikationisten» ablehnend gegenüber. Sie halten einen derartigen «positiven» Schluß prinzipiell für ungerechtfertigt, kennen aber einen Bestätigungsbegriff.

Kalkül: Ein Kalkül ist ein System von Regeln zur Manipulation von Zeichensystemen bzw. endlichen Folgen von Zeichen, das man anwenden kann, ohne den Zeichen irgendeinen Sinn beilegen zu müssen. Die Korrektheit der Regelanwendung ist prüfbar, wenn man nur solche einfachen Begriffe wie «links», «nachfolgend» etc. versteht und insofern intersubjektiv eindeutig.

Meta-Sprache/Objektsprache: Zu jeder Sprache gibt es eine Sprache, in der man über diese Sprache reden kann. Diese Sprache heißt dann «Meta-Sprache», während die zugrunde liegende Sprache «Objektsprache» heißt. Es kann selbstverständlich ganze Hierarchien von Meta-Sprachen geben. Die Umgangssprache ist ihre eigene Meta-Sprache. Das verleiht ihr eine herausgehobene Stellung, führt allerdings tendenziell auch zu Paradoxien, indem Sätze über sich selbst sprechen.

Modell: Das Modell einer Menge von Sätzen liegt vor, wenn man eine Interpretation der Sätze gefunden hat, die jeden der Sätze wahr macht. Eine Theorie gilt in einem Realitätsbereich, wenn dieser Bereich ein Modell der Theorie bildet. Da widerspruchsvolle Theorien kein Modell haben können, ist die Angabe mindestens eines Modells tauglich für einen Konsistenznachweis.

Orientierende Feststellung: Dieser Ausdruck wurde von dem Soziologen George C. Homans benutzt, um grundsätzliche heuristische Vorstellungen innerhalb einer Theorie zu benennen, die nicht soweit spezifiziert sind, daß sie eine aussagekräftige, prüfbare Hypothese bilden. Wenn man etwa sagt, daß x von y abhängt, ohne zu sagen, wie die Beziehung zwischen beiden Größen ist, dann hat man keine konkret prüfbare Einzelinformation. Man hat aber eine taugliche Orientierung, die es erlaubt, in den Versuch der Hypothesenbildung einzutreten. Es bleibt zwar der Kunst des Wissenschaftlers überlassen, x und y in eine geeignete Beziehung zu bringen, doch ist der Wissenschaftler von Beginn an über die relevanten Variablen informiert.

Paradigma: Dieser durch Thomas Kuhn in der Wissenschaftstheorie prominent gewordene Begriff bedeutet im Werk Kuhns vor allem zweierlei: a. (umfassend) die Gesamtheit eines wissenschaftlichen Ansatzes einschließlich bestimmter grundlegender heuristischer und ontologischer Vorstellungen, die sich an gewissen erfolgreichen Anwendungen bewährt haben; b. (spezifisch) eine beispielhafte Anwendung eines bestimmten Forschungsansatzes, die dessen grundsätzliche Anwendungsweise und Erfolgsträchtigkeit illustriert. Im ersten Sinne hat Paradigma eine enge Beziehung zu Flecks Konzept des Denkstiles, im zweiten stellt man sich zweckmäßigerweise bahnbrechende erste Forschungsarbeiten auf einem bestimmten Feld vor.

Präskription: Eine Präskription ist eine Vorschreibung. In präskriptiven Sätzen wird im Gegensatz zu deskriptiven Sätzen gesagt, wie sich etwas verhalten soll, nicht wie es sich verhält.

Protokollsatz: Satz der Beobachtungssprache, in dem nach Maßgabe früherer wissenschaftstheoretischer Ansätze wissenschaftliche Beobachtungen ohne theoretische Voreingenommenheit festgehalten werden sollten. Wenn man die Wahrheit eines aus einer Theorie ableitbaren Protokollsatzes konstatiert, so hat dies die Bestätigung der Theorie zur Folge, andernfalls resultiert eine Widerlegung.

Prognose: Der Begriff der Prognose oder Voraussage wird in der modernen Wissenschaftstheorie in Parallele zum Erklärungsbegriff als logische Folgerung aus bestimmten früheren oder gegenwärtigen Randbedingungen oder Antezedentien und einer allgemeinen Gesetzmäßigkeit auf ein in der Zukunft liegendes zu prognostizierendes Ereignis angesehen. Eine entsprechende stochastische Variante des Prognosebegriffes läßt sich auf der Basis der Wahrscheinlichkeitstheorie formulieren. Dann geht es um die Bestimmung der Wahrscheinlichkeit für ein späteres Ereignis unter Beiziehung eines stochastischen Gesetzes und bestimmter Vorbedingungen. Was die Beziehung zur Erklärung angeht, so ist es vor allem von Bedeutung, daß im Prognosebegriff im allgemeinen davon ausgegangen wird, daß es ausreicht, Gesetze zu kennen, die uns vernünftige Gründe zum Glauben an ein künftiges Ereignis bieten, ohne selbst Gründe für das Ereignis zu sein.

Reduktion: Das Konzept der Reduktion tritt in recht verschiedenen Bedeutungen und Kontexten auf. Zunächst muß man die Rückführbarkeit von «komplexen» Objekten auf ihre Bestandteile (eine Gesellschaft setzt sich aus den in ihr lebenden Individuen, ein Organismus aus seinen Zellen, ein Molekül aus Atomen) von der Rückführbarkeit von Begriffen bzw. Theorien aufeinander unterscheiden. Beide Fragestellungen sind prinzipiell unabhängig voneinander, mögen sie auch häufig gemeinsam diskutiert werden. Die wissenschaftstheoretische Diskussion beschäftigt sich vor allem mit dem zweiten Fragenkomplex. Dabei sind wiederum zwei Unterbereiche zu unterscheiden. Zum einen ging es vor allem der älteren Wissenschaftstheorie darum, den Sinn von allen Begriffen auf unmittelbar in der Erfahrung prüfbare Begriffe zurückzuführen. Zum anderen tritt die Frage der Reduktion in der Diskussion um den Fortschritt von Theorien auf. Hier geht es darum, ob eine Theorie T aus Sicht einer reicheren Theorie T′ nur mehr als eine Art «Abkürzung» zu betrachten ist, indem sich aus T′ alle Begriffe und Theoreme von T gewinnen lassen (oder durch eineindeutige Zuordnungen bestehen) aber nicht umgekehrt. T wird dann auf T′ zurückgeführt. Verschiedene Rückführungsbegriffe wurden gebildet, die teilweise erheblich schwächer als der skizzierte sind.

Struktur: Für diesen facettenreichen Begriff gibt es keine alle Verwendungsweisen abdeckende Definition. Für die moderne Wissenschaftstheorie größte Bedeutung hat der Strukturbegriff in einer Form gewonnen, die sich durch das Beispiel eines Axiomensystems intuitiv anschaulich machen läßt. Wenn man über die in den Axiomen angegebenen «Eigenschaften» und «Relationen» hinaus keinerlei Annahmen über die in den Axiomen angesprochenen Objekte macht, dann spricht man manchmal von dem Axiomensystem als einer Struktur, ebenso üblich ist es, die Gesamtmenge aller die Axiome erfüllenden Systeme als Struktur zu bezeichnen.

Strukturalismus (bzw. Strukturalistische Wissenschaftstheorie): Dieser Ausdruck wurde von Wolfgang Stegmüller in der Wissenschaftstheorie prominent gemacht. Die strukturalistische Wissenschaftsauffassung untersucht Theorien auf der Basis der intuitiven Mengenlehre und nicht mit primär sprachanalytischen Methoden. Bei der Untersuchung von Theorien geht es dieser Lehre um die Menge der Modelle, welche bestimmte Theorien jeweils erfüllen. Sie nähert sich damit weitgehend bestimmten Zentralauffassungen der modernen Mathematik an, die man als Wissenschaft von axiomatisch charakterisierten Strukturen kennzeichnen könnte.

System: Ein geordnetes Paar $\langle M, R \rangle$ aus mindestens einer nicht leeren Menge M und mindestens einer Relation R auf M heißt ein System.

Systeme im allgemeinsten Verstande sind somit Mengen von Objekten, unter denen gewisse Beziehungen bestehen.

Theoretischer Begriff: Ursprünglich bezog sich der Terminus des theoretischen Begriffes auf ein Prädikat, dessen Vorliegen nicht durch einfache Beobachtung festgestellt werden konnte. Der theoretische Begriff wird erst verständlich im Kontext der anderen Begriffe eine Theorie und läßt sich nicht in Beobachtungsbegriffe auflösen, auf diese reduzieren oder aus diesen definieren. Vom Strukturalismus wird ein Begriff als theoretisch in einer Theorie T – also nur relativ zu dieser – bezeichnet, wenn seine Bestimmung – typischerweise in Meßvorgängen – die Gültigkeit der Theorie voraussetzt.

Topik: In der Philosophie wird das Konzept einer Topik im wesentlichen mit Aristoteles und davon herkommend auch Cicero verbunden. Der Begriff eines Topos meinte ursprünglich kaum mehr als einen diskussionsrelevanten Gesichtspunkt. Er hat in der Diskussion um eine sogenannte «praktische Wissenschaft» eine herausgehobene Rolle gespielt, da man meinte, daß in praktischen Disziplinen typischerweise keine die begründungsrelevanten Gesichtspunkte «kanonisierenden» expliziten Regelsysteme angegeben werden können. Es bleibt hier vieles der «Kunst» des Wissenschaftlers überlassen, dem man nicht mehr als gewisse Topoi oder Gesichtspunkte zu eigenständiger Theorienbildung an die Hand geben kann. Die Beziehungen zum Begriff der «orientierenden Feststellung» sind offenkundig. Wieweit die Topik darüber hinaus neben gewissen heuristischen Funktionen eine rechtfertigende Rolle übernehmen kann, ist eine entscheidende, in der Diskussion immer noch strittige Frage.

Wertfreiheit: Die Wertfreiheit der Wissenschaften ist nicht selbst die Beschreibung einer Tatsache, sondern bringt eine Norm darüber zum Ausdruck, wie Wissenschaftler verfahren sollen. Sie sollen ihre Gegenstandsbereiche vorurteilsfrei beschreiben, ohne sich von ihren eigenen Werthaltungen beeinflussen zu lassen. Diese Norm scheint manchem Wissenschaftler als nachgerade analytisch mit der Vorstellung von wissenschaftlichem Vorgehen verbunden zu sein. Innerhalb gewisser wissenschaftstheoretischer Ansätze wird die Norm dennoch nicht akzeptiert.

Kommentiertes Literaturverzeichnis

Neben dem nachfolgenden kommentierten Verzeichnis findet sich am Ende des Buches ein allgemeines Literaturverzeichnis. Letzteres führt alle im Text selbst und im kommentierten Literaturverzeichnis enthaltenen Bände alphabetisch auf. Das kommentierte Verzeichnis beschränkt sich hingegen bewußt auf eine Auswahl in deutscher Sprache erhältlicher Titel, um nicht zu anderen Zugangsbarrieren noch eine Sprachbarriere zu fügen. Die Gruppierung der Literatur erfolgt thematisch. Aus der Anordnung der Themenblöcke untereinander ergibt sich eine mögliche Prioritätenliste für weitere Lektüre.

Selbstverständlich gibt es über die im folgenden erwähnten Titel hinaus noch sehr gute Darstellungen der Wissenschaftstheorie in deutscher Sprache (etwa von v. Kutschera oder Weingartner; vgl. dazu das allgemeine Literaturverzeichnis). Die hier getroffene Auswahl ist bewußt extrem beschränkt worden, um dem Leser eine leichte Orientierung zu ermöglichen. Es geht ihr nicht darum, implizit Werturteile gegen nicht genannte Werke zu fällen, sondern darum, den Leitfaden durch die Literatur nicht zum «schweren Tau» werden zu lassen.

1 Generelle, ohne weitere Voraussetzungen lesbare Einführungen und Übersichten zu wissenschaftsphilosophisch relevanten Themen

1.1 Methodologisch ausgerichtete Einführungen

Hempel, C. G. (1974): Philosophie der Naturwissenschaften. München (158 Seiten). – Das vermutlich nach wie vor beste Einführungswerk in die traditionelle Wissenschaftstheorie der Naturwissenschaften. Ungeachtet der Tatsache, daß viele neuere Entwicklungen nicht berücksichtigt werden, bietet dieses Werk einen unvergleichlich klaren ersten Überblick und einen soliden allgemeinen Hintergrund, vor dem sich die neuere wissenschaftstheoretische Diskussion erschließt. Das Buch sollte für jeden wissenschaftstheoretisch interessierten Naturwissenschaftler jedenfalls zu Beginn seiner Beschäftigung mit Wissenschaftstheorie erste Wahl sein.

Salmon, W. C. (1983): Logik. Stuttgart (285 Seiten). – Dieses Buch ist keineswegs nur eine Einführung in die Logik. Es bietet vielmehr eine auf die Bedürfnisse von Fachwissenschaftlern abgestellte Zusammenstellung von Techniken rationaler Argumentation. Ebenso wie das Thema deduktiver Schlüsse wird das der Induktion und das des Verhältnisses von Sprache und Logik behandelt. Das Buch ist ungeachtet seines formalwissenschaftlichen Gegenstandes informell und anwendungsorientiert gehalten. Wer sich niemals zuvor mit formaler Logik befaßt hat, sollte dieses oder ein vergleichbares Einführungswerk zumindest auszugsweise lesen, falls und bevor er tiefer in das Gebiet der Wissenschaftstheorie eintritt.

1.2 Philosophische Stellungnahmen zu allgemeinen Aspekten des wissenschaftlichen Weltbildes

Albert, H. (1968): Traktat über kritische Vernunft. Tübingen (190 Seiten) – Dieses grundlegende Buch eines führenden Vertreters des sogenannten «kritischen Rationalismus» ist vor allem für denjenigen empfehlenswert, der nach Lektüre der vorliegenden Schrift eine pointierte Stellungnahme zu den eher weltanschaulichen Hintergründen des wissenschaftlichen Weltbildes zu lesen wünscht. Albert stellt vor allem in überaus anregender Weise Verbindungen zwischen im engeren Sinne methodologischen und allgemeinen philosophischen Themen aus seiner stark von Popper beeinflußten Sicht dar.

Popper, K.R. (1973): Objektive Erkenntnis. Ein evolutionärer Entwurf. Hamburg (417 Seiten). – Durch Lektüre des genannten Bandes erhält man einen ziemlich umfassenden Eindruck vom Denken Poppers. Wer sich speziell mit diesem heute wohl prominentesten «klassischen» Wissenschaftstheoretiker auseinandersetzen möchte, sollte mit diesem Buch beginnen.

Feyerabend, P. (1976): Wider den Methodenzwang. Frankfurt (443 Seiten). – Dies ist, wie es im Untertitel heißt, die «Skizze einer anarchistischen Erkenntnistheorie». Wer einen wirklich scharfen Angriff auf die Wissenschaftstheorie, insonderheit die des kritischen Rationalismus und methodologische Normvorschläge im allgemeinen kennenlernen möchte, sollte Feyerabends Skizze lesen. Wem es an Zeit für diese doch recht lange «Skizze» mangelt, dem wird die Lektüre eines der beiden Pamphlete «Experten in einer freien Gesellschaft» bzw. «Unterwegs zu einer dadaistischen Erkenntnistheorie» (in: Dürr, H.P. (Hrsg.) (1981/2): Unter dem Pflaster liegt der Strand Bd. 3, S. 11 ff. bzw. Bd. 4, S. 9 ff.) einen guten Eindruck vermitteln. Ob man Feyerabend nun folgt oder nicht, die Lektüre seiner Schriften ist in jedem Falle anregend bis provozierend und kann uns daran hindern, in dogmatischen Schlummer zu verfallen.

Essler, W.K. (1970ff.): Wissenschaftstheorie I–IV. Freiburg und München (4 relativ knappe Bände). – Dieses Werk bietet eine hervorragende lehrbuchartige Einführung in die Wissenschaftstheorie auf mittlerem bis fortgeschrittenem Niveau. Die Lektüre empfiehlt sich vermutlich nur für denjenigen, der bereits das Buch von Hempel und das von Salmon (oder gleichwertige Texte) gelesen hat. Unter dieser Voraussetzung dürfte der Leser allerdings größten Nutzen aus Esslers luzider Darstellung ziehen.

Stegmüller, W. (1969ff.): Ergebnisse und Resultate der Wissenschaftstheorie und Analytischen Philosophie. Berlin et al. – Dies ist kein Buch, sondern ein vierbändiges Monument. Sollte sich jemand vollständig hindurcharbeiten wollen, so würde dies die Aussicht auf eine lange arbeitsame Zeit aber auch darauf bieten, hernach mit einigem Recht als wissenschaftstheoretischer Fachmann zu gelten. Die voranstehenden Bemerkungen sollten allerdings niemanden von Stegmüllers Werk abschrecken. Es ist im Gegenteil so, daß es für eine ernsthafte Beschäftigung mit Wissenschaftstheorie unverzichtbar ist. Zu praktisch jedem Einzelthema der wissenschaftstheoretischen Diskussion der letzten Jahre wird der interessierte Leser bei Stegmüller eine zuverlässige Darstellung und Diskussion finden, die bei dem didaktischen Geschick des Autors jeweils auch für sich lesbar und verständlich ist. Solche für die Arzneimittelforschung und Medizin wichtigen Themen, wie das der selbstregulierenden Systeme werden ausführlich besprochen. Vor allem in Verbindung mit einem Lehrbuch wie etwa dem von Essler kann das Werk als ausgezeichnete Grundlage für ein fundiertes Selbststudium der Wissenschaftstheorie dienen.

Eine ergänzende Sammlung wichtiger Originalarbeiten bietet:

Krüger, L. (Hrsg.) (1970): Erkenntnisprobleme der Naturwissenschaften. Texte zur Einführung in die Philosophie der Wissenschaft. Köln (530 Seiten).

Die ebenfalls von W. Stegmüller stark beeinflußte sogenannte strukturalistische Wissenschaftsauffassung wird lehrbuchartig dargestellt in:

Balzer, W. (1982): Empirische Theorien: Modelle, Strukturen, Beispiele. Braunschweig und Wiesbaden (326 Seiten).

3 Literatur zu spezielleren Fragen der Wissenschaftsphilosophie

3.1 Wissenschaft als kollektiver Prozeß

Selbstverständlich ist hier zunächst die Lektüre des im Haupttext ausführlich skizzierten Werkes von Fleck zu empfehlen:

Fleck, L. (1980): Entstehung und Entwicklung einer wissenschaftlichen Tatsache. Einführung in die Lehre vom Denkstil und Denkkollektiv. Frankfurt (190 Seiten). Ergänzend dazu auch die Sammlung von Texten Flecks «Erfahrung und Tatsache». Frankfurt (180 Seiten).

Vermutlich den besten Zugang zu einem vertiefenden Studium dieses Themenbereiches dürfte der ganz ausgezeichnete Überblicksartikel von Peter Koller bieten:

Koller, P. (1985): Wissenschaft als kollektiver Prozeß; in: Freisitzer, K. et al. (Hrsg.), Tradition und Herausforderung (400 Jahre Universität Graz), Graz, S. 390ff. (18 Seiten). – Der Artikel von Koller bietet in zweierlei Hinsicht eine Ergänzung zur vorliegenden Einführung. Zum einen findet der interessierte Leser dort eine sehr gute Bibliographie mit einer Vielzahl von weiterführenden Literaturangaben. Zum anderen bringt Koller manchen eher von Habermas und seinen früheren Mitarbeitern am Starnberger Max-Planck-Institut ausgehenden Strömungen der Wissenschaftsbetrachtung weit mehr Sympathie entgegen als der Verfasser der gegenwärtigen Schrift und bildet damit nicht nur von den Literaturverweisen her einen guten Ausgleich.

3.2 Zum Erkenntnisfortschritt

Kuhn, Th. (1973/2): Die Struktur wissenschaftlicher Revolutionen. Frankfurt (227 Seiten). – Dies ist vielleicht das Schlüsselwerk der jüngeren und jüngsten wissenschaftstheoretischen Diskussion. Eine Vielzahl von Debatten insbesondere um Art und Kriterien des wissenschaftlichen Fortschrittes gingen von diesem Buch aus. Es provozierte eine umfangreiche Diskussion um die Maßstäbe rationalen wissenschaftlichen Vorgehens, indem es nachzuweisen suchte, daß in bestimmten Phasen der Wissenschaftsentwicklung solche Kriterien gerade zu fehlen scheinen.

Lakatos, I. (1978): Die Methodologie der wissenschaftlichen Forschungsprogramme. Braunschweig und Wiesbaden (255 Seiten). – Eine Sammlung von Schriften, die sich unter anderem mit den Thesen von Kuhn auseinandersetzen. Indem eine historisch tragfähige rationale Rekonstruktion von Wissenschaft und ihrem Wandel angestrebt wird, wird versucht, zugleich den historischen Beobachtungen Kuhns und den normativen Vorstellungen Poppers Rechnung zu tragen.

Als direkte Ergänzung zu den voranstehenden Titeln sei auf zwei wichtige Sammelbände verwiesen:

Lakatos, I. und Musgrave, A. (Hrsg.) (1974): Kritik und Erkenntnisfortschritt. Braunschweig (324 Seiten), und

Diederich, W. (Hrsg.) (1974): Theorien der Wissenschaftsgeschichte. Beiträge zur diachronischen Wissenschaftstheorie. Frankfurt (311 Seiten).

Historische Illustrationen bieten:

Ströker, E. (1982): Theoriewandel in der Wissenschaftsgeschichte. Chemie im 18. Jahrhundert (324 Seiten). – Hier wird die Thematik des Theoriewandels in direkter Beziehung zu wissenschaftstheoretischen Ansätzen – insonderheit zu Kuhns Theorie – am historischen Beispiel ebenso ausführlich wie sorgfältig studiert.

Sambursky, S. (Hrsg.) (1978): Der Weg der Physik. 2500 Jahre physikalischen Denkens. Texte von Anaximander bis Pauli. München (757 Seiten). – Dies ist eine Sammlung von Originaltexten.

Ebenfalls einschlägig sind:

Hucklenbroich, P. (1978): Theorie des Erkenntnisfortschritts. Meisenheim (491 Seiten).

Radnitzky, G. und Anderson, G. (Hrsg.) (1980): Fortschritt und Rationalität der Wissenschaft. Tübingen (452 Seiten).

3.3 Wissenschaftsfortschritt – Lenkbarkeit, Wünschbarkeit, Ökonomie

v. Ingersleben, S. (1979): Die praktische Bedeutung des Wissenschaftsverständnisses der Pharmakologie. Berlin (49 Seiten). – Diese wissenschaftstheoretisch nicht immer zuverlässige Studie wird im Haupttext besprochen. Sie ist als Beispiel für eine Kombination von deskriptiv (historischen) Thesen im weiteren Sinne wissenschaftstheoretischer Natur mit normativen Vorstellungen allgemeinerer Art höchst aufschlußreich. Man kann an ihr exemplarisch den Versuch studieren, wissenschaftstheoretische Argumente für wissenschaftspolitische Zwecke zu instrumentalisieren.

Eine verwandte Thematik, jedoch nicht direkt auf Arzneimittelforschung und Pharmakologie bezogen, behandeln:

Böhme, G., van den Daele, W., Krohn, W. (1972): Alternativen in der Wissenschaft; in: Zeitschrift für Soziologie 1, S. 302–316.

dies. (1973): Die Finalisierung der Wissenschaft; in: Zeitschrift für Soziologie 2, S. 128–144.

Eine fundierte Kritik der Finalisierungsthese findet sich in:

Eberlein, G. und Dietrich, N. (1983): Die Finalisierung der Wissenschaften. Analyse und Kritik einer forschungspolitischen Theorie. Freiburg und München (241 Seiten). – Dies ist eine ebenso klare wie lesenswerte Kritik an der These der externen Lenkbarkeit der Wissenschaften. Gerade die Analyse von Fragestellungen der Forschungspolitik im Bereich der Arzneimittelforschung kann in hohem Maße von dieser Kritik an potentiell politisch einflußreichen Überlegungen zur gezielten Lenkung und Nutzbarmachung der Wissenschaften profitieren.

Im Umfeld der Probleme um Lenkbarkeit und Fortschrittlichkeit der Wissenschaften ist es von Nutzen, über die im engeren Sinne methodologische Thematik hinauszublicken. Dazu können etwa die folgenden Bände dienen:

Rescher, N. (1982): Wissenschaftlicher Fortschritt. Eine Studie über die Ökonomie der Forschung. Berlin (305 Seiten).

Weinberg, A. (1970): Probleme der Großforschung. Frankfurt (318 Seiten).

Kleinsorge, H. und Zöckler, C.E. (Hrsg.) (1984): Fortschritt in der Medizin – Versuchung oder Herausforderung? Hameln (270 Seiten).

3.4 Zum Problem der Diagnose aus wissenschaftstheoretischer Sicht

Wieland, W. (1975): Diagnose. Überlegungen zur Medizintheorie. Berlin und New York (176 Seiten). – Dieses Buch wurde im Haupttext ausführlich besprochen. Es darf in keinem Falle in der methodologischen Diskussion übergangen werden. Das gilt selbst dann, wenn man dem Rückgriff auf antike Denkmuster, der in ihm versucht wird, eher skeptisch gegenüber stehen mag. Denn die von Wieland vorgetragenen Gedanken dürften in vielem repräsentativ für Meinungen (selbst-)kritischer Praktiker sein.

Westmeyer, H. (1972): Logik der Diagnostik. Grundlagen einer normativen Diagnostik. Stuttgart et al. (156 Seiten). – Gerade in der Entgegensetzung zu Wielands Buch über die Diagnose, ist diese wissenschaftstheoretisch weit strenger vorgehende Darstellung nützlich. Der vorgeschlagene «diagnostische Algorithmus» erscheint zumindest als interessante Anregung. Das Buch verlangt allerdings einiges an wissenschaftstheoretischen Vorkenntnissen oder doch zumindest die Bereitschaft, sich mit abstrakten, formal dargestellten Sichtweisen auseinanderzusetzen. Der Autor bemüht sich andererseits, was etwa logische Umformungen anbelangt, auch kleinere und kleinste Schritte explizit anzugeben. Darüber geraten ihm manchmal sein eigentliches Thema und die damit verbundenen, zu explizierenden Intuitionen etwas aus dem Blick. Die Schrift erscheint für eine ernsthafte wissenschaftstheoretische Beschäftigung mit dem Diagnoseproblem dennoch als ein «Muß». In der aktuellen Diskussion spielt das Buch allerdings überraschenderweise kaum eine Rolle.

Den Vorstellungen Wielands (der dieses Werk nicht zitiert) wird man mit dem Buch Westmeyers allein vermutlich nicht gerecht werden können. Als Untermauerung einiger zentraler Intuitionen Wielands kann etwa das folgende Buch dienen, das analoge und für den diagnostischen Prozeß möglicherweise ebenso relevante Grundsatzüberlegungen zum nicht nach expliziten Regeln vorgehenden wissenschaftlichen Rationalverhalten enthält:

Polanyi, M. (1985): Implizites Wissen. Frankfurt (94 Seiten).

Ebenfalls eine Stütze gewisser Gedanken Wielands gegen Westmeyers Gegenmodell eines diagnostischen Algorithmus findet sich im Rahmen der sogenannten KI-Forschung (Künstliche Intelligenz-Forschung). Diese ist nicht nur deshalb für den Mediziner von Interesse, weil gerade in der Medizin die Entwicklung von Expertensystemen die Schwelle zur praktischen Nutzung und Umsetzung zuerst zu überschreiten und damit diagnostisch relevant zu werden scheint. Die Diskussion um die KI-Forschung enthält auch kritische Stimmen, die insbesondere hervorheben, daß intelligentes menschliches Verhalten nicht durch die lineare Befolgung expliziter Regeln dargestellt (algorithmisch simuliert) werden kann. Sie bricht damit eine Lanze für die Unersetzbarkeit der Expertenerfahrung. Diese besteht nach Auffassung solcher Theoretiker, weil eine Unübersetzbarkeit der (insbesondere diagnostischen) Handlungsgründe in explizite Regeln vorliegt. Ein leicht zugängliches und dennoch – nach Auskunft von Experten – zuverlässiges Buch zu diesem Thema (man beachte insbesondere den Anhang von 1979) ist:

Dreyfuss, H.L. (1985): Die Grenzen künstlicher Intelligenz. Königstein/Ts. (373 Seiten).

Einen ergänzenden nützlichen Sammelband bildet schließlich:

Pawlik, K. (1982/2): Diagnose der Diagnostik. Stuttgart (206 Seiten).

In dem folgenden Band findet man eine traditionelle Darstellung von seiten eines praktizierenden Mediziners:

Groß, R. (1969): Medizinische Diagnostik – Grundlagen und Praxis. Berlin et al. (180 Seiten).

Allgemeine Beziehungen zwischen Medizin und Philosophie versuchen schließlich – wenn auch aus anderer Perspektive als die vorliegende Einführung – zwei auf beiden Gebieten versierte Autoren herzustellen:

Engelhardt, D. v. und Schipperges, H. (1980): Die inneren Verbindungen zwischen Philosophie und Medizin im 20. Jahrhundert. Darmstadt (179 Seiten).

Als genereller Ausblick mag der Reader nützlich sein:

Rothschuh, K.E. (1975): Was ist Krankheit? Darmstadt (450 Seiten).

Als führende Zeitschrift sei auf Metamedicine (1977 ff.) hingewiesen.

Literaturliste

Adorno, Th. et al. (Hrsg.) (1969): Der Positivismusstreit in der deutschen Soziologie. Darmstadt und Neuwied.

Albert, H. (1968): Traktat über kritische Vernunft. Tübingen.

Austin, J.L. (1975): Wort und Bedeutung. München.

Balzer, W. (1982): Empirische Theorien: Modelle, Strukturen, Beispiele. Braunschweig und Wiesbaden.

Baurmann, M. und *Kliemt, H.* (1985): Rechtspositivismus auf die leichte Schulter genommen; in: Österreichische Zeitschrift für Soziologie, 10. Jg., S. 121–136.

Baurmann, M. und *Mans, D.* (1984): Künstliche Intelligenz in den Sozialwissenschaften; in: Analyse und Kritik, S. 103–159.

Böhme, G., *van den Daele, W.*, *Krohn, W.* (1972): Alternativen in der Wissenschaft; in: Zeitschrift für Soziologie 1, S. 302–316.

dies. (1973): Die Finalisierung der Wissenschaft; in: Zeitschrift für Soziologie 2, S. 128–144.

Braun, R.N. (1970): Lehrbuch der ärztlichen Allgemeinpraxis. München.

Brody, B.A. (Hrsg.) (1970): Readings in the Philosophy of Science. Englewood Cliffs.

Darwin, Ch. (1976): Die Entstehung der Arten. Stuttgart.

Deutsch, E., *Kleinsorge, H.* und *Scheler, F.* (Hrsg.) (1983): Verbindlichkeit der medizinisch-diagnostischen und therapeutischen Aussage. Stuttgart und New York.

Diederich, W. (1981): Strukturalistische Rekonstruktionen. Braunschweig und Wiesbaden.

Diederich, W. (Hrsg.) (1974): Theorien der Wissenschaftsgeschichte. Beiträge zur diachronischen Wissenschaftstheorie. Frankfurt.

Dreyfuss, H.L. (1985): Die Grenzen künstlicher Intelligenz. Königstein/Ts.

Engelhardt, D. v. und *Schipperges, H.* (1980): Die inneren Verbindungen zwischen Philosophie und Medizin im 20. Jahrhundert. Darmstadt.

Essler, W.K. (1970ff.): Wissenschaftstheorie I–IV. Freiburg und München.

Eberlein, G. und *Dietrich, N.* (1983): Die Finalisierung der Wissenschaften. Analyse und Kritik einer forschungspolitischen Theorie. Freiburg und München.

Feinstein, A.R. (1967): Clinical Judgement. Baltimore.

Feyerabend, P. (1976): Wider den Methodenzwang. Frankfurt.

ders.: «Experten in einer freien Gesellschaft» 1981 bzw. «Unterwegs zu einer dadaistischen Erkenntnistheorie» 1981; in: *Dürr, H.P.* (Hrsg.): Unter dem Pflaster liegt der Strand Bd. 3, S. 11ff. bzw. Bd. 4, S. 9ff.

Fischer-Homberger, E. (1977): Geschichte der Medizin. Berlin et al.

Fleck, L. (1980): Entstehung und Entwicklung einer wissenschaftlichen Tatsache. Einführung in die Lehre vom Denkstil und Denkkollektiv. Frankfurt.

ders. (1983): «Erfahrung und Tatsache». Frankfurt.

Gadenne, V. (1984): Theorie und Erfahrung in der Psychologischen Forschung. Tübingen.

Gareis, H. (1980): Zuschrift über *v. Ingersleben* an die MMW; in: Münch. med. Wschr. 122, S. 178–179.

Groß, R. (1969): Medizinische Diagnostik – Grundlagen und Praxis. Berlin et al.

Hacking, I. (1983): Representing and Intervening. Cambridge et al.

Hegselmann, R. (1979): Otto Neurath – Empiristischer Aufklärer und Sozialreformer; in: Neurath, 1979, S. 7–78.

Hempel, C. G. (1974): Philosophie der Naturwissenschaften. München.
Hoerster, N. (1969): Zur Ableitung eines Sollens aus einem Sein in der analytischen Moralphilosophie; in: Archiv für Rechts- und Sozialphilosophie 1969, S. 11–39.
Hofstadter, D. R. (1979): Gödel, Escher, Bach: An Eternal Golden Braid. New York (Deutsche Übersetzung: Stuttgart 1985).
Homans, G. C. (1972): Was ist Sozialwissenschaft. Opladen.
Hucklenbroich, P.: Theorie des Erkenntnisfortschritts. Meisenheim.
Hume, D. (1978): Traktat über die menschliche Natur. Hamburg.
v. Ingersleben, S. (1979): Die praktische Bedeutung des Wissenschaftsverständnisses der Pharmakologie. Berlin.
v. Ingersleben, S. (1981): Sozial-Pharmakologie?; in: Münch. med. Wschr. 122, S. 177–178.
Kienle, G. und *Rehm*, *Chr.* (1981): Schlußwort; in: Münch. med. Wschr. 122, S. 179–180.
Kleene, S. C. (1952): Introduction to Metamathematics. Amsterdam.
Kleinsorge, H. und *Zöckler*, C. E. (Hrsg.) (1984): Fortschritt in der Medizin – Versuchung oder Herausforderung? Hameln.
Kliemt, H. (1979): Normative Probleme der künstlichen Geschlechtsbestimmung und des «Klonens»; in: Zeitschrift für Rechtspolitik, 1979/7, S. 165–169.
Koller, P. (1985): Wissenschaft als kollektiver Prozeß; in: *Freisitzer*, K. et al. (Hrsg.), Tradition und Herausforderung (400 Jahre Universität Graz), Graz, S. 390 ff.
Krüger, L. (Hrsg.) (1970): Erkenntnisprobleme der Naturwissenschaften. Texte zur Einführung in die Philosophie der Wissenschaft. Köln.
Kuhn, *Th.* (1973): Die Struktur wissenschaftlicher Revolutionen. Frankfurt.
Kutschera, F. v. (1972): Wissenschaftstheorie. München.
Lakatos, I. (1978): Die Methodologie der wissenschaftlichen Forschungsprogramme. Braunschweig und Wiesbaden.
Lakatos, I. und *Musgrave*, A. (Hrsg.) (1974): Kritik und Erkenntnisfortschritt. Braunschweig.
Lenk, H. (1975): Pragmatische Philosophie. Hamburg.
Maxwell, G. (1970): The Ontological Status of Theoretical Entities; in: Brody 1970, S. 224–233.
Mill, J. St. (1985): Drei Essays über Religion. Stuttgart.
Neurath, O. (1979): Wissenschaftliche Weltauffassung, Sozialismus und Logischer Empirismus. Frankfurt.
Opitz, O. (1980): Numerische Taxonomie. Stuttgart und New York.
Pawlik, K. (1982/2): Diagnose der Diagnostik. Stuttgart.
Polanyi, M. (1985): Implizites Wissen. Frankfurt.
Popper, K. R. (1968): Was ist Dialektik; in: *Topitsch*, E. (Hrsg.): Logik der Sozialwissenschaften. Köln und Berlin, S. 262–290.
Popper, K. R. (1973): Objektive Erkenntnis. Ein evolutionärer Entwurf. Hamburg.
Popper, K. R. (1979): Das Elend des Historizismus. Tübingen.
Quine, W. V. O. (1972): Zwei Dogmen des Empirismus; in: Sinnreich 1972, S. 167–194.
Radnitzky, G. und *Anderson*, G. (Hrsg.) (1980): Fortschritt und Rationalität der Wissenschaft. Tübingen.
Rescher, N. (1982): Wissenschaftlicher Fortschritt. Eine Studie über die Ökonomie der Forschung. Berlin.
Rothschuh, K. E. (1975): Was ist Krankheit? Darmstadt.
Salmon, W. C. (1983): Logik. Stuttgart.

Sambursky, S. (Hrsg.) (1978): Der Weg der Physik. 2500 Jahre physikalischen Denkens. Texte von Anaximander bis Pauli. München.
v. Savigny, E. (1983): Zum Begriff der Sprache. Stuttgart.
Singer, P. (1973): The Trivialty of the Debate over «Is-Ought» and the Definition of «Moral»; in: American Philosophical Quarterly, Vol. 10, Nb. 1, S. 51–56.
Sinnreich, J. (1972): Zur Philosophie der idealen Sprache. München.
Stegmüller, W. (1969ff.): Ergebnisse und Resultate der Wissenschaftstheorie und Analytischen Philosophie. Berlin et al.
Stegmüller, W. (1979): Rationale Rekonstruktion von Wissenschaft und ihrem Wandel. Stuttgart.
Strasser, P. (1980): Wirklichkeitskonstruktion und Rationalität. Freiburg und München.
Tack, W. H. (1982): Diagnostik als Entscheidungshilfe; in: Pawlik 1982, S. 103–130.
Taylor, F. K. (1979): The Concepts of Illness, Disease, and Morbus. Cambridge.
Ströker, E. (1982): Theorienwandel in der Wissenschaftsgeschichte. Chemie im 18. Jahrhundert.
Viehweg, Th. (1974): Topik und Jurisprudenz. München.
Weinberg, A. M. (1970): Probleme der Großforschung. Frankfurt.
Weingartner, P. (1971): Wissenschaftstheorie. Einführung in die Hauptprobleme. Stuttgart.
Westmeyer, H. (1972): Logik der Diagnostik. Grundlagen einer normativen Diagnostik. Stuttgart et al.
Wieland, W. (1975): Diagnose. Überlegungen zur Medizintheorie. Berlin und New York.

Sachregister*

* Die Register erfassen alle Teile des Buches außer der Literaturliste und dem begriffserläuternden Glossar.

Personenregister